21世纪全国应用型本科电子通信系列实用规划教材

电磁场与电磁波(第2版)

主　编　邬春明

副主编　贾雁飞　王青竹

　　　　蔡庆春　焦冬莉

内容简介

本书从矢量分析与场论入手，系统介绍了电磁场的基本理论和应用，内容包括矢量分析与场论基础、电磁感应、时变电磁场、平面电磁波基础、平面电磁波的反射与透射、导行电磁波、电磁波的辐射、静态场分析与应用、静态场的解。每章都附有小结和习题，书后附有部分习题参考答案。

本修订版保留了第1版的编写体系，采用了先动态再将静态作为特例处理的编写方法，进一步加强了系统性、突出了应用性，使教材更符合时代特色。

本书可作为高等学校电子信息类各专业本科教材，也可作为从事相关领域技术人员的参考书。

图书在版编目(CIP)数据

电磁场与电磁波/邬春明主编．—2版．—北京：北京大学出版社，2012.7
(21世纪全国应用型本科电子通信系列实用规划教材)
ISBN 978-7-301-20508-2

Ⅰ.①电… Ⅱ.①邬… Ⅲ.①电磁场—高等学校—教材②电磁波—高等学校—教材 Ⅳ.①O441.4

中国版本图书馆CIP数据核字(2012)第066985号

书　　名：电磁场与电磁波(第2版)
著作责任者：邬春明　主编
策 划 编 辑：程志强
责 任 编 辑：程志强
标 准 书 号：ISBN 978-7-301-20508-2/TN·0086
出　版　者：北京大学出版社
地　　址：北京市海淀区成府路205号　100871
网　　址：http://www.pup.cn　http://www.pup6.cn
电　　话：邮购部62752015　发行部62750672　编辑部62750667　出版部62754962
电 子 邮 箱：pup_6@sohu.com　pup_6@163.com
印　刷　者：三河市博文印刷有限公司
发　行　者：北京大学出版社
经　销　者：新华书店
787毫米×1092毫米　16开本　15.25印张　339千字
2008年8月第1版　2012年7月第2版　2020年1月第3次印刷
定　　价：30.00元

《21世纪全国应用型本科电子通信系列实用规划教材》

专家编审委员会

丛书总序

随着招生规模迅速扩大，我国高等教育已经从“精英教育”转化为“大众教育”，全面素质教育必须在教育模式、教学手段等各个环节进行深入改革，以适应大众化教育的新形势。面对社会对高等教育人才的需求结构变化，自上个世纪90年代以来，全国范围内出现了一大批以培养应用型人才为主要目标的应用型本科院校，很大程度上弥补了我国高等教育人才培养规格单一的缺陷。

但是，作为教学体系中重要信息载体的教材建设并没有能够及时跟上高等学校人才培养规格目标的变化，相当长一段时间以来，应用型本科院校仍只能借用长期存在的精英教育模式下研究型教学所使用的教材体系，出现了人才培养目标与教材体系的不协调，影响着应用型本科院校人才培养的质量，因此，认真研究应用型本科教育教学的特点，建立适合其发展需要的教材新体系越来越成为摆在广大应用型本科院校教师面前的迫切任务。

2005年4月北京大学出版社在南京工程学院组织召开《21世纪全国应用型本科电子通信系列实用规划教材》编写研讨会，会议邀请了全国知名学科专家、工业企业工程技术人员和部分应用型本科院校骨干教师共70余人，研究制定电子信息类应用型本科专业基础课程和主干专业课程体系，并遴选了各教材的编写组成人员，落实制定教材编写大纲。

2005年8月在北京召开了《21世纪全国应用型本科电子通信系列实用规划教材》审纲会，广泛征求了用人单位对应用型本科毕业生的知识能力需求和应用型本科院校教学一线教师的意见，对各本教材主编提出的编写大纲进行了认真细致的审核和修改，在会上确定了32本教材的编写大纲，为这套系列教材的质量奠定了基础。

经过各位主编、副主编和参编教师的努力，在北京大学出版社和各参编学校领导的关心和支持下，经过北大出版社编辑们的辛苦工作，我们这套系列教材终于在2006年与读者见面了。

《21世纪全国应用型本科电子通信系列实用规划教材》涵盖了电子信息、通信等专业的基础课程和主干专业课程，同时还包括其他非电类专业的电工电子基础课程。

电工电子与信息技术越来越渗透到社会的各行各业，知识和技术更新迅速，要求应用型本科院校在人才培养过程中，必须紧密结合现行工业企业技术现状。因此，教材内容必须能够将技术的最新发展和当今应用状况及时反映进来。

参加系列教材编写的作者主要是来自全国各地应用型本科院校的第一线教师和部分工业企业工程技术人员，他们都具有多年从事应用型本科教学的经验，非常熟悉应用型本科教育教学的现状、目标，同时还熟悉工业企业的技术现状和人才知识能力需求。本系列教材明确定位于“应用型人才培养”目标，具有以下特点：

(1) **强调大基础**：针对应用型本科教学对象特点和电子信息学科知识结构，调整理顺了课程之间的关系，避免了内容的重复，将众多电子、电气类专业基础课程整合在一个统一的大平台上，有利于教学过程的实施。

(2) **突出应用性**：教材内容编排上力求尽可能把科学技术发展的新成果吸收进来、把工业企业的实际应用情况反映到教材中，教材中的例题和习题尽量选用具有实际工程背景的问题，避免空洞。

(3) **坚持科学发展观**：教材内容组织从可持续发展的观念出发，根据课程特点，力求反映学科现代新理论、新技术、新材料、新工艺。

(4) **教学资源齐全**：与纸质教材相配套，同时编制配套的电子教案、数字化素材、网络课程等多种媒体形式的教学资源，方便教师和学生的教学组织实施。

衷心感谢本套系列教材的各位编著者，没有他们在教学第一线的教改和工程第一线的辛勤实践，要出版如此规模的系列实用教材是不可能的。同时感谢北京大学出版社为我们广大编著者提供了广阔的平台，为我们进一步提高本专业领域的教学质量和教学水平提供了很好的条件。

我们真诚希望使用本系列教材的教师和学生，不吝指正，随时给我们提出宝贵的意见，以期进一步对本系列教材进行修订、完善。

《21世纪全国应用型本科电子通信系列实用规划教材》

专家编审委员会

2006年4月

第 2 版前言

本书第 1 版于 2008 年出版，4 年来，在各高等学校的教学中，教师和学生在使用该教材后提出了宝贵的意见和建议。为适应应用型本科院校的教学需求，编者在第 1 版的基础上对教材进行了修订，修订过程中融入了编者长期使用该教材进行教学的体会。

与第 1 版相比，本次修订在教学内容和体系结构上主要做了以下调整。

(1)为适应应用型本科的特点，并与我国电子信息产业发展相协调，增加了与应用相关的实例(案例)、知识要点提醒等内容，有助于学生理解，增强就业后的应用能力。

(2)保留第 1 版的编写体系，采用了先动态再把静态作为特例处理的编写方法，但在写法上做了较大调整，更符合认知规律。

(3)调整了部分内容的顺序，将电容、电感及电场和磁场的能量内容编入第 8 章，有助于在同一场环境下理解相关参数。

(4)第 2 章中增加了相应的内容，有助于学生对宏观电磁规律的认识和理解；同时删除了第 6 章的传输线一节及部分章节中的个别内容，还简化了部分繁杂的理论推导。

(5)将书后习题进行重新编排和删补，增加了填空、选择等题型，使题型多样化。

(6)附录中增加了电磁场中的量与单位表，可供读者查阅。

本书大约需要 50～60 学时，书中标注“*”的内容可由教师根据具体情况取舍。

本书共分 9 章，即矢量分析与场论基础、电磁感应、时变电磁场、平面电磁波基础、平面电磁波的反射与透射、导行电磁波、电磁波的辐射、静态场分析与应用、静态场的解。每章附有小结和习题，书后附有部分习题答案。

本书由邬春明担任主编，参加本书修订的有：邬春明(第 1、2、8 章和附录部分)、贾雁飞(第 6、7 章)、王青竹(第 4、5 章)、蔡庆春(第 3 章)和焦冬莉(第 9 章)，全书由邬春明统稿。

本书的修订是在参加第 1 版编写的各位老师辛勤工作的基础上完成的，所以要特别感谢王善进、张涛和刘华珠等几位老师的基础性工作。

本书可作为高等学校电子信息类各专业本科教材，也可作为其他相关专业技术人员的参考书。

本书在修订过程中得到了北京大学出版社的热情帮助和支持，在此表示衷心感谢。

由于作者水平有限，书中难免存在不妥和疏漏之处，恳请广大读者批评指正。

编　者

2012 年 4 月

第 1 版前言

电磁场与电磁波，这是一个我们仿佛很熟悉但其实又陌生的概念，然而关于它们的应用却渗透到了现实世界的方方面面，小到日常生活用品，大到航天航空技术，人们稍加留意都不难看到它们的身影。从 1785 年法国科学家库仑建立描述两点电荷作用力的库仑定律到 1873 年英国科学家麦克斯韦预言电磁波存在的麦克斯韦方程之创建，直到如今无线通信等相关产业的迅猛发展，可见研究电磁场与电磁波的基本特性及其规律，的确是一门具有悠久历史的学科。对于有志于将来从事电子工程事业的电子类大学生，学习、了解和掌握电磁场与电磁波的基本知识，不言而喻是一件十分必要的事情。

本书可作为普通高校工科电子类专业“电磁场与电磁波”课程的本科教学用书，主要介绍了电磁场与电磁波的基本概念及规律。在满足教学大纲的前提下，对内容的取舍和描述上突出了对基本概念和知识点的介绍和阐述，尽量做到简洁明了、通俗易懂。在编书的过程中，我们采用了许多教学一线老师的意见，如鉴于目前很多院校拟开设射频电路的相关课程，因为传输线是射频电路设计的重要基础，虽然在“微波技术”课程中会有介绍，但事实上有些学校可能不会开设“微波技术”，所以在第 6 章“导行电磁波”中我们还是保留且较为详细地介绍了传输线的基本知识。由于电磁场与电磁波的教材中会出现大量的希腊字母，时常有教师和学生反映拼读上的小麻烦，所以我们把希腊字母的读音表附于书后，方便大家查用。

鉴于目前很多院校都大力推行素质教育，各门专业课程的学时都有所压缩，本书的编写也考虑了这种情况。在保证教学大纲要求的前提下，对部分内容进行了简化处理，如在不影响对基本知识点的理解的前提下，略去了部分的数学推导过程。由于学生没有数学物理方法或数学物理方程的知识背景，所以在学习有关求解静态场问题的分离变量法及特殊函数等内容时势必会遇到许多困难，再加上课程数学处理上的相对繁杂性，根据我们的教学经验，这不但构成了课程教学上的难点，而且往往给学生以挫败感，使其对课程进一步学习的自信心丧失。所以我们在对波导分析等相关内容进行适当处理后，把以往前置的静态场问题分解为“静态场分析”和“静态场的解”两部分，将其置于课程的第 8、9 章进行。这样既不会对其他内容的学习造成障碍，同时又化解了它对后续内容学习产生的心理影响。另外考虑到实际的教学情况，我们对教材中的部分内容作了星号(*)标识，建议根据各自的情况进行取舍。本课程大约需要 50～60 学时数，教师可根据专业特点进行调整。

本书的第 1 章是矢量分析与场论基础，矢量分析的知识对学好电磁场理论是十分重要的，矢量分析的相关内容是理解和掌握电磁场与电磁波理论中的教学推导、方程和公式的关键点，它是我们在电磁场和电磁波神奇世界中遨游的工具，应给予足够的重视；第 2 章介绍电磁感应；第 3 章介绍时变电磁场；第 4 章介绍平面电磁波基础；第 5 章介绍均匀平面电磁波的反射与透射；第 6 章介绍导行电磁波；第 7 章介绍电磁波的辐射；第 8 章介绍静态场分析；第 9 章介绍静态场的解。附录给出了各章的部分习题答案、常用矢量公式和希腊字母读音表。教师在使用该教材时，建议适当介绍数理方程中特殊函数及分离变量法的内容，引导学生参阅相关的教材；鉴于本教材侧重于简明，难免在内容上失于全面翔实，建议引导学有余力的学生查阅其他国内外优秀的电磁场与电磁波相关教材。

本书由王善进、张涛担任主编，参加本书编写工作的有：王善进(第6、7章)、张涛(第4、5章)、邬春明(第2、8章)、刘华珠(第1章及附录)、蔡庆春(第3章)和焦冬莉(第9章)，最后由王善进负责全书的统稿工作。

本书在编写过程中，得到了编者所在大学和北京大学出版社的热情帮助和支持，在此一并表示衷心的感谢！

由于编者的学识水平有限，加之时间比较仓促，书中的疏漏之处在所难免，恳请使用本书的读者和同行老师批评指正。

编　者

2008年5月

目　　录

第1章　矢量分析与场论基础

教学要求

知识要点	掌握程度	相关知识
标量场和矢量场	理解	标量与矢量的定义、场的分类
矢量运算	掌握	矢量的点积和叉积、单位矢量
正交坐标系	掌握	直角坐标系、圆柱坐标系、球坐标系
标量场的梯度	重点掌握	方向导数、梯度
矢量场的散度	重点掌握	通量、散度、散度定理
矢量场的旋度	重点掌握	环量、旋度、斯托克斯定理
拉普拉斯算符	掌握	拉普拉斯算符及运算
亥姆霍兹定理	了解	唯一性定理、亥姆霍兹定理

矢量分析和场论是研究电磁场理论必不可少的数学工具，作为电磁场理论的数学基础，它们为复杂的电磁现象提供了描述方式。本章介绍场的基本概念和矢量分析的基础知识，重点讨论标量场的梯度、矢量场的散度和旋度。

1.1　标量场和矢量场

1.1.1　标量和矢量

电磁场中绝大多数量可分为标量和矢量。只有大小没有方向的量称为标量，如温度、电压、时间、电流、电荷等物理量都是标量；既有大小又有方向的量称为矢量，如电场强度、磁场强度、力、速度、力矩等物理量都是矢量。

标量可以用一个单纯的数来完整描述，如温度25℃，质量10g。矢量习惯上用黑体符号或在符号上加带箭头的横线来表示，本书采用黑斜体表示矢量。模值为1的矢量称为单位矢量，常用于表示矢量的方向，如矢量$\boldsymbol{A}$可写成$\boldsymbol{A}=\boldsymbol{a}_A A$；其中$\boldsymbol{a}_A$是与$\boldsymbol{A}$同方向的单位矢量，$A$为矢量$\boldsymbol{A}$的模值。

一个矢量在3个相互垂直的坐标轴上的分量已知，则这个矢量即可确定。如在直角坐标系中，若矢量$\boldsymbol{A}$的坐标分量为$(A_x,\ A_y,\ A_z)$，则$\boldsymbol{A}$可表示为

$$\boldsymbol{A}=\boldsymbol{e}_x A_x+\boldsymbol{e}_y A_y+\boldsymbol{e}_z A_z \tag{1.1}$$

其中$\boldsymbol{e}_x$、$\boldsymbol{e}_y$、$\boldsymbol{e}_z$分别表示直角坐标系中3个方向上的单位矢量。两个矢量对应的分量相加或相减，就得到它们的和或差。设

$$\boldsymbol{B}=\boldsymbol{e}_xB_x+\boldsymbol{e}_yB_y+\boldsymbol{e}_zB_z$$

则

$$\boldsymbol{A}\pm\boldsymbol{B}=\boldsymbol{e}_x(A_x\pm B_x)+\boldsymbol{e}_y(A_y\pm B_y)+\boldsymbol{e}_z(A_z+B_z) \tag{1.2}$$

1.1.2 标量场和矢量场

场有空间占据的概念，设有一个确定的空间区域，若该区域内的每一个点都对应着某个物理量的一个确定值，就认为该空间区域确定了这个物理量的一个场。

若场中的物理量是标量，则称该场为标量场，如温度场、密度场和电位场都是标量场。若场中的物理量是矢量，则称该场为矢量场，如力场、速度场都是矢量场。

若场中的物理量不随时间而变化，仅是空间和点的函数，则称该场为稳定场(或静态场)；若场中的物理量不仅是点的函数，还是时间的函数，则称该场为不稳定场(或时变场)。

根据数学中函数的定义可知，给定了一个标量场就相当于给定了一个数性函数 $u(M)$，而给定了一个矢量场就相当于给定了一个矢性函数 $A(M)$，其中 M 为场对应空间区域中的任意点。在直角坐标系中，点 M 由它的 3 个坐标 x、y、z 确定，因此一个标量场可用数性函数表示为

$$u(M)=u(x, y, z) \tag{1.3}$$

同样，一个矢量场可用矢性函数表示为

$$\boldsymbol{A}(M)=\boldsymbol{A}(x, y, z) \tag{1.4}$$

在标量场中，为了直观研究其分布情况，引入了等值面(或等量面)的概念。等值面是指场中使函数取值相同的点组成的曲面。标量场的等值面方程为

$$u(M)=C \tag{1.5}$$

式中 C 为常数。例如，温度场中的等值面就是由温度相同的点所组成的等温面；电位场中的等值面就是由电位相同的点所组成的等位面，如图 1.1 所示(等高面)。等值面在二维平面上就是等值线，如常见的等高线、等温线等。

对于矢量场，可以用矢量线来形象地描绘它的分布情况。如图 1.2 所示，矢量线是这样的曲线：在它上面的每一点 M 处的切线方向与对应于该点的矢量方向相重合。在流体力学中，矢量线就是流线。

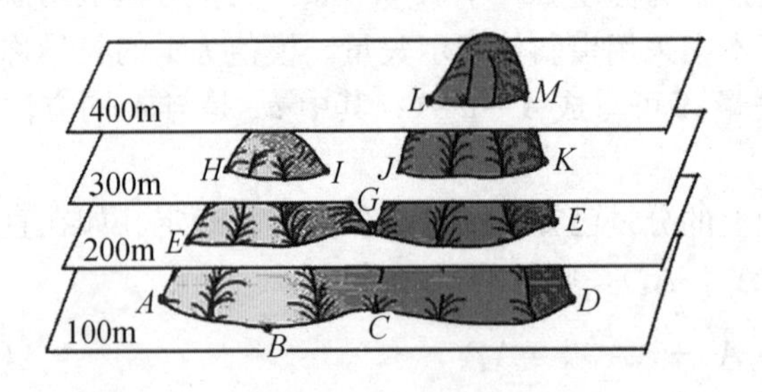

图 1.1 等高面

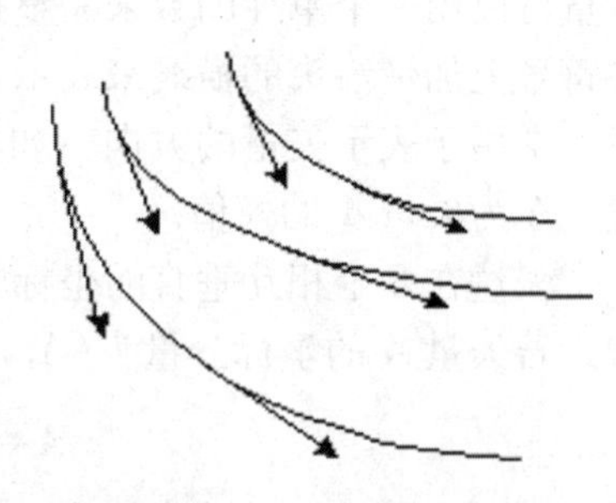

图 1.2 矢量场的矢量线

【提示】 在电磁场中，矢量线就是电力线和磁力线。

1.2 矢量运算

1.2.1 标量积和矢量积

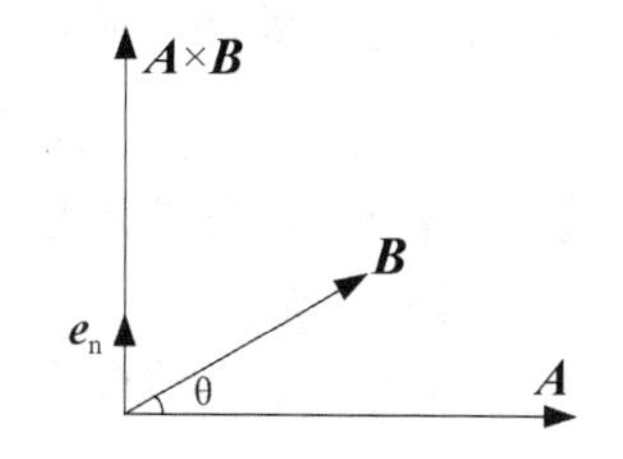

图 1.3 矢量 A 与 B 及其叉积

矢量的乘积有两种定义：标量积(点积)和矢量积(叉积)。如图 1.3 所示，有两个矢量 $\boldsymbol{A}$ 与 $\boldsymbol{B}$，它们之间的夹角为 $\theta(0\leqslant\theta\leqslant\pi)$。两个矢量 $\boldsymbol{A}$ 与 $\boldsymbol{B}$ 的点积记为 $\boldsymbol{A}\cdot\boldsymbol{B}$，它是一个标量，定义为矢量 $\boldsymbol{A}$ 与矢量 $\boldsymbol{B}$ 的大小和它们之间夹角的余弦之积，即

$$\boldsymbol{A}\cdot\boldsymbol{B}=AB\cos\theta \tag{1.6}$$

可以推导出矢量点积的交换律和结合律

$$\boldsymbol{A}\cdot\boldsymbol{B}=\boldsymbol{B}\cdot\boldsymbol{A} \tag{1.7}$$

$$\boldsymbol{A}\cdot(\boldsymbol{B}+\boldsymbol{C})=\boldsymbol{A}\cdot\boldsymbol{B}+\boldsymbol{A}\cdot\boldsymbol{C} \tag{1.8}$$

在直角坐标系中，各单位坐标矢量的点积满足如下关系

$$\boldsymbol{e}_x\cdot\boldsymbol{e}_y=\boldsymbol{e}_y\cdot\boldsymbol{e}_z=\boldsymbol{e}_z\cdot\boldsymbol{e}_x=0 \tag{1.9}$$

$$\boldsymbol{e}_x\cdot\boldsymbol{e}_x=\boldsymbol{e}_y\cdot\boldsymbol{e}_y=\boldsymbol{e}_z\cdot\boldsymbol{e}_z=1 \tag{1.10}$$

可得矢量 $\boldsymbol{A}$ 与矢量 $\boldsymbol{B}$ 的点积为

$$\boldsymbol{A}\cdot\boldsymbol{B}=A_xB_x+A_yB_y+A_zB_z \tag{1.11}$$

【小思考】试计算一个矢量与它本身的点积。

两个矢量的叉积记为 $\boldsymbol{A}\times\boldsymbol{B}$，它是一个矢量，垂直于包含矢量 $\boldsymbol{A}$ 和矢量 $\boldsymbol{B}$ 的平面，方向满足右手螺旋法则，即当右手四指从矢量 $\boldsymbol{A}$ 到 $\boldsymbol{B}$ 旋转 θ 角时大拇指所指的方向，其大小为 $AB\sin\theta$，即

$$\boldsymbol{A}\times\boldsymbol{B}=\boldsymbol{e}_nAB\sin\theta \tag{1.12}$$

式中 $\boldsymbol{e}_n$ 是叉积方向的单位矢量。

在直角坐标系中，各单位坐标矢量的叉积满足如下关系

$$\boldsymbol{e}_x\times\boldsymbol{e}_y=\boldsymbol{e}_z,\ \boldsymbol{e}_y\times\boldsymbol{e}_z=\boldsymbol{e}_x,\ \boldsymbol{e}_z\times\boldsymbol{e}_x=\boldsymbol{e}_y \tag{1.13}$$

$$\boldsymbol{e}_x\times\boldsymbol{e}_x=\boldsymbol{e}_y\times\boldsymbol{e}_y=\boldsymbol{e}_z\times\boldsymbol{e}_z=0 \tag{1.14}$$

可得矢量 $\boldsymbol{A}$ 与矢量 $\boldsymbol{B}$ 的叉积为

$$\boldsymbol{A}\times\boldsymbol{B}=\begin{vmatrix}\boldsymbol{e}_x & \boldsymbol{e}_y & \boldsymbol{e}_z\\ A_x & A_y & A_z\\ B_x & B_y & B_z\end{vmatrix} \tag{1.15}$$

由叉积的定义知，它不符合交换律，但符合结合律

$$\boldsymbol{A}\times\boldsymbol{B}=-\boldsymbol{B}\times\boldsymbol{A} \tag{1.16}$$

$$\boldsymbol{A}\times(\boldsymbol{B}+\boldsymbol{C})=\boldsymbol{A}\times\boldsymbol{B}+\boldsymbol{A}\times\boldsymbol{C} \tag{1.17}$$

1.2.2 三重积

矢量$\boldsymbol{A}$与矢量$(\boldsymbol{B}\times\boldsymbol{C})$的点积称为标量三重积，可表示为

$$\boldsymbol{A}\cdot(\boldsymbol{B}\times\boldsymbol{C})=\boldsymbol{B}\cdot(\boldsymbol{C}\times\boldsymbol{A})=\boldsymbol{C}\cdot(\boldsymbol{A}\times\boldsymbol{B}) \tag{1.18}$$

【提示】 $\boldsymbol{A}\times\boldsymbol{B}$的模就是$\boldsymbol{A}$与$\boldsymbol{B}$所形成的平行四边形的面积，因此$\boldsymbol{C}\cdot(\boldsymbol{A}\times\boldsymbol{B})$的模是平行六面体的体积。

矢量$\boldsymbol{A}$与矢量$(\boldsymbol{B}\times\boldsymbol{C})$的叉积称为矢量三重积，可表示为

$$\boldsymbol{A}\times(\boldsymbol{B}\times\boldsymbol{C})=\boldsymbol{B}(\boldsymbol{A}\cdot\boldsymbol{C})-\boldsymbol{C}(\boldsymbol{A}\cdot\boldsymbol{B}) \tag{1.19}$$

【提示】 为便于记忆，根据公式右边的形式，可称其为“Back—Cab”法则。

1.3 常用正交坐标系

为了描述电磁场在空间中的分布和变化规律，必须引入坐标系。虽然物理规律对任何坐标系都等价，但在求解实际问题时，根据被研究对象几何形状的不同，适当选择坐标系，不但使求解简便，而且使其解的形式简洁，能直观反映其性质。

1.3.1 三种常用坐标系

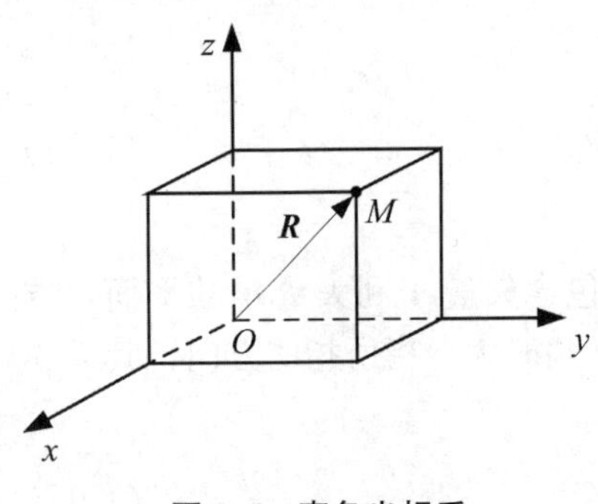

图 1.4 直角坐标系

在电磁场理论中，最常用的三种坐标系是直角坐标系、圆柱坐标系和球坐标系。

1. 直角坐标系

直角坐标系是最常用和最被人们熟知的坐标系，这里只做简单介绍。它由x轴、y轴和z轴及其交点O(称为坐标原点)组成，3个坐标变量的变化范围均为负无穷到正无穷，如图1.4所示。

在直角坐标系中，以坐标原点为起点，指向点$M(x, y, z)$的矢量$\boldsymbol{R}$称为点M的位置矢量，可表示为

$$\boldsymbol{R}=x\boldsymbol{e}_x+y\boldsymbol{e}_y+z\boldsymbol{e}_z \tag{1.20}$$

位置矢量的微分元是

$$\mathrm{d}\boldsymbol{R}=\boldsymbol{e}_x\mathrm{d}x+\boldsymbol{e}_y\mathrm{d}y+\boldsymbol{e}_z\mathrm{d}z \tag{1.21}$$

它在x、y和z增加方向的微分元分别为$\mathrm{d}x$、$\mathrm{d}y$和$\mathrm{d}z$，而与单位坐标矢量相垂直的3个面积元分别为

$$\mathrm{d}S_x=\mathrm{d}y\mathrm{d}z \tag{1.22}$$

$$\mathrm{d}S_y=\mathrm{d}x\mathrm{d}z \tag{1.23}$$

$$\mathrm{d}S_z=\mathrm{d}x\mathrm{d}y \tag{1.24}$$

体积元可表示为

$$dV = dx dy dz \tag{1.25}$$

2. 圆柱坐标系

圆柱坐标系的3个坐标变量是ρ、φ和z，它们的变化范围分别是

$$0 \leqslant \rho \leqslant \infty,\ 0 \leqslant \varphi \leqslant 2\pi,\ -\infty < z < +\infty \tag{1.26}$$

如图1.5所示，圆柱坐标系的3个单位坐标矢量分别是$\boldsymbol{e}_\rho$、$\boldsymbol{e}_\varphi$和$\boldsymbol{e}_z$，它们之间符合右手螺旋法则，除$\boldsymbol{e}_z$是常矢量外，$\boldsymbol{e}_\rho$、$\boldsymbol{e}_\varphi$都是变矢量，方向均随点M的位置改变。

在圆柱坐标系中，矢量$\boldsymbol{A}$可表示为

$$\boldsymbol{A} = A_\rho \boldsymbol{e}_\rho + A_\varphi \boldsymbol{e}_\varphi + A_z \boldsymbol{e}_z \tag{1.27}$$

其中，A_ρ、A_φ和A_z分别是矢量$\boldsymbol{A}$在$\boldsymbol{e}_\rho$、$\boldsymbol{e}_\varphi$和$\boldsymbol{e}_z$方向上的投影。

在圆柱坐标系中，位置矢量可表示为

$$\boldsymbol{R} = \rho \boldsymbol{e}_\rho + z \boldsymbol{e}_z \tag{1.28}$$

位置矢量的微分元是

$$d\boldsymbol{R} = d(\rho \boldsymbol{e}_\rho) + d(z \boldsymbol{e}_z) = \boldsymbol{e}_\rho d\rho + \boldsymbol{e}_\varphi \rho d\varphi + \boldsymbol{e}_z dz \tag{1.29}$$

它在ρ、φ和z增加方向的微分元分别为$d\rho$、$\rho d\varphi$和dz，如图1.6所示。与单位坐标矢量相垂直的3个面积元分别为

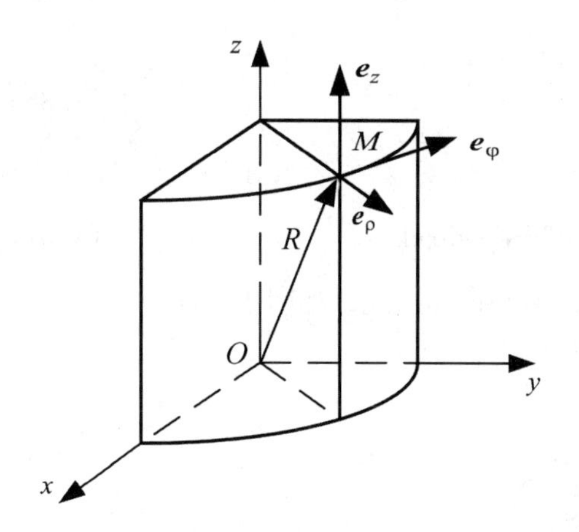

图1.5 圆柱坐标系

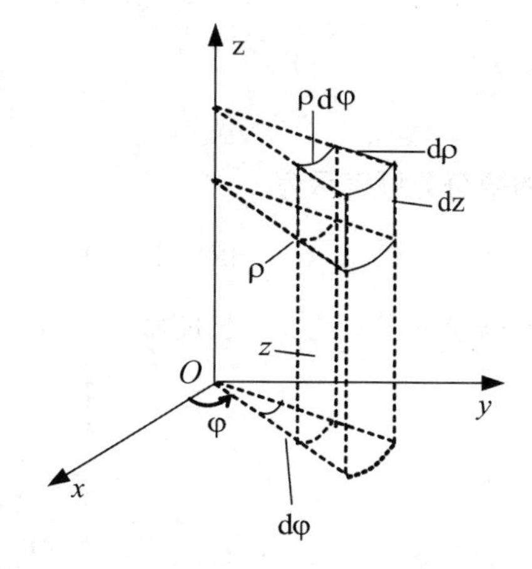

图1.6 圆柱坐标系的长度元、面积元和体积元

$$dS_\rho = \rho d\varphi dz \tag{1.30}$$

$$dS_\varphi = d\rho dz \tag{1.31}$$

$$dS_z = \rho d\rho d\varphi \tag{1.32}$$

体积元可表示为

$$dV = \rho d\rho d\varphi dz \tag{1.33}$$

3. 球坐标系

球坐标系的3个坐标变量是r、θ和φ，它们的变化范围分别是

$$0\leqslant r<\infty，0\leqslant\theta\leqslant\pi，0\leqslant\varphi\leqslant 2\pi \tag{1.34}$$

如图1.7所示，在球坐标系中，过空间中任意一点M的单位坐标矢量是$\boldsymbol{e}_r$、$\boldsymbol{e}_\theta$和$\boldsymbol{e}_\varphi$，它们分别是r、θ和φ增加的方向，且符合右手螺旋法则，都是变矢量。

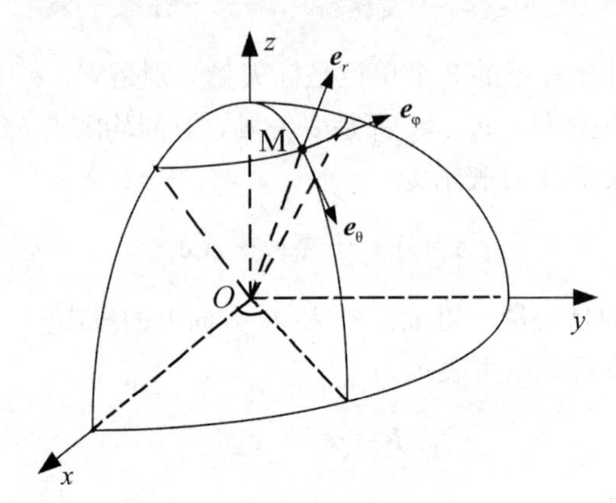

图1.7 球坐标系

在球坐标系中，矢量$\mathbf{A}$可表示为

$$\mathbf{A}=A_r\boldsymbol{e}_r+A_\theta\boldsymbol{e}_\theta+A_\varphi\boldsymbol{e}_\varphi \tag{1.35}$$

其中A_r、A_θ和A_φ分别是矢量$\mathbf{A}$在3个坐标方向上的投影，球坐标系中的位置矢量为

$$\boldsymbol{R}=r\boldsymbol{e}_r \tag{1.36}$$

它的微分元可表示为

$$\mathrm{d}\boldsymbol{R}=\mathrm{d}(r\boldsymbol{e}_r)=\boldsymbol{e}_r\mathrm{d}r+\boldsymbol{e}_\theta r\mathrm{d}\theta+\boldsymbol{e}_\varphi r\sin\theta\mathrm{d}\varphi \tag{1.37}$$

它沿球坐标方向的3个长度微分元分别为$\mathrm{d}r$、$r\mathrm{d}\theta$和$r\sin\theta\mathrm{d}\varphi$，如图1.8所示。

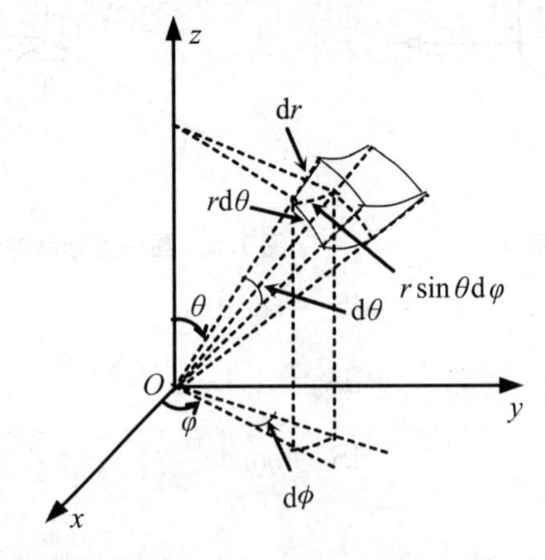

图1.8 球坐标系的长度元、面积元和体积元

与单位坐标矢量相垂直的3个面积元分别为

$$dS_r = r^2 \sin\theta d\theta d\varphi \tag{1.38}$$

$$dS_\theta = r\sin\theta dr d\varphi \tag{1.39}$$

$$dS_\varphi = r dr d\theta \tag{1.40}$$

体积元可表示为

$$dV = r^3 \sin\theta dr d\theta d\varphi \tag{1.41}$$

1.3.2 三种坐标系之间的相互转换

如图1.9所示，在空间中有任意一点M，它的直角坐标系的坐标是(x，y，z)，圆柱坐标系的坐标是(ρ，φ，z)，球坐标系的坐标是(r，θ，φ)；依据各坐标之间的关系可以得到

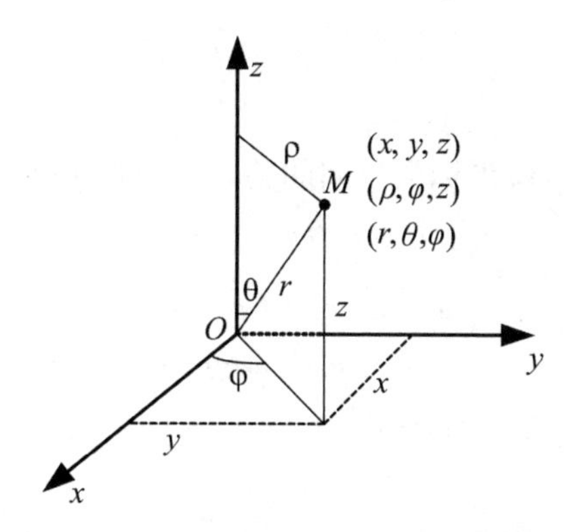

图1.9 三种坐标系相互关系示意图

(1) 直角坐标系与圆柱坐标系的关系为

$$\begin{cases} x = \rho\cos\varphi \\ y = \rho\sin\varphi \\ z = z \end{cases} \tag{1.42}$$

或

$$\begin{cases} \rho = \sqrt{x^2 + y^2} \\ \varphi = \arctan \dfrac{y}{x} \\ z = z \end{cases} \tag{1.43}$$

(2) 直角坐标系与球坐标系的关系为

$$\begin{cases} x = r\sin\theta\cos\varphi \\ y = r\sin\theta\sin\varphi \\ z = r\cos\theta \end{cases} \tag{1.44}$$

或

$$\begin{cases} r=\sqrt{x^2+y^2+z^2} \\ \theta=\arccos\dfrac{z}{\sqrt{x^2+y^2+z^2}} \\ \varphi=\arctan\dfrac{y}{x} \end{cases} \tag{1.45}$$

(3) 圆柱坐标系与球坐标系的关系为

$$\begin{cases} \rho=r\sin\theta \\ \varphi=\varphi \\ z=r\cos\theta \end{cases} \tag{1.46}$$

或

$$\begin{cases} r=\sqrt{\rho^2+z^2} \\ \theta=\arccos\dfrac{z}{\sqrt{\rho^2+z^2}} \\ \varphi=\varphi \end{cases} \tag{1.47}$$

同理可得3种坐标系的单位坐标矢量间的关系，如直角坐标系与圆柱坐标系的单位坐标矢量的关系为

$$\begin{cases} \boldsymbol{e}_\rho=\boldsymbol{e}_x\cos\varphi+\boldsymbol{e}_y\sin\varphi \\ \boldsymbol{e}_\varphi=-\boldsymbol{e}_x\sin\varphi+\boldsymbol{e}_y\cos\varphi \\ \boldsymbol{e}_z=\boldsymbol{e}_z \end{cases} \tag{1.48}$$

或

$$\begin{cases} \boldsymbol{e}_x=\boldsymbol{e}_\rho\cos\varphi-\boldsymbol{e}_\varphi\sin\varphi \\ \boldsymbol{e}_y=\boldsymbol{e}_\rho\sin\varphi+\boldsymbol{e}_\varphi\cos\varphi \\ \boldsymbol{e}_z=\boldsymbol{e}_z \end{cases} \tag{1.49}$$

【小思考】推导出直角坐标系与球坐标系的单位坐标矢量的关系。

1.4 标量场的梯度

1.4.1 方向导数

标量场的等值面只描述了场量 u 的分布状况，而场中某点的标量沿着各个方向的变化率可能不同，为了描述标量场的这种变化特性，需要引入方向导数的概念。标量场在某点的方向导数表示标量场自该点沿某一方向上的变化率。

如图1.10所示，标量场 u 在点 M 处沿 l 方向上的方向导数定义为

$$\left.\frac{\partial u}{\partial l}\right|_M=\lim_{\Delta l\to 0}\frac{u(M')-u(M)}{\Delta l} \tag{1.50}$$

式中 Δl 为点 M 与点 M' 之间的距离。

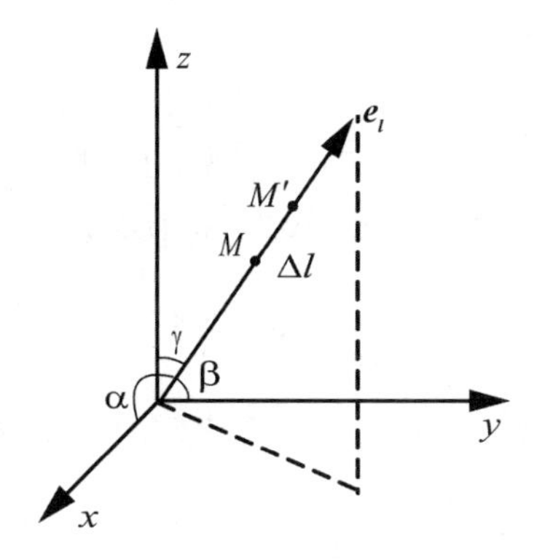

图 1.10　标量场的方向导数

在直角坐标系中，设 l 方向的单位矢量为 $\boldsymbol{e}_l=\boldsymbol{e}_x\cos\alpha+\boldsymbol{e}_y\cos\beta+\boldsymbol{e}_z\cos\gamma$，$\cos\alpha$、$\cos\beta$、$\cos\gamma$ 为 l 方向的方向余弦，则方向导数可表示为

$$\frac{\partial u}{\partial l}=\frac{\partial u}{\partial x}\frac{\partial x}{\partial l}+\frac{\partial u}{\partial y}\frac{\partial y}{\partial l}+\frac{\partial u}{\partial z}\frac{\partial z}{\partial l}=\frac{\partial u}{\partial x}\cos\alpha+\frac{\partial u}{\partial y}\cos\beta+\frac{\partial u}{\partial z}\cos\gamma \tag{1.51}$$

1.4.2　标量场的梯度

在标量场中，从一个给定点出发有无穷多个方向。一般而言，标量场在给定点沿不同方向的变化率是不同的。为了描述标量场在哪个方向变化率最大，需要引入标量场梯度的概念。

标量场 u 在点 M 处的梯度是一个矢量，它的方向是沿场量 u 变化率最大的方向，大小等于其最大的变化率，并记为 $\mathrm{grad}u$，即

$$\mathrm{grud}u=\boldsymbol{e}_l\frac{\partial u}{\partial l}\Big|_{\max} \tag{1.52}$$

式中，$\boldsymbol{e}_l$ 是场量 u 变化率最大方向上的单位矢量。

在直角坐标系中，标量场 u 沿 l 方向的方向导数可以写为

$$\begin{aligned}\frac{\partial u}{\partial l}&=\left(\boldsymbol{e}_x\frac{\partial u}{\partial x}+\boldsymbol{e}_y\frac{\partial u}{\partial y}+\boldsymbol{e}_z\frac{\partial u}{\partial z}\right)\cdot(\boldsymbol{e}_x\cos a+\boldsymbol{e}_y\cos\beta+\boldsymbol{e}_z\cos\gamma)\\&=\boldsymbol{G}\cdot\boldsymbol{e}_l=|\boldsymbol{G}|\cos(\boldsymbol{G},\boldsymbol{e}_l)\end{aligned} \tag{1.53}$$

其中矢量 $\boldsymbol{G}=\boldsymbol{e}_x\frac{\partial u}{\partial x}+\boldsymbol{e}_y\frac{\partial u}{\partial y}+\boldsymbol{e}_z\frac{\partial u}{\partial z}$，它是与方向 l 无关的矢量，只有当方向 l 与矢量 $\boldsymbol{G}$ 的方向一致时，式(1.53)可取最大值；即矢量 $\boldsymbol{G}$ 的模 $|\boldsymbol{G}|$。根据梯度的定义，可得到直角坐标系中梯度的表达式为

$$\mathrm{grad}u=\boldsymbol{e}_x\frac{\partial u}{\partial x}+\boldsymbol{e}_y\frac{\partial u}{\partial y}+\boldsymbol{e}_z\frac{\partial u}{\partial z} \tag{1.54}$$

圆柱坐标系中梯度的表达式为

$$\mathrm{grad}u=\boldsymbol{e}_\rho\frac{\partial u}{\partial \rho}+\frac{\boldsymbol{e}_\varphi}{\rho}\frac{\partial u}{\partial \varphi}+\boldsymbol{e}_z\frac{\partial u}{\partial z} \tag{1.55}$$

球坐标系中梯度的表达式为

$$\mathrm{grad}u=\boldsymbol{e}_r\frac{\partial u}{\partial r}+\frac{\boldsymbol{e}_\theta}{r}\frac{\partial u}{\partial \theta}+\frac{\boldsymbol{e}_\varphi}{r\sin\theta}\frac{\partial u}{\partial \varphi} \tag{1.56}$$

在矢量分析中，经常用到哈密顿算符“∇”（读作 *Del*），在直角坐标系中有

$$\nabla=\boldsymbol{e}_x\frac{\partial}{\partial x}+\boldsymbol{e}_y\frac{\partial}{\partial y}+\boldsymbol{e}_z\frac{\partial}{\partial z} \tag{1.57}$$

可见，算符“∇”兼有矢量和微分的双重作用，在直角坐标系中标量场的梯度可用算符“∇”表示为

$$\mathrm{grad}u=\left(\boldsymbol{e}_x\frac{\partial}{\partial x}+\boldsymbol{e}_y\frac{\partial}{\partial y}+\boldsymbol{e}_z\frac{\partial}{\partial z}\right)u=\nabla u \tag{1.58}$$

【知识要点提醒】 标量场的梯度是一个矢量；在标量场中，给定点沿任意方向的方向导数等于梯度在该方向上的投影；标量场在给定点的梯度垂直于过该点的等值面，且指向场量增大的方向。

梯度运算符合以下规则(C 为常数，u、v 分别为标量场函数)

$$\nabla(Cu)=C\nabla u \tag{1.59}$$

$$\nabla(u+v)=\nabla u+\nabla v \tag{1.60}$$

$$\nabla(uv)=v\nabla u+u\nabla v \tag{1.61}$$

$$\nabla(u/v)=(v\nabla u-u\nabla v)/v^2 \tag{1.62}$$

$$\nabla f(u)=f'(u)\nabla u \tag{1.63}$$

【例 1.1】 已知标量场 $u(x, y, z)=xy+yz+2$，求该标量场在点(1，1，0)处的梯度及该点方向导数的最大值和最小值。

解：根据梯度的定义式可得

$$\nabla u=\boldsymbol{e}_x y+\boldsymbol{e}_y(x+z)+\boldsymbol{e}_z y$$

将相应的坐标值代入上式，得

$$\nabla u=\boldsymbol{e}_x+\boldsymbol{e}_y(1+0)+\boldsymbol{e}_z=\boldsymbol{e}_x+\boldsymbol{e}_y+\boldsymbol{e}_z$$

在该点任意方向的方向导数都是在该点的梯度沿该方向的投影，而该点梯度的模为 $|\nabla u|=\sqrt{1+1+1}=\sqrt{3}$，所以该点的方向导数最大值为$\sqrt{3}$，最小值为$-\sqrt{3}$。

1.5 矢量场的通量与散度

矢量场在空间中的分布形态多种多样，为了分析矢量场在空间中的分布规律和场源的关系，本节引入矢量场的通量和散度的概念。

1.5.1 矢量场的通量

描述矢量场时，矢量线可以形象描绘出场的分布，但它不能定量描述矢量场的大小。

在分析矢量场性质的时候，往往引入矢量场穿过曲面的通量这一重要的概念。假设 S 是一个空间曲面；dS 为曲面 S 上的面元，取一个与此面元相垂直的法向单位矢量 $\boldsymbol{e}_n$，则称矢量 $d\boldsymbol{S}=\boldsymbol{e}_n dS$ 为面元矢量。

单位矢量 $\boldsymbol{e}_n$ 的取法有两种情形：对开曲面上的面元，要求围成开曲面的边界走向与 $\boldsymbol{e}_n$ 之间满足右手螺旋法则，如图 1.11 示；对闭合面上的面元，$\boldsymbol{e}_n$ 一般取外法线方向。

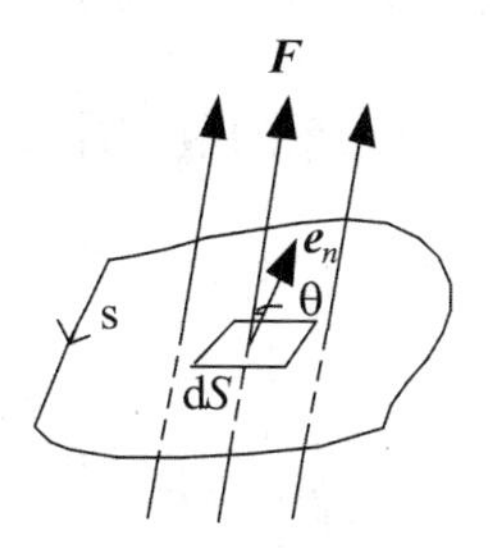

图 1.11　矢量场的通量

在矢量场 $\boldsymbol{F}$ 中，任取一个面元矢量 $d\boldsymbol{S}$，因为面元很小，可认为其上各点的 $\boldsymbol{F}$ 值相同，则 $\boldsymbol{F}$ 与 $d\boldsymbol{S}$ 的点积为矢量 $\boldsymbol{F}$ 穿过面元矢量 $d\boldsymbol{S}$ 的通量。通量是一个标量，例如，每秒通过面积 $d\boldsymbol{S}$ 的水流量是水流速度和 $d\boldsymbol{S}$ 的乘积。

对于空间开曲面 S，矢量 $\boldsymbol{F}$ 穿过开曲面 $\boldsymbol{S}$ 的通量定义为

$$\psi=\int_S \boldsymbol{F}\cdot d\boldsymbol{S}=\int_S \boldsymbol{F}\cdot \boldsymbol{e}_n dS=\int_S F\cos\theta dS \tag{1.64}$$

对于空间闭合曲面 S，矢量 $\boldsymbol{F}$ 穿过闭合曲面 S 的通量定义为

$$\psi=\oint_S \boldsymbol{F}\cdot d\boldsymbol{S}=\oint_S \boldsymbol{F}\cdot \boldsymbol{e}_n dS=\oint_S \boldsymbol{F}\cos\theta dS \tag{1.65}$$

式(1.65)中 θ 是矢量 $\boldsymbol{F}$ 和 $\boldsymbol{e}_n$ 的夹角，从通量的定义可见，若矢量与面元矢量成锐角，则通过面积元的通量为正值；若成钝角，则通过面积元的通量为负值。

【知识要点提醒】闭合曲面的通量是穿出闭合曲面 S 的正通量与进入闭合曲面 S 的负通量的代数和，即穿出闭合曲面 S 的净通量。矢量场 $\boldsymbol{F}$ 的通量说明了在一个区域中场与源的一种关系，当 $\psi>0$ 时，表示穿出闭合曲面 S 的通量多于进入的通量，此时闭合曲面 S 内必有发出矢量线的源，称为有正源；当 $\psi<0$ 时，表示穿出闭合曲面 S 的通量少于进入的通量，此时闭合曲面 S 内必有汇集矢量线的源，称为有负源。当 $\psi=0$ 时，表示穿出闭合曲面 S 的通量等于进入的通量，此时闭合曲面 S 内正通量源和负通量源的代数和为 0，称为无源。

1.5.2　矢量场的散度

通量是矢量场在一个大范围面积上的积分量，只能说明场在一个区域中总的情况，而不能说明区域内每点场的性质，为了研究场中任一点矢量场 $\boldsymbol{F}$ 与源的关系，把闭合面收小，使包含这个点在内的体积元趋于零，并定义如下的极限为矢量场在某点处的散度，记为 $\mathrm{div}\boldsymbol{F}$，即

$$\mathrm{div}\boldsymbol{F}=\lim_{\Delta V\to 0}\frac{\oint_S \boldsymbol{F}\cdot d\boldsymbol{S}}{\Delta V} \tag{1.66}$$

矢量场的散度可表示为哈密顿算子与矢量 $\boldsymbol{F}$ 的标量积，即

$$\mathrm{div}\boldsymbol{F}=\nabla\cdot\boldsymbol{F} \tag{1.67}$$

在直角坐标系中

$$\nabla\cdot\boldsymbol{F}=\left(\boldsymbol{e}_x\frac{\partial}{\partial x}+\boldsymbol{e}_y\frac{\partial}{\partial y}+\boldsymbol{e}_z\frac{\partial}{\partial z}\right)\cdot(\boldsymbol{e}_xF_x+\boldsymbol{e}_yF_y+\boldsymbol{e}_zF_z)=\frac{\partial F_x}{\partial x}+\frac{\partial F_y}{\partial y}+\frac{\partial F_z}{\partial z} \tag{1.68}$$

类似地，可推出圆柱坐标系和球坐标系的散度计算式，分别为

$$\nabla\cdot\boldsymbol{F}=\frac{1}{\rho}\frac{\partial}{\partial\rho}(\rho F_\rho)+\frac{1}{\rho}\frac{\partial F_\varphi}{\partial\varphi}+\frac{\partial F_z}{\partial z} \tag{1.69}$$

$$\nabla\cdot\boldsymbol{F}=\frac{1}{r^2}\frac{\partial}{\partial r}(r^2F_r)+\frac{1}{r\sin\theta}\frac{\partial}{\partial\theta}(\sin\theta F_\theta)+\frac{1}{r\sin\theta}\frac{\partial F_\varphi}{\partial\varphi} \tag{1.70}$$

散度运算符合下列运算公式

$$\nabla\cdot(k\boldsymbol{F})=k(\nabla\cdot\boldsymbol{F}) \tag{1.71}$$

$$\nabla\cdot(\boldsymbol{F}\pm\boldsymbol{G})=(\nabla\cdot\boldsymbol{F})\pm(\nabla\cdot\boldsymbol{G}) \tag{1.72}$$

$$\nabla\cdot(u\boldsymbol{F})=u\nabla\cdot\boldsymbol{F}+\boldsymbol{F}\cdot\nabla u \tag{1.73}$$

其中，k 为常数，u 为标量函数。

【知识要点提醒】 矢量场的散度是标量，它表示在矢量场中给定点单位体积内散发出来的矢量的通量；反映了矢量场在该点的通量源强度。在矢量场某点处，若散度为正，则该点有发出通量线的正源；若散度为负，则该点有发出通量线的负源；若散度为零，则该点无源。

1.5.3 散度定理

由散度的定义可知，矢量的散度是矢量场中任意点处单位体积内向外散发出来的通量，将它在某一个体积上作体积分就是该体积内向外散发出来的通量总和，而这个通量显然和从该限定体积 V 的闭合曲面 S 向外散发的净通量是相同的，于是可得到

$$\int_V\nabla\cdot\boldsymbol{F}\mathrm{d}V=\oint_S\boldsymbol{F}\cdot\mathrm{d}\boldsymbol{S} \tag{1.74}$$

这就是散度定理，也称高斯定理。

【知识要点提醒】 矢量场的散度在体积上的体积分等于矢量场在限定该体积的闭合曲面上的面积分，是矢量散度的体积分与该矢量的闭合曲面面积分之间的一个变换关系，是矢量分析中的一个重要恒等式。

【例 1.2】 设有一点电荷 q 位于坐标系的原点，在此电荷产生的电场中任意一点的电位移矢量 $\boldsymbol{D}=\frac{q}{4\pi r^3}\boldsymbol{r}$，其中 $\boldsymbol{r}=x\boldsymbol{e}_x+y\boldsymbol{e}_y+z\boldsymbol{e}_z$，求该电位移矢量的散度及穿过以原点为球心、$R$ 为半径的球面的电通量。

解： $\boldsymbol{D}=\frac{q}{4\pi r^3}\boldsymbol{r}=\frac{q(x\boldsymbol{e}_x+y\boldsymbol{e}_y+z\boldsymbol{e}_z)}{4\pi(x^2+y^2+z^2)^{\frac{3}{2}}}=\boldsymbol{e}_xD_x+\boldsymbol{e}_yD_y+\boldsymbol{e}_zD_z$

$D_x=\frac{qx}{4\pi r^3}$，$D_y=\frac{qy}{4\pi r^3}$，$D_z=\frac{qz}{4\pi r^3}$

$\frac{\partial D_x}{\partial x}=\frac{q(r^2-3x^2)}{4\pi r^5}$，$\frac{\partial D_y}{\partial y}=\frac{q(r^2-3y^2)}{4\pi r^5}$，$\frac{\partial D_z}{\partial z}=\frac{q(r^2-3z^2)}{4\pi r^5}$

所以$\nabla\cdot\boldsymbol{D}=\frac{\partial D_x}{\partial x}+\frac{\partial D_y}{\partial y}+\frac{\partial D_z}{\partial z}=\frac{q(3r^2-3x^2-3y^2-3z^2)}{4\pi r^5}=0$

电位移矢量的散度在$r=0$以外的空间都为0，仅在$r=0$处，存在点电荷q这个场源。

以原点为球心、R为半径的球面所包含的闭合曲面的单位矢量方向与球面的法线方向一致，而球面的法线方向与电位移矢量方向一致，所以要求的电通量是

$$\psi=\oint_S\boldsymbol{D}\cdot\mathrm{d}\boldsymbol{S}=\frac{q}{4\pi R^2}\cdot 4\pi R^2=q$$

1.6 矢量场的环量与旋度

矢量场的散度描述了通量源的分布情况，反映了矢量场的一个重要性质。实际中并不是所有的矢量场都由通量源激发，有些矢量场由旋涡源激发。本节讨论矢量场的环量和旋度。

1.6.1 矢量场的环量

矢量$\boldsymbol{F}$沿闭合路径l的曲线积分

$$\Gamma=\oint_l\boldsymbol{F}\cdot\mathrm{d}\boldsymbol{l}=\oint_l F\cos\theta\mathrm{d}l \tag{1.75}$$

称为矢量场$\boldsymbol{F}$沿闭合路径l的环量(旋涡量)。其中$\mathrm{d}\boldsymbol{l}$是曲线的线元矢量，大小为$\mathrm{d}l$，方向为使其包围的面积在其左侧，θ是矢量$\boldsymbol{F}$与线元矢量$\mathrm{d}\boldsymbol{l}$的夹角，如图1.12所示。

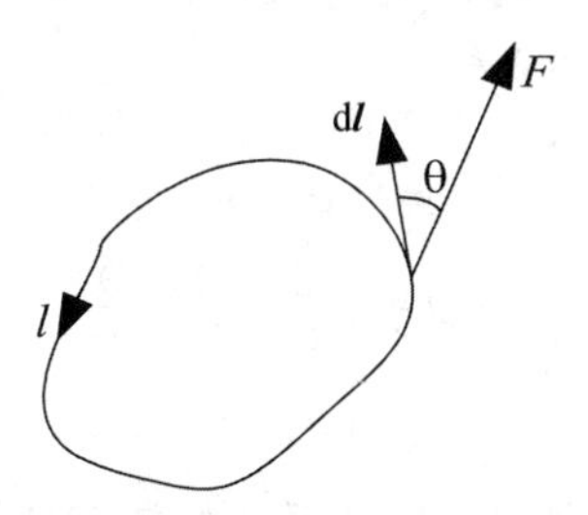

图1.12 有向闭合路径

环量是一个代数量，它的大小和正负不仅与矢量场的分布有关，而且与所取的积分环绕方向有关。矢量的环量与矢量穿过闭合曲面的通量一样，都是描述矢量场性质的重要物理量。根据前面的内容，如果矢量穿过闭合曲面的通量不为零，则表示该闭合曲面内存在通量源。同样，如果矢量沿闭合曲线的环量不为零，则表示闭合曲线内存在另一种源，即漩涡源。

【提示】 *在磁场中，磁场强度在环绕电流的闭合曲线上的环量不为零，其电流就是产生该磁场的漩涡源。*

1.6.2 矢量场的旋度

从式(1.75)可以看出，环量是矢量 $\boldsymbol{F}$ 在大范围闭合曲线上的线积分，反映了闭合曲线内漩涡源的分布情况，而在矢量分析中，常常希望知道在每个点附近的漩涡源分布情况。因此可以将闭合曲线收缩，使它包围的面积 ΔS 趋于 0，取极限

$$\lim_{\Delta S \to 0} \frac{\oint_l \boldsymbol{F} \cdot \mathrm{d}\boldsymbol{l}}{\Delta S} \tag{1.76}$$

此极限的意义是环量的面密度或称环量强度。

由于面积元是有方向的，它与闭合曲线的绕行方向成右手螺旋关系，因此在给定点上，上述极限对不同的面积元是不同的，在某一确定的方向上，环量面密度取得最大值，为此引入旋度的定义，表示为

$$\mathrm{rot}\boldsymbol{F} = \boldsymbol{e}_n \lim_{\Delta S \to 0} \frac{\oint_l \boldsymbol{F} \cdot \mathrm{d}\boldsymbol{l}}{\Delta S} \Big|_{\max} \tag{1.77}$$

旋度的大小是矢量 $\boldsymbol{F}$ 在给定点处的最大环量面密度，其方向是当面积元的取向使环量面密度最大时该面积元的法线方向。

矢量场的旋度可用哈密顿算子与矢量 $\boldsymbol{F}$ 的矢量积来表示，即

$$\mathrm{rot}\boldsymbol{F} = \nabla \times \boldsymbol{F} \tag{1.78}$$

在直角坐标系中

$$\begin{aligned} \nabla \times \boldsymbol{F} &= \left(\boldsymbol{e}_x \frac{\partial}{\partial x} + \boldsymbol{e}_y \frac{\partial}{\partial y} + \boldsymbol{e}_z \frac{\partial}{\partial z}\right) \times (\boldsymbol{e}_x F_x + \boldsymbol{e}_y F_y + \boldsymbol{e}_z F_z) \\ &= \left(\frac{\partial F_z}{\partial y} - \frac{\partial F_y}{\partial z}\right)\boldsymbol{e}_x + \left(\frac{\partial F_x}{\partial z} - \frac{\partial F_z}{\partial x}\right)\boldsymbol{e}_y + \left(\frac{\partial F_y}{\partial x} - \frac{\partial F_x}{\partial y}\right)\boldsymbol{e}_z \end{aligned} \tag{1.79}$$

写成行列式形式为

$$\nabla \times \boldsymbol{F} = \begin{vmatrix} \boldsymbol{e}_x & \boldsymbol{e}_y & \boldsymbol{e}_z \\ \frac{\partial}{\partial x} & \frac{\partial}{\partial y} & \frac{\partial}{\partial z} \\ F_x & F_y & F_z \end{vmatrix} \tag{1.80}$$

类似地，可推出圆柱坐标系中和球坐标系中的旋度计算式，分别为

$$\nabla \times \boldsymbol{F} = \frac{1}{\rho} \begin{vmatrix} \boldsymbol{e}_\rho & \rho\boldsymbol{e}_\varphi & \boldsymbol{e}_z \\ \frac{\partial}{\partial \rho} & \frac{\partial}{\partial \varphi} & \frac{\partial}{\partial z} \\ F_\rho & \rho F_\varphi & F_z \end{vmatrix} \tag{1.81}$$

$$\nabla \times \boldsymbol{F} = \frac{1}{r^2 \sin\theta} \begin{vmatrix} \boldsymbol{e}_r & r\boldsymbol{e}_\theta & r\sin\theta\boldsymbol{e}_\varphi \\ \frac{\partial}{\partial r} & \frac{\partial}{\partial \theta} & \frac{\partial}{\partial \varphi} \\ F_r & rF_\theta & r\sin\theta F_\varphi \end{vmatrix} \tag{1.82}$$

旋度运算符合下列运算规则

$$\nabla\times(\boldsymbol{E}\pm\boldsymbol{F})=\nabla\times\boldsymbol{E}\pm\nabla\times\boldsymbol{F} \tag{1.83}$$

$$\nabla\times(u\boldsymbol{F})=u\,\nabla\times\boldsymbol{F}+\nabla u\times\boldsymbol{F} \tag{1.84}$$

$$\nabla\cdot(\boldsymbol{E}\times\boldsymbol{F})=\boldsymbol{F}\cdot\nabla\times\boldsymbol{E}-\boldsymbol{E}\cdot\nabla\times\boldsymbol{F} \tag{1.85}$$

$$\nabla\times(\nabla u)=0 \tag{1.86}$$

$$\nabla\cdot(\nabla\times\boldsymbol{F})=0 \tag{1.87}$$

其中，u 为标量函数。式(1.86)和式(1.87)分别称为“梯无旋”和“旋无散”。

【**知识要点提醒**】矢量场的旋度是一个矢量；矢量场在给定点的旋度描述了矢量在该点的漩涡源强度。

1.6.3 斯托克斯定理

在矢量场 $\boldsymbol{F}$ 所在的空间中，对于任意一个以闭合曲线 l 所包围的曲面 S；有如下关系式

$$\int_S(\nabla\times\boldsymbol{F})\cdot\mathrm{d}\boldsymbol{S}=\oint_l\boldsymbol{F}\cdot\mathrm{d}\boldsymbol{l} \tag{1.88}$$

称为斯托克斯定理。

【**知识要点提醒**】矢量场的旋度在曲面上的面积分等于矢量场在限定曲面的闭合曲线上的线积分，是矢量旋度的面积分与该矢量沿闭合曲线积分之间的一个变换关系，是电磁场理论中重要的恒等式。

【**例 1.3**】坐标原点处放置有一个点电荷 q，它在自由空间产生的电场强度为

$$\boldsymbol{E}=\frac{q}{4\pi\varepsilon r^3}\boldsymbol{r}=\frac{q}{4\pi\varepsilon r^3}(x\boldsymbol{e}_x+y\boldsymbol{e}_y+z\boldsymbol{e}_z)$$

求自由空间任意点($r\neq0$)电场强度的旋度。

解：$\nabla\times\boldsymbol{E}=\begin{vmatrix}\boldsymbol{e}_x & \boldsymbol{e}_y & \boldsymbol{e}_z\\ \dfrac{\partial}{\partial x} & \dfrac{\partial}{\partial y} & \dfrac{\partial}{\partial z}\\ \boldsymbol{E}_x & \boldsymbol{E}_y & \boldsymbol{E}_z\end{vmatrix}=\dfrac{q}{4\pi\varepsilon}\begin{vmatrix}\boldsymbol{e}_x & \boldsymbol{e}_y & \boldsymbol{e}_z\\ \dfrac{\partial}{\partial x} & \dfrac{\partial}{\partial y} & \dfrac{\partial}{\partial z}\\ \dfrac{x}{r^3} & \dfrac{y}{r^3} & \dfrac{z}{r^3}\end{vmatrix}$

$$=\frac{q}{4\pi\varepsilon}\left\{\left[\frac{\partial}{\partial y}\left(\frac{z}{r^3}\right)-\frac{\partial}{\partial z}\left(\frac{y}{r^3}\right)\right]\boldsymbol{e}_x+\left[\frac{\partial}{\partial z}\left(\frac{x}{r^3}\right)-\frac{\partial}{\partial x}\left(\frac{z}{r^3}\right)\right]\boldsymbol{e}_y+\left[\frac{\partial}{\partial x}\left(\frac{y}{r^3}\right)-\frac{\partial}{\partial y}\left(\frac{x}{r^3}\right)\right]\boldsymbol{e}_z\right\}=0$$

可见，点电荷产生的电场为无旋场(或保守场)。

1.7 拉普拉斯算符及其运算

标量场 u 的梯度 ∇u 是一个矢量，如果再对它求散度，即 $\nabla\cdot(\nabla u)$，称为标量场的拉普拉斯运算，记为

$$\nabla\cdot(\nabla u)=\nabla^2u=\Delta u \tag{1.89}$$

式中∇^2或Δ称为拉普拉斯算符。

在直角坐标系中有

$$\nabla^2 u=\frac{\partial^2 u}{\partial x^2}+\frac{\partial^2 u}{\partial y^2}+\frac{\partial^2 u}{\partial z^2} \tag{1.90}$$

类似地，标量场在圆柱坐标系和球坐标系中的拉普拉斯运算分别是

$$\nabla^2 u=\frac{1}{\rho}\frac{\partial}{\partial\rho}\left(\rho\frac{\partial u}{\partial\rho}\right)+\frac{1}{\rho^2}\frac{\partial^2 u}{\partial\varphi^2}+\frac{\partial^2 u}{\partial z^2} \tag{1.91}$$

$$\nabla^2 u=\frac{1}{r^2}\frac{\partial}{\partial r}\left(r^2\frac{\partial u}{\partial r}\right)+\frac{1}{r^2\sin\theta}\frac{\partial}{\partial\theta}\left(\sin\theta\frac{\partial u}{\partial\theta}\right)+\frac{1}{r^2\sin^2\theta}\frac{\partial^2 u}{\partial\varphi^2} \tag{1.92}$$

矢量场的拉普拉斯运算定义为

$$\nabla^2 \boldsymbol{F}=\nabla(\nabla\cdot\boldsymbol{F})-\nabla\times(\nabla\times\boldsymbol{F}) \tag{1.93}$$

在直角坐标系中

$$\nabla^2\boldsymbol{F}=\boldsymbol{e}_x\nabla^2F_x+\boldsymbol{e}_y\nabla^2F_y+\boldsymbol{e}_z\nabla^2F_2 \tag{1.94}$$

1.8 亥姆霍兹定理

1.8.1 散度、旋度的比较

用散度和旋度是否能唯一确定一个矢量场呢？根据前面的讨论，散度和旋度之间具有如下区别。

(1)矢量场的散度是一个标量函数，而矢量场的旋度是一个矢量函数。

(2)散度描述的是矢量场中各点的场量和通量源的关系；而旋度描述的是矢量场中各点的场量与漩涡源的关系。

(3)如果矢量场所在的全部空间中，场的散度处处为零，则这种场中不可能存在通量源，因而称为无源场(或管形场)；如果矢量场所在的全部空间中，场的旋度处处为零，则这种场中不可能存在漩涡源，因而称为无旋场(或保守场)。

(4)在散度计算公式中，矢量场$\boldsymbol{F}$的场分量分别只对x、y、z求偏导数，所以矢量场的散度描述的是场分量沿各自方向上的变化规律；而在旋度公式中，矢量场$\boldsymbol{F}$的场分量分别只对与其垂直方向的坐标变量求偏导数，所以矢量场的旋度描述的是场分量在其垂直方向上的变化规律。

可见，散度和旋度一旦给定，激发场的源就确定了。亥姆霍兹定理给出的就是如何唯一确定一个矢量场的问题。

1.8.2 亥姆霍兹定理

位于某一个区域中的矢量场，当其散度、旋度以及边界上场量的切向分量或法向分量给定后，则该区域中的矢量场被唯一地确定。这一结论称为矢量场的唯一性定理。

上述唯一性定理表明，区域V中的矢量场被V中的源及边界值(或称边界条件)唯一地确定。矢量场的散度和旋度都是表示矢量场性质的量度，可以证明，在有限区域V内，

任意一个矢量场由它的散度、旋度和边界条件(即限定区域V的闭合面S上的矢量场的分布)唯一地确定，这就是亥姆霍兹定理。

【提示】 亥姆霍兹定理总结了矢量场的基本性质，是研究矢量场的一条主线，在分析矢量场时，需要从研究它的散度和旋度着手。

本章小结

本章介绍了矢量分析和场论这一电磁场理论中重要的数学工具。

(1)既有大小又有方向的量称为矢量，在直角坐标系中，矢量$\boldsymbol{A}$可表示为

$$\boldsymbol{A}=\boldsymbol{e}_x A_x+\boldsymbol{e}_y A_y+\boldsymbol{e}_z A_z$$

(2)标量场u在点M处沿$\boldsymbol{l}$方向上的方向导数为$\left.\frac{\partial u}{\partial l}\right|_M$，标量场$u$在点$M$处的梯度是一个矢量，它的方向是沿场量$u$变化率最大的方向，大小等于其最大的变化率，在直角坐标系中

$$\nabla u=\left(\boldsymbol{e}_x\frac{\partial}{\partial x}+\boldsymbol{e}_y\frac{\partial}{\partial y}+\boldsymbol{e}_z\frac{\partial}{\partial z}\right)u$$

(3)矢量$\boldsymbol{F}$穿过曲面S的通量定义为$\int_S \boldsymbol{F}\cdot\mathrm{d}\boldsymbol{S}$，矢量场在某点处的散度定义为

$$\mathrm{div}\boldsymbol{F}=\nabla\cdot\boldsymbol{F}=\lim_{\Delta V\to 0}\frac{\oint_S \boldsymbol{F}\cdot\mathrm{d}\boldsymbol{S}}{\Delta V}$$

散度是标量，它表示在矢量场中给定点单位体积内散发出来的矢量的通量；反映了矢量场在该点的通量源强度，在直角坐标系中

$$\nabla\cdot\boldsymbol{F}=\frac{\partial F_x}{\partial x}+\frac{\partial F_y}{\partial y}+\frac{\partial F_z}{\partial z}$$

散度定理也称高斯定理，描述为

$$\int_V \nabla\cdot\boldsymbol{F}\mathrm{d}V=\oint_S \boldsymbol{F}\cdot\mathrm{d}\boldsymbol{S}$$

(4)矢量$\boldsymbol{F}$沿闭合路径$\boldsymbol{l}$的线积分$\oint_l \boldsymbol{F}\cdot\mathrm{d}\boldsymbol{l}$称为矢量场$\boldsymbol{F}$沿闭合路径$\boldsymbol{l}$的环量(旋涡量)。矢量$\boldsymbol{F}$在某点的旋度定义为

$$\mathrm{rot}\boldsymbol{F}=\nabla\times\boldsymbol{F}=\boldsymbol{e}_n\lim_{\Delta S\to 0}\left.\frac{\oint_l \boldsymbol{F}\cdot\mathrm{d}\boldsymbol{l}}{\Delta S}\right|_{\max}$$

旋度是一个矢量，大小是矢量$\boldsymbol{F}$在给定点处的最大环量面密度，其方向是当面积元的取向使环量面密度最大时该面积元的法线方向；描述了矢量在该点的漩涡源强度。在直角坐标系中

$$\nabla\times\boldsymbol{F}=\begin{vmatrix}\boldsymbol{e}_x & \boldsymbol{e}_y & \boldsymbol{e}_z\\ \dfrac{\partial}{\partial x} & \dfrac{\partial}{\partial y} & \dfrac{\partial}{\partial z}\\ F_x & F_y & F_z\end{vmatrix}$$

斯托克斯定理为

$$\int_S(\nabla\times\boldsymbol{F})\cdot\mathrm{d}\boldsymbol{S}=\oint_l\boldsymbol{F}\cdot\mathrm{d}\boldsymbol{l}$$

(5)标量场的拉普拉斯运算记为

$$\nabla\cdot(\nabla u)=\nabla^2 u$$

∇^2为拉普拉斯算符。在直角坐标系中

$$\nabla^2 u=\frac{\partial^2 u}{\partial x^2}+\frac{\partial^2 u}{\partial y^2}+\frac{\partial^2 u}{\partial z^2}$$

(6)亥姆霍兹定理表明，在有限区域内，任意一个矢量场由它的散度、旋度和边界条唯一确定。它总结了矢量场的基本性质，在分析矢量场时，需要从研究它的散度和旋度着手。

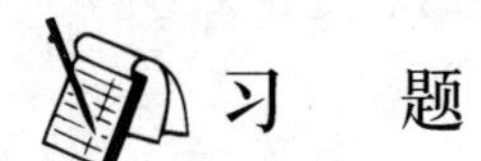

习　题

一、填空题

1. 只有大小没有方向的量称为________；既有大小又有方向的量称为________。

2. 两个矢量的点积是________量；两个矢量的叉积是________量。

3. 直角坐标系中的位置矢量可表示为________________________________。

4. 标量场的梯度是________量；矢量场的散度是________量；矢量场的旋度是________量。

5. 矢量场中每一点处的旋度都为零，则称该矢量场为________场。

二、分析计算题

1. 给定矢量$\boldsymbol{A}=\boldsymbol{e}_x-9\boldsymbol{e}_y-\boldsymbol{e}_z$，$\boldsymbol{B}=2\boldsymbol{e}_x-4\boldsymbol{e}_y+3\boldsymbol{e}_z$，求

(1)$\boldsymbol{A}+\boldsymbol{B}$;

(2)$\boldsymbol{A}\cdot\boldsymbol{B}$;

(3)$\boldsymbol{A}\times\boldsymbol{B}$

2. 给定3个矢量$\boldsymbol{A}=\boldsymbol{e}_x+2\boldsymbol{e}_y-3\boldsymbol{e}_z$，$\boldsymbol{B}=-4\boldsymbol{e}_y+\boldsymbol{e}_z$，$\boldsymbol{C}=5\boldsymbol{e}_x-2\boldsymbol{e}_z$，求

(1)$\boldsymbol{A}\cdot(\boldsymbol{B}\times\boldsymbol{C})$；

(2)$(\boldsymbol{A}\times\boldsymbol{B})\times\boldsymbol{C}$

3. 在圆柱坐标系中，某点的位置由$\left(4,\ \dfrac{2\pi}{3},\ 3\right)$定出，求该点对应在直角坐标系和球坐标系中的坐标。

4. 求标量场 $u=y^2+2yz-x^2$ 在点 $M(1, 2, 1)$处沿矢量方向 $\boldsymbol{A}=\frac{1}{x}\boldsymbol{e}_x+\frac{1}{y}\boldsymbol{e}_y+\frac{1}{z}\boldsymbol{e}_z$ 的方向导数。

5. 设 $\phi(x, y, z)=3x^2y-y^3z^2$，求在点 $M(1, -2, 1)$处的$\nabla\phi$。

6. 利用直角坐标系证明：$\nabla(uv)=u\nabla v+v\nabla u$。

7. 设 S 为上半球面 $x^2+y^2+z^2=a^2(z\geqslant 0)$，求矢量场 $\boldsymbol{F}=x\boldsymbol{e}_x+y\boldsymbol{e}_y+z\boldsymbol{e}_z$ 向上穿过 S 的通量。

8. 求矢量场 $\boldsymbol{A}=x^3\boldsymbol{e}_x+y^3\boldsymbol{e}_y+z^3\boldsymbol{e}_z$ 从内穿出闭合球面 S：$x^2+y^2+z^2=a^2$ 的通量。

9. 求矢量 $\boldsymbol{A}=x^2\boldsymbol{e}_x+x^2y^2\boldsymbol{e}_y+24x^2y^2z^3\boldsymbol{e}_z$ 的散度。

10. 求矢量 $\boldsymbol{E}=x^2\boldsymbol{e}_x+y^2\boldsymbol{e}_y+z^2\boldsymbol{e}_z$ 的旋度。

11. 证明$\nabla^2(uv)=u\nabla^2 v+v\nabla u+2\nabla u\cdot\nabla v$ 成立，其中 u、v 为标量场函数。

12. 证明：(1)$\nabla\cdot\boldsymbol{r}=3$；(2)$\nabla\times\boldsymbol{r}=0$；(3)$\nabla(\boldsymbol{k}\cdot\boldsymbol{r})=\boldsymbol{k}$。其中，$\boldsymbol{r}=x\boldsymbol{e}_x+y\boldsymbol{e}_y+z\boldsymbol{e}_z$，$\boldsymbol{k}$ 为常矢量。

第2章　电磁感应

教学要求

知识要点	掌握程度	相关知识
电荷及电荷守恒定律	掌握	体电荷密度、面电荷密度、线电荷密度、电荷守恒定律
电流及电流连续性方程	熟悉	电流密度、电流连续性方程的积分式和微分式
库仑定律与电场强度	重点掌握	库仑定律、电场强度、电位物理意义
高斯定理和电通量密度	重点掌握	高斯定理的微分形式和积分形式、电通量密度定义
欧姆定律及焦耳定律的微积分形式	重点掌握	电导和电阻的计算
电介质中的电场及电位移矢量	熟悉	电介质的极化、电位移矢量
毕奥-萨伐定律和磁感应强度	重点掌握	安培磁力定律、磁感应强度的表达式、磁场强度
法拉第电磁感应定律	重点掌握	法拉第电磁感应定律的积分形式和微分形式

导入案例

美国海军2010年12月10日宣布成功试射了电磁炮。海军在试射中，将电磁炮以音速5倍的极速，击向200km外的目标，射程为海军常规武器的10倍，且破坏力惊人。美军目标在8年内进行海上实测，并于2025年前正式配备于军舰上。

两次试射所产生的能量分别达33MJ和32MJ，打破了于2008年创下的10MJ纪录。美军最终实战配备目标是64MJ级电磁炮，届时射程最远可达321km，可让军舰在敌舰射程范围外发动攻击。

电磁炮是利用电磁发射技术制成的一种先进的动能杀伤武器。与传统的大炮将火药燃气压力作用于弹丸不同，电磁炮利用电磁系统中电磁场的作用力，其作用的时间要长得多，可大大提高弹丸的速度和射程。因而引起了世界各国军事家们的关注。

电磁现象是广泛存在的，人们很早就观察到了，这些电磁现象有些源于自然界，有些则是人为产生的。在诸多的电磁现象中，人们最先认识的是静态的电场和磁场。英国科学家麦克斯韦在总结了前人大量的实验定律基础上，建立了宏观电磁场理论，这是物理学上的一大成就，它揭示了电磁场与电荷、电流之间以及电场与磁场之间的相互联系及相互作用。

本章在介绍宏观电磁场理论中的几个实验定律的基础上，探讨了电磁场的基本概念、基本场量、基本理论和基本性质。

2.1 电荷及电荷守恒定律

在电磁场理论中，电荷和电流是激发电磁场的源。静止的电荷能激发静电场，运动的电荷形成电流，而电流又能激发磁场。本节讨论电荷及电荷守恒定律。

2.1.1 电荷及电荷密度

自然界中存在两种电荷，正电荷和负电荷。任何物体所带的电荷量总是以电子或质子电荷量的整数倍出现的，电子带负电荷，质子带正电荷，因此电荷量是不连续的，即电荷在空间的分布是离散的。但从宏观电磁学观点看，大量带电粒子密集出现在某个空间体积内时，电荷量可以视为连续分布。根据电荷分布的特点，常用体电荷密度、面电荷密度和线电荷密度来描述电荷的空间分布。

1. 体电荷密度

体电荷密度定义为单位体积中的电荷量，即

$$\rho=\lim_{\Delta V\to 0}\frac{\Delta q}{\Delta V} \tag{2.1}$$

体电荷密度的单位为库仑/米^3(C/m^3)。式中 $\Delta V\to 0$，物理上理解为宏观上它足够小，小到能够反映空间电荷密度分布的不均匀性。不难得到，有限区域 V 内的总电荷量 q 为

$$q=\int_V \rho \mathrm{d}V \tag{2.2}$$

2. 面电荷密度和线电荷密度

实际应用中常会遇到电荷分布在某一个几何曲面上，此时可用面电荷密度表示，定义为单位面积上的电荷量，即

$$\sigma=\lim_{\Delta S\to 0}\frac{\Delta q}{\Delta S} \tag{2.3}$$

其单位为库仑/米^2(C/m^2)。同样可以定义线电荷密度，表示单位长度中的电荷量，即

$$\rho_l=\lim_{\Delta l\to 0}\frac{\Delta q}{\Delta l} \tag{2.4}$$

其单位为库仑/米(C/m)。当已知面电荷和线电荷密度分布后，任意曲面或曲线上的电荷总量就可用相应的面积分或线积分来表示。

在实际应用中经常用到点电荷的概念，点电荷可以理解为一个体积很小而密度很大的带电球体的极限。用电荷体积分布的概念来衡量，在某一点处，电荷体密度 $\rho=\lim_{\Delta V\to 0}\frac{\Delta q}{\Delta V}\to\infty$，表示该点有一个点电荷。

2.1.2 电荷守恒定律

实验表明，一个孤立系统的电荷总量是保持不变的，即在任何时刻，不论发生什么变

化，系统中的正电荷与负电荷的代数和保持不变。这就是电磁现象中基本规律之一的电荷守恒定律。定律表明，如果孤立系统中某处在一个物理过程中产生或消灭了某种符号的电荷，那么必有等量的异号电荷伴随产生或消灭；如果孤立系统中电荷总量增加或减少，必有等量的电荷进入或离开该孤立系统。

电荷守恒定律可以用数学的方法描述，称为电流连续性方程，此方程在 2.2 节中介绍。

2.2 电流及电流连续性方程

2.2.1 电流及电流密度

电流是电荷定向运动产生的，电流的强弱可以由电流强度来描述，它定义为单位时间内通过导体任一横截面的电荷量，数学表达式为

$$i=\lim_{\Delta t\to 0}\frac{\Delta Q}{\Delta t}=\frac{\mathrm{d}Q}{\mathrm{d}t} \tag{2.5}$$

若电荷运动的速度不随时间变化，则形成的电流也不随时间变化，称为恒定电流，所以恒定电流的电流强度定义为

$$I=\frac{Q}{t} \tag{2.6}$$

式中，Q 是在时间 t 内流过导体任一横截面的电荷，I 是常量。在 SI 单位制中，电流强度的单位为安培(A)(1A=1C/s)。

【提示】 电流强度的单位之所以是安培，是为了纪念法国物理学家安培。

1. 体电流密度

在通常情况下，电路中的电流只考虑某段导线中的总电流(体电流)。但在某些情况下，导体内部空间不同位置上单位时间内流过单位横截面的电荷量可能不同，甚至其流动的方向也不同。所以仅仅用穿过某一截面的电荷量无法描述电流在空间的分布情况，为此用电流密度矢量 $\boldsymbol{J}$ 来描述电流的分布情况，它表示导体中某点的电流特性，即电流的分布特性。空间任一点的电流密度矢量 $\boldsymbol{J}$ 的方向为该点处正电荷的运动方向，其大小等于通过在该点垂直于 $\boldsymbol{J}$ 的单位面积的电流强度，如图 2.1(*a*)所示，即

$$J=\lim_{\Delta S\to 0}\frac{\Delta I}{\Delta S}=\frac{\mathrm{d}I}{\mathrm{d}S} \tag{2.7}$$

式中 J 是体传导电流密度，单位为安培/米^2(A/m^2)。如果所取的面积元的法线方向与电流方向不平行，而成任意角 θ，如图 2.1(b)所示，则通过该面积的电流是

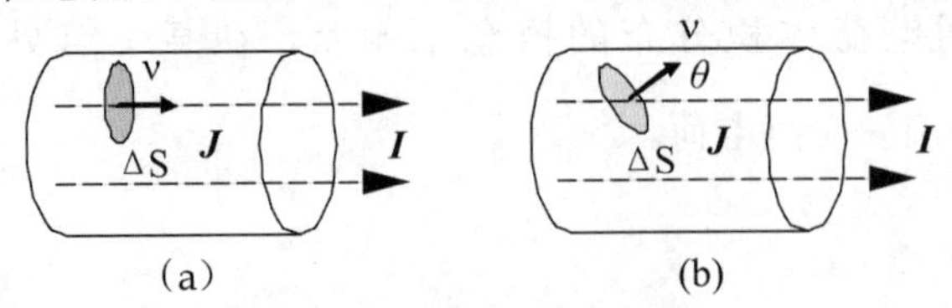

图 2.1 体电流密度矢量

$$dI = \boldsymbol{J} \cdot d\boldsymbol{S} = J dS\cos\theta \tag{2.8}$$

故通过导体中任意横截面 S 的电流强度与电流密度矢量的关系是

$$I = \int_S \boldsymbol{J} \cdot d\boldsymbol{S} = \int_S \boldsymbol{J} \cdot \boldsymbol{n} dS \tag{2.9}$$

2. 面电流密度

假如电荷只在导体表面一个小薄层内流动，为了方便分析，经常忽略薄层的厚度，认为电荷在一个几何曲面上流动，从而形成面电流。通常用面电流密度 $\boldsymbol{J}_S$ 来描述面电流的分布情况，如图 2.2 所示，即

$$\boldsymbol{J}_S = \lim_{\Delta l \to 0} \frac{\Delta i}{\Delta l} = \frac{di}{dl} \tag{2.10}$$

式中 Δi 是通过线元 Δl 的电流。$\boldsymbol{J}_s$ 在某点的方向为该点电流的流动方向，大小为单位时间内垂直通过包括该点的单位长度的电量。面电流密度的单位为安培/米(A/m)。

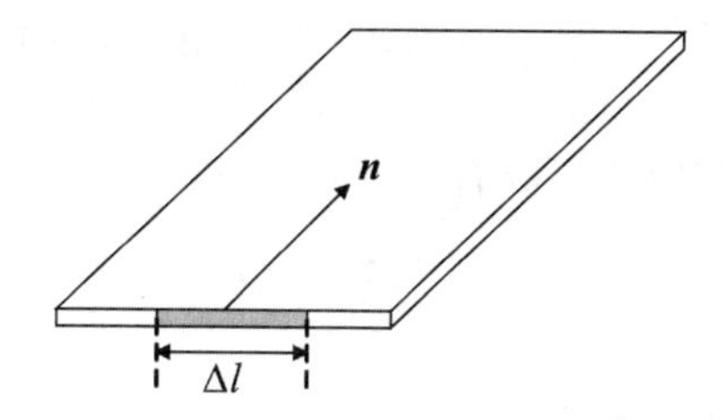

图 2.2　面电流密度

3. 线电流密度

电荷沿横截面可以忽略的曲线流动所形成的电流称为线电流。长度元为 dl 的电流 Idl 称为电流元，若电荷以速度 v 运动，则

$$Idl = \left(\frac{dq}{dt}\right)dl = dq\left(\frac{dl}{dt}\right) = v dq \tag{2.11}$$

2.2.2　电流连续性方程

由电荷守恒定律可知，电荷既不能被创造，也不能被消灭，电荷是守恒的。它只能从一个物体转移到另一个物体，或从一个地方转移到另一个地方，一个物体带电量为零只说明它所携带的正负电荷的电荷量相等。物体的带电过程实质上是电荷的迁移过程。

在导电区域内任取一个闭合面 S，设闭合面 S 包围的区域内体电荷密度为 ρ，穿出曲面的电流可用体电流密度 $\boldsymbol{J}$ 来描述，则流出闭合面 S 的总电流为

$$i(t) = \oint_S \boldsymbol{J} \cdot d\boldsymbol{S} \tag{2.12}$$

根据电荷守恒定律，单位时间内由闭合面 S 流出的电荷应等于单位时间内闭合面 S 内电荷的减少量。因而得

$$i(t) = -\frac{dQ}{dt} \tag{2.13}$$

式中 Q 为 t 时刻闭合面 S 内包围的总电荷量，即

$$Q=\int_V \rho \mathrm{d}V \tag{2.14}$$

故有

$$\oint_S \boldsymbol{J}\cdot \mathrm{d}\boldsymbol{S}=-\frac{\mathrm{d}}{\mathrm{d}t}\int_V \rho \mathrm{d}V \tag{2.15}$$

式(2.15)称为电流连续性方程的积分形式，是电荷守恒定律的数学表述。它表明区域内电荷的任何变化都必然伴随着穿越区域表面的电荷流动，也说明了电荷既不能凭空产生，也不能凭空消失，只能转移。

利用散度定理可将式(2.15)左边的闭合面积分转换为体积分。于是有

$$\begin{aligned}\oint_S \boldsymbol{J}\cdot \mathrm{d}\boldsymbol{S} &= \int_V \nabla\cdot \boldsymbol{J}\mathrm{d}V \\ &=-\frac{\partial}{\partial t}\int_V \rho \mathrm{d}V=-\int_V \frac{\partial}{\partial t}\rho \mathrm{d}V\end{aligned} \tag{2.16}$$

式(2.16)对任意选择的体积均成立，故有

$$\nabla\cdot \boldsymbol{J}=-\frac{\partial\rho}{\partial t} \tag{2.17}$$

式(2.17)称为电流连续性方程的微分形式。

在恒定电场中，激发电场的源是恒定的电流，导体内部电荷保持恒定，即不随时间变化，故 $\frac{\mathrm{d}Q}{\mathrm{d}t}=0$，所以得

$$\oint_S \boldsymbol{J}\cdot \mathrm{d}\boldsymbol{S}=0 \tag{2.18}$$

式(2.18)称为恒定电流连续性方程的积分形式。同理可得恒定电流连续性方程的微分形式为

$$\nabla\cdot \boldsymbol{J}=0 \tag{2.19}$$

式(2.19)说明恒定电流激发的恒定电场是一个无散场(或称管型场)。

如果收缩闭合面 S 成一个点(即包含几个导线分支的节点)，则式(2.18)可解释为

$$\sum I=0 \tag{2.20}$$

这就是电路理论中的基尔霍夫电流定律，即在任意时刻流入一个节点的电流的代数和为零。

2.3 库仑定律与电场强度

2.3.1 库仑定律

库仑定律是1784—1785年间法国物理学家库仑通过扭秤(如图2.3所示)实验总结出

来的，是关于一个带电粒子与另一个带电粒子之间作用力的定量描述，阐明了带电体相互作用的规律。库仑定律可表述为：真空中任意两个静止点电荷 q_1 和 q_2 之间作用力的大小与两个电荷的电荷量成正比，与两个电荷距离的平方成反比；作用力的方向沿两个电荷的连线方向，同性电荷相斥，异性电荷相吸，如图 2.4 所示。其数学表达式为

$$\boldsymbol{F}_{12}=\frac{q_1q_2}{4\pi\varepsilon_0R^2}\boldsymbol{e}_R=\frac{q_1q_2\boldsymbol{R}}{4\pi\varepsilon_0R^3} \tag{2.21}$$

其中，R 是点电荷 q_1 和 q_2 之间的距离，$\varepsilon_0=8.854\times10^{-12}$ 法拉/米(F/m)，称为真空中的介电常数。

图 2.3　库仑扭秤

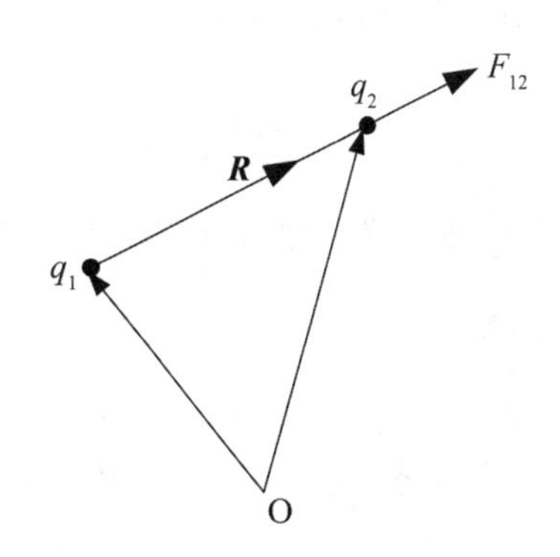

图 2.4　点电荷间的作用力

【知识要点提醒】

(1)库仑定律只适用于计算两个点电荷间的相互作用力(不能根据直觉认为当 R 无限小时作用力就无限大，因为当 R 无限小时两电荷已经失去了作为点电荷的前提)。

(2)应用库仑定律求点电荷间相互作用力时，不用把表示正、负电荷的符号代入公式中，计算过程中可用绝对值计算，其结果可根据电荷的正、负确定作用力为引力或斥力以及作用力的方向。

(3)库仑力一样遵守牛顿第三定律，不要认为电荷量大的对电荷量小的电荷作用力大(两电荷之间是作用力和反作用力的关系)。

2.3.2　电场强度

库仑定律表明，即使电荷相距很远，一个电荷也要对另一个电荷施加作用力，即任何电荷在其所处空间内都能激发出电场。人们正是通过电场中电荷受力的特性认识和研究电场的，电荷之间的作用力是通过电场来传递和施加的。

电场对电荷的作用力大小及方向可用电场强度矢量来描述。静止的电荷会在其周围空间激发出静电场，场内某点处一个静止的试验电荷 q 受到的静电场力为 $\boldsymbol{F}$，则该点的电场强度定义为

$$\boldsymbol{E}=\lim_{q\to0}\frac{\boldsymbol{F}}{q} \tag{2.22}$$

即单位试验电荷受到的电场力。其中，$\boldsymbol{F}$ 的单位为牛顿(N)，q 的单位为库仑(C)，电场强度的单位为伏特/米(V/m)。$q\to 0$ 的意义是试验电荷的引入不至于影响空间电场的分布，或者说试验电荷本身产生的电场可忽略不计。由库仑定律可得真空中静止点电荷 q 激发的电场强度为

$$\boldsymbol{E}=\frac{q}{4\pi\varepsilon_0 R^2}\boldsymbol{e}_r=\frac{q\boldsymbol{R}}{4\pi\varepsilon_0 R^3} \tag{2.23}$$

电荷之间的作用力满足叠加原理，空间中 N 个静止点电荷在某点激发的电场强度，等于各点电荷单独在该点产生的电场强度的叠加，即

$$\boldsymbol{E}=\sum_{i=1}^{N}\frac{q_i\boldsymbol{R}_i}{4\pi\varepsilon_0 R_i^3} \tag{2.24}$$

如果电荷在某空间以体密度 ρ 连续分布，则在空间任意点产生的电场强度为

$$\boldsymbol{E}=\int_V\frac{\rho\boldsymbol{R}}{4\pi\varepsilon_0 R^3}\mathrm{d}V=\frac{1}{4\pi\varepsilon_0}\int_V\frac{\rho\boldsymbol{R}}{R^3}\mathrm{d}V \tag{2.25}$$

【小思考】如果电荷连续分布在曲面和曲线上，则其电场分布情况如何?

2.3.3 电位函数

如果在电场强度为 $\boldsymbol{E}$ 的电场中放置一个试验电荷 q，则在该电荷上将作用一个电场力 $\boldsymbol{F}$，电场力将使电荷 q 移动一段距离 $\mathrm{d}\boldsymbol{l}$，电荷的移动电场力会做功，即

$$\mathrm{d}w=\boldsymbol{F}\cdot\mathrm{d}\boldsymbol{l}=q\boldsymbol{E}\cdot\mathrm{d}\boldsymbol{l}$$

如图 2.5 所示，当电荷 q 沿电场中任意一个闭合路径 l 移动一周时，电场力所做的功为

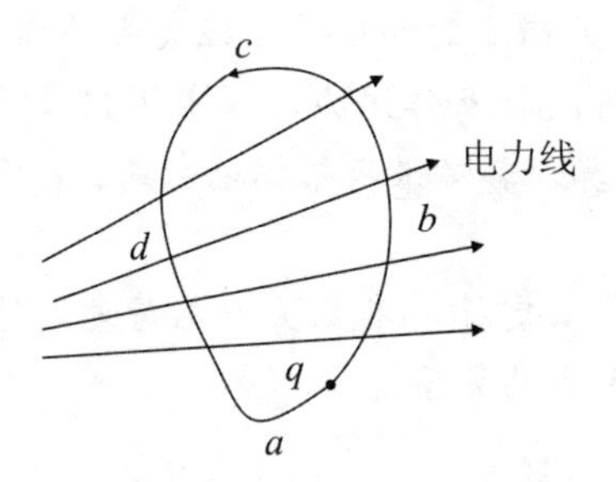

图 2.5　电荷在电场中沿任意路径移动

$$w=\oint_l q\boldsymbol{E}\cdot\mathrm{d}\boldsymbol{l}$$

对单位正电荷，做功为

$$\oint_l\boldsymbol{E}\cdot\mathrm{d}\boldsymbol{l}=\int_{\mathrm{abc}}\boldsymbol{E}\cdot\mathrm{d}\boldsymbol{l}+\int_{\mathrm{cda}}\boldsymbol{E}\cdot\mathrm{d}\boldsymbol{l}=\int_{\mathrm{abc}}\boldsymbol{E}\cdot\mathrm{d}\boldsymbol{l}-\int_{\mathrm{abc}}\boldsymbol{E}\cdot\mathrm{d}\boldsymbol{l}=0$$

所以

$$\int_{\mathrm{abc}}\boldsymbol{E}\cdot\mathrm{d}\boldsymbol{l}=\int_{\mathrm{abc}}\boldsymbol{E}\cdot\mathrm{d}\boldsymbol{l} \tag{2.26}$$

可见，电荷从场中的点 a 移到点 c，不论经过何种路径，电场力所做的功都相等，即与路径无关。所以静电场是保守场，又称位场，可用位函数来描述。

式(2.26)表示把单位正电荷从电场中的点 a 移到点 c 电场力所做的功，又称为从点 a 到点 c 的电位差

$$U_{ac}=\phi_a-\phi_c=\int_{\mathrm{abc}}\boldsymbol{E}\cdot\mathrm{d}\boldsymbol{l} \tag{2.27}$$

ϕ_a 和 ϕ_c 分别为标量场中点 a 和点 c 相对于某一个参考点的电位值，即设 m 为参考点，令其电位为零，则场中任意一点 a 的电位可写为

$$\phi_a=\int_a^m\boldsymbol{E}\cdot\mathrm{d}\boldsymbol{l} \tag{2.28}$$

在电场中，将电位相等的各点连接起来构成曲线或曲面，将这些线或面称为等位线或等位面。

【提示】 等位线或等位面不相交，电荷在其上移动时，电场力不做功。

【例 2.1】 一个半径为 a 的球体均匀分布着体电荷密度 $\rho(\mathrm{C/m^3})$ 的电荷，球体内外介电常数均为 ε_0，求球体内外的电场强度及电位分布。

解： 采用球坐标系分析本题。

在 $r<a$ 的区域，即球内距球心 r 处的电场强度可由式(2.25)计算为

$$\boldsymbol{E}_i=\frac{1}{4\pi\varepsilon_0}\int_V\frac{\rho\boldsymbol{R}}{R^3}\mathrm{d}V=\frac{\rho}{4\pi\varepsilon_0}\times\frac{1}{r^2}\times\frac{4}{3}\pi r^3\boldsymbol{e}_r=\frac{\rho r}{3\varepsilon_0}\boldsymbol{e}_r\ (\mathrm{V/m})$$

在 $r>a$ 的区域，即球外距球心 r 处的电场强度为

$$\boldsymbol{E}_o=\frac{1}{4\pi\varepsilon_0}\int_V\frac{\rho\boldsymbol{R}}{R^3}\mathrm{d}V=\frac{\rho}{4\pi\varepsilon_0}\times\frac{1}{r^2}\times\frac{4}{3}\pi a^3\boldsymbol{e}_r=\frac{\rho a^3}{3\varepsilon_0 r^2}\boldsymbol{e}_r\ (\mathrm{V/m})$$

由于电荷分布在有限区域，可选无穷远点为参考点。则

在 $r<a$ 时

$$\phi_i=\int_r^\infty\boldsymbol{E}\cdot\mathrm{d}\boldsymbol{r}=\int_r^a E_i\mathrm{d}r+\int_a^\infty E_o\mathrm{d}r=\frac{\rho a^2}{2\varepsilon_0}-\frac{\rho r^2}{6\varepsilon_0}\ (\mathrm{V})$$

在 $r>a$ 时

$$\phi_o=\int_r^\infty\boldsymbol{E}_o\cdot\mathrm{d}\boldsymbol{r}=\frac{\rho a^3}{3\varepsilon_0 r}\ (\mathrm{V})$$

【小思考】 如果选择球心为参考点，则球内外的电位分布情况如何？

2.4 高斯定理和电通量密度

2.4.1 电通量密度

电场强度是描述电场强弱的矢量，同样的电荷源在不同媒质中激发的电场强度不同，也就是说电场强度是一个与媒质有关的场量。为分析方便，这里引入另一个描述电场的基

本量，即电通量密度 $\boldsymbol{D}$。在简单媒质中，电通量密度定义为

$$\boldsymbol{D}=\varepsilon\boldsymbol{E} \tag{2.29}$$

其单位是库仑/米^2(C/m^2)，式中 ε 是媒质的介电常数，在真空中 $\varepsilon=\varepsilon_0$。

对真空中的点电荷 q 激发的电场，电通量密度为

$$\boldsymbol{D}=\varepsilon_0\boldsymbol{E}=\frac{q}{4\pi R^2}\boldsymbol{e}_r \tag{2.30}$$

可见，电通量密度与媒质的介电常数无关，仅与电荷、距离有关。实际上，对于简单媒质中的点电荷，式(2.30)均成立而不管其介电常数如何，这正是引入电通量密度的一个方便之处。电通量密度又称为电位移矢量，有关内容将在本章其他节中介绍。

2.4.2 高斯定理

高斯定理把穿过一个封闭面的电通量与这个封闭面内的点电荷联系起来。如果封闭面内有一点电荷 q，且此封闭面就是以点电荷为球心的球面，则球面上各点的电通量密度是相等的，其方向就是球面上任意面元的外法线方向，因而电通量为

$$\oint_S \boldsymbol{D}\cdot\mathrm{d}\boldsymbol{S}=\frac{q}{4\pi R^2}\cdot 4\pi R^2=q \tag{2.31}$$

可见，电通量仅取决于点电荷的电荷量 q，而与球的半径无关。当所取封闭面为非球面时，可利用立体角的概念得出穿过它的电通量仍为 q。如果在封闭面内有若干个电荷，则穿出封闭面的电通量等于此面所包围的总电荷量 Q，即

$$\oint_S \boldsymbol{D}\cdot\mathrm{d}\boldsymbol{S}=Q \tag{2.32}$$

进行积分的面称为高斯面。式(2.32)即为高斯定理的积分形式，即穿过任意封闭面的电通量等于封闭面所包围的自由电荷总电量。对于简单的电荷分布，可方便地利用此关系来求出电通量密度。高斯定理也可用真空中的电场强度表示为

$$\oint_S \boldsymbol{E}\cdot\mathrm{d}\boldsymbol{S}=\frac{Q}{\varepsilon_0} \tag{2.33}$$

【提示】 高斯定理由德国数学家、天文学家、物理学家 K. F. Gauss 于 1839 年导出。

若封闭面所包围的体积内的电荷以体密度 ρ 分布，则式(2.32)可写为

$$\oint_S \boldsymbol{D}\cdot\mathrm{d}\boldsymbol{S}=\int_V \rho\mathrm{d}V \tag{2.34}$$

应用散度定理，式(2.34)可写为

$$\int_V \nabla\cdot\boldsymbol{D}\mathrm{d}V=\int_V \rho\mathrm{d}V$$

上式对任意封闭面所包围的体积都成立，因此等式两边被积函数必定相等，于是有

$$\nabla\cdot\boldsymbol{D}=\rho \tag{2.35}$$

式(2.35)是高斯定理的微分形式，即空间任意点电通量密度的散度等于该点自由电荷

的体密度，这是静电场的一个基本方程。公式说明，空间任意存在正电荷密度的点都发出电力线；有负的电荷密度时，则有电力线流向该点。电荷是电通量的源，也是电场的源。

【例 2.2】 利用高斯定理求解例 2.1 中球体内外电场强度。

解： 在 $r<a$ 的区域

$$\oint_S \boldsymbol{E}_i \cdot \mathrm{d}\boldsymbol{S} = 4\pi r^2 E_i \boldsymbol{e}_r \cdot \boldsymbol{e}_r = \frac{4}{3}\pi r^3 \frac{\rho}{\varepsilon_0}$$

所以

$$\boldsymbol{E}_i = \frac{\rho r}{3\varepsilon_0}\boldsymbol{e}_r \text{(V/m)}$$

在 $r>a$ 的区域

$$4\pi r^2 E_o = \frac{4}{3}\pi a^3 \frac{\rho}{\varepsilon_0}$$

$$\boldsymbol{E}_o = \frac{\rho a^3}{3\varepsilon_0 r^2}\boldsymbol{e}_r \text{(V/m)}$$

可见，利用高斯定理求解电场强度更方便。

2.5 欧姆定律和焦耳定律的微分形式

2.5.1 欧姆定律的微分形式

实验表明，当导体温度恒定不变时，导体两端的电压与通过这段导体的电流成正比，这就是欧姆定律，即

$$U=RI \tag{2.36}$$

式中 R 为导体的电阻，单位为欧姆(Ω)。

若设 l 为导体长度，S 为导体横截面积，γ 为导体的电导率(由导体的材料决定，单位为 1/Ω · m=S/m。表 2-1 中列出了有关材料的电阻率和电导率)，则计算电阻的表达式为

$$R=\frac{l}{\gamma S} \tag{2.37}$$

或

$$R=\int \frac{\mathrm{d}l}{\gamma S} \tag{2.38}$$

表 2-1　常用材料在常温下的电阻率和电导率

材料	电阻率 ρ/(Ω · m)	电导率 γ/(S/m)
镍	7.24×10^{-8}	1.38×10^{7}
黄铜	6.85×10^{-8}	1.46×10^{7}
铝	2.83×10^{-8}	3.53×10^{7}

续表

材料	电阻率 $\rho/(\Omega\cdot m)$	电导率 $\gamma/(S/m)$
金	2.44×10^{-8}	4.10×10^{7}
铅	2.20×10^{-8}	4.55×10^{7}
铜	1.69×10^{-8}	5.92×10^{7}

实验表明，通常情况下的金属导体非常准确地遵从欧姆定律，只有在电流密度达到 $10^{10}\,A\cdot m^{-2}$数量级时，才有1%的偏差，所以在电流密度小于 $10^{10}\,A\cdot m^{-2}$的金属导体中可认为U和I之间是线性关系。

由计算电阻的表达式可导出欧姆定律的微分形式。在电导率为γ的导体内沿电流方向取一个微小的圆柱形体积元，其长度为Δl，横截面积为ΔS，如图2.6所示。则圆柱体两端面之间的电阻为$R=\Delta l/\gamma\Delta S$，通过截面$\Delta S$的电流$\Delta I=\boldsymbol{J}\cdot\Delta S$。由于圆柱体两端间的电压可由电场强度表示为$\Delta U=\boldsymbol{E}\cdot\Delta\boldsymbol{l}$，则由式(2.37)得

$$\Delta I=\frac{\Delta U}{R}=\frac{\boldsymbol{E}\cdot\Delta\boldsymbol{l}}{\dfrac{\Delta l}{\gamma\Delta S}}=\boldsymbol{J}\cdot\Delta\boldsymbol{S}$$

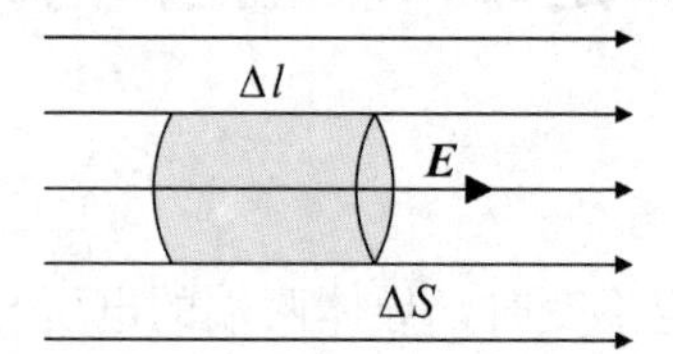

图2.6 欧姆定律微分形式推导

整理得

$$\boldsymbol{J}=\gamma\boldsymbol{E} \tag{2.39}$$

式(2.39)就是欧姆定律的微分形式，描述了导体中每一点上的导电规律，它表明通过导体中任意一点的体电流密度矢量与电场强度成正比，且两者方向相同，大小等于该点的电场强度矢量与导体电导率的乘积。

2.5.2 电阻

工程上经常需要计算两个电极之间填充的导电媒质的电阻。在导电媒质中，电流从一个电极流向另一个电极，两个电极之间导电媒质中的电流I与两极间的电压U的比值称为导电媒质的电导G，即

$$G=\frac{I}{U} \tag{2.40}$$

电导的单位是西门子(S)，其倒数即为电阻R，即

$$R=\frac{1}{G}=\frac{U}{I} \tag{2.41}$$

由欧姆定律可知，电阻值由导电媒质的材料和结构确定。对于形状较为规则的导电媒质，可按下列步骤计算电阻：假设导电媒质两极间通过的电流为 I，求出体电流密度 $\boldsymbol{J}$；利用 $\boldsymbol{J}=\gamma\boldsymbol{E}$ 求电场强度 $\boldsymbol{E}$；求两极间的电位差 U，利用 $R=\frac{1}{G}=\frac{U}{I}$ 求电阻 R。

【提示】 也可以用其他的方法来计算导电媒质的电阻。

【例 2.3】 有一扇形导电媒质片如图 2.7 所示，张角为 α，内半径为 a，外半径为 b，厚度为 d，导电媒质的电导率为 γ，求 A、B 面之间的电阻。

解： 根据式(2.37)可得电导表达式 $G=\frac{\gamma S}{l}$，所以图中所取电导元是

$$\mathrm{d}G=\frac{\gamma(d\cdot\mathrm{d}r)}{\alpha r}$$

则 A、B 面间的电导是

$$G=\int\mathrm{d}G=\int_a^b\frac{\gamma d}{\alpha r}\mathrm{d}r=\frac{\gamma d}{\alpha}\ln\frac{b}{a}\ (\mathrm{S})$$

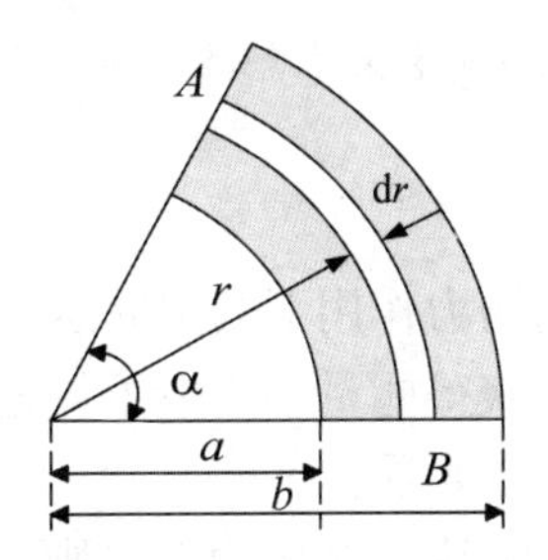

图 2.7　扇型导电媒质片

A、B 面间的电阻是

$$R=\frac{1}{G}=\frac{\alpha}{\gamma d\ \ln\frac{b}{a}}(\Omega)$$

【例 2.4】 某根内导体半径为 a，外导体内半径为 b(外导体很薄，厚度忽略不计)的同轴电缆，内外导体间填充电导率为 γ 的导电媒质，如图 2.8 所示，求同轴电缆单位长度的漏电阻。

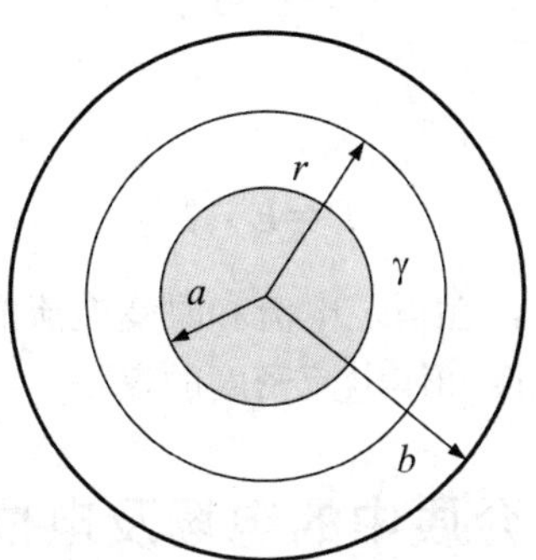

图 2.8　同轴电缆

解：先假设由内导体流向外导体的电流为 I，则沿径向流过同一圆柱面的漏电流密度相等，即

$$\boldsymbol{J}=\frac{I}{2\pi\rho\cdot 1}\boldsymbol{e}_\rho$$

所以

$$\boldsymbol{E}=\frac{\boldsymbol{J}}{\gamma}=\frac{I}{2\pi\gamma\rho}\boldsymbol{e}_\rho$$

内外导体间的电压

$$U=\int_a^b\boldsymbol{E}\cdot\mathrm{d}\rho=\int_a^b\frac{I}{2\pi\gamma\rho}\boldsymbol{e}_\rho=\frac{I}{2\pi\gamma}\ln\frac{b}{a}$$

则单位长度漏电阻是

$$R=\frac{U}{I}=\frac{1}{2\pi\gamma}\ln\frac{b}{a}(\Omega/\mathrm{m})$$

【小思考】是否可以用例 2.2 的解法来求解本例？

2.5.3 焦耳定律的微分形式

在金属导体中，自由电子在电场力作用下的定向运动形成电流。在这个运动中电场力不断地对自由电子作功，自由电子获得能量。当电子与金属晶格点阵上原子碰撞时，此能量转变为焦耳热，所以导体也称导电媒质。

设导电媒质中通有电流 I，其两端的电压为 U，则单位时间内电场对电荷所做的功，即功率是

$$P=UI=I^2R \tag{2.42}$$

在导电媒质中仍以一个微小的圆柱体积元来推导焦耳定律的微分形式。在电场中体积元的体积为 $\Delta V=\Delta S\Delta l$，它的热损耗功率是 $\Delta P=\Delta U\Delta I=E\Delta l\cdot J\Delta S=EJ\Delta V$，当所取体积元的体积 ΔV 趋尽于零时，$\Delta P/\Delta V$ 的极限就是导体中任意一点的热功率密度，它是单位时间内电流在导体任意一点的单位体积中所产生的热量，单位是 $\mathrm{W/m^3}$，它的表达式为

$$P=\lim_{\Delta V\to 0}\frac{\Delta P}{\Delta V}=EJ=\gamma E^2 \tag{2.43}$$

也可表示为

$$P=\boldsymbol{E}\cdot\boldsymbol{J} \tag{2.44}$$

式(2.44)是焦耳定律的微分形式，在恒定电流和时变电流的情况下都成立。它表明由电场提供的单位体积的功率是电场强度和体电流密度的点积。

2.6 电介质中的电场及电位移矢量

真空是物理学的理想状态，无论是工程实际应用，还是进行科学研究，总是在特定的

物质空间进行的。介质是物质的一种统称，电介质是指磁导率为 μ_0 的媒质。所有物质都是由带正电荷和负电荷的粒子组成的，如果将它们放入电场中，带电粒子因受到电场力的作用而改变其状态。导体中含有大量自由电荷，而理想电介质中则没有自由电荷。将介质置入电场中，介质内的电场同样会发生变化，因为电场使介质发生极化形成束缚电荷，束缚电荷也产生电场，因而引起介质内总电场的改变。

2.6.1 电介质的极化

1. 极化强度 P

电介质的分子一般有两种类型：一种分子的正电荷作用中心和负电荷作用中心是重合的，没有电偶极矩，称为无极分子；另一种分子的正负电荷中心不重合，形成固有的电偶极矩，称为有极分子。当无外加电场时，分子做无规则热运动，宏观上呈现电中性。在宏观电场的作用下，无极分子(如 H_2 分子)正负电荷的中心相对位移，形成电偶极矩，而有极分子(如 H_2O 分子)固有电偶极矩的取向将趋向与电场方向一致，这种现象称为电介质的极化。总之，不论无极性介质还是有极性介质，在外电场作用下，分子内部的束缚电荷都将形成电偶极子，对外呈现带电现象(如图 2.9 所示)，使介质中的场强为场源电荷(或称自由电荷)与介质中的束缚电荷产生的场强相叠加，因而改变了原来的电场分布。

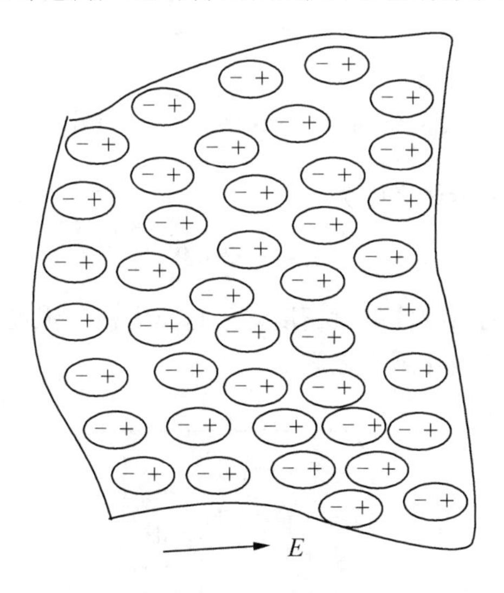

图 2.9 外电场作用

所以，可以认为电介质对电场的影响归结为束缚电荷产生的影响，在计算电场时，如果考虑了电介质表面和体内的束缚电荷，原来的电介质所占的空间可视为真空，而束缚电荷所产生的电场赋有抵消作用，使得总合成电场减弱。

束缚电荷产生的电场是极化后的电介质内部所有电偶极子的宏观效应。为了分析介质极化的宏观效应，描述介质的极化程度，引入极化强度矢量 $\boldsymbol{P}$，它定义为单位体积内的电偶极矩的矢量和，即

$$\boldsymbol{P} = \lim_{\Delta V \to 0} \frac{\sum_i \boldsymbol{p}_i}{\Delta V} \tag{2.45}$$

式中 $\boldsymbol{p}_i$ 为体积元 ΔV 中的第 i 个分子的电偶极矩。

由式(2.45)可见，极化强度 $\boldsymbol{P}$ 是电偶极矩的体密度，单位为库仑/米^2(C/m^2)。

2. 极化电荷

介质没有极化时，由于无规则运动，不会出现宏观的电荷分布。介质产生极化后，由于电偶极矩的有序排列，导致介质表面和内部可能出现极化电荷分布，如果外加电场随时间变化，则极化强度矢量 $\boldsymbol{P}$ 和极化电荷也随时间变化，并在一定范围内发生运动从而形成极化电流。这种由极化引起的宏观电荷称为极化电荷。介质中的极化电荷不能离开分子移动，所以又称为束缚电荷。极化电荷的分布用极化电荷密度 ρ_{p} 或极化电荷面密度 σ_{p} 来表示。

在极化介质中，设每一个分子的正负电荷间的平均相对位移为 l，则分子电偶极矩 $p=ql$。在曲面 S 上任取一个面元 d$\boldsymbol{S}$，计算从它穿出去的电荷。为方便计算，假定极化过程中负电荷不动，而正电荷有一位移 l。显然，处于体积元 $\boldsymbol{l}\cdot\mathrm{d}\boldsymbol{S}$ 中的正电荷将从面元 d$\boldsymbol{S}$ 穿出，如图 2.10 所示。设单位体积中的分子数为 n，则穿过面元 d$\boldsymbol{S}$ 的电荷量为

$$nq\boldsymbol{l}\cdot\mathrm{d}\boldsymbol{S}=n\boldsymbol{p}\cdot\mathrm{d}\boldsymbol{S}=\boldsymbol{P}\cdot\mathrm{d}\boldsymbol{S} \tag{2.46}$$

所以闭合曲面 S 穿出体积的正电荷量为 $\oint_S \boldsymbol{P}\cdot\mathrm{d}\boldsymbol{S}$。由电中性可知，留在闭合曲面 S 内的极化电荷量为

$$Q_{\mathrm{p}}=-\oint_S \boldsymbol{P}\cdot\mathrm{d}\boldsymbol{S}=-\int_V \nabla\cdot\boldsymbol{P}\mathrm{d}V \tag{2.47}$$

由此可得介质体内的电荷体密度为

$$\rho_{\mathrm{p}}=-\nabla\cdot\boldsymbol{P} \tag{2.48}$$

式(2.48)表示介质内一点的束缚体电荷密度等于这点上极化强度散度的负值，反映了介质内部某点的极化电荷分布与极化强度之间的关系。

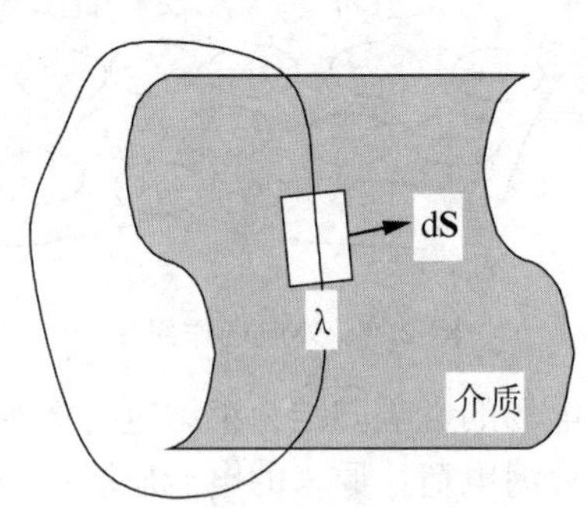

图 2.10 介质极化

现在计算极化电荷面密度 σ_p，在介质体内紧贴表面取一个闭曲面，从这个闭曲面上穿出的极化电荷是电介质表面上的极化面电荷。由式(2.46)可知，从面积元 d$\boldsymbol{S}$ 上穿出的极化电荷量 $\Delta q_{\mathrm{p}}=\boldsymbol{P}\cdot\mathrm{d}\boldsymbol{S}=\boldsymbol{P}\cdot\boldsymbol{n}\mathrm{d}S$，故极化电荷面密度为

$$\sigma_{\mathrm{p}}=\boldsymbol{P}\cdot\boldsymbol{n} \tag{2.49}$$

式中，$\boldsymbol{n}$ 为介质表面的外法向单位矢量，该式表示介质表面上一点的束缚面电荷密度等于

该点的极化强度在面积元外法线方向上的分量，反映了极化电荷面密度与极化强度的关系。

2.6.2 电位移矢量

当介质在外加电场 $\boldsymbol{E}_0$ 的作用下极化时，因为有极化电荷产生，将在空间中产生附加电场 $\boldsymbol{E}'$。此附加电场有减弱电介质极化的趋势，常称为退极化场。这时空间中的电场应为外加电场与附加电场的合成场，即

$$\boldsymbol{E}=\boldsymbol{E}_o+\boldsymbol{E}' \tag{2.50}$$

实验表明，在均匀、线形和各向同性的电介质中，极化强度矢量 $\boldsymbol{P}$ 与电介质中的合成电场强度成正比，它们的关系是

$$\boldsymbol{P}=\varepsilon_0 x_e \boldsymbol{E} \tag{2.51}$$

式中 x_e 称为电介质的极化率(或称为极化系数)，是无量纲的常数，其大小取决于电介质的性质。

在分析电介质中的电场时，引入一个辅助矢量 $\boldsymbol{D}$，其定义为

$$\boldsymbol{D}=\varepsilon_0 \boldsymbol{E}+\boldsymbol{P} \tag{2.52}$$

矢量 $\boldsymbol{D}$ 称为电位移矢量，单位为库仑/米^2(C/m^2)。

对于线性、各向同性的电介质，将式(2.51)代入式(2.52)中，得

$$\boldsymbol{D}=\varepsilon_0 \boldsymbol{E}+\boldsymbol{P}=\varepsilon_0(1+x_e)\boldsymbol{E}=\varepsilon \boldsymbol{E} \tag{2.53}$$

式中 $\varepsilon=\varepsilon_0\varepsilon_r$，称为电介质的介电常数(或电介质的电容率)，是物质的3个电特性参数之一(另外两个是磁导率和电导率)。$\varepsilon_r=1+x_e$ 称为电介质的相对介电常数，是无量纲常数。

【例2.5】 有两块板间距离为 d 的大平行导体板，两板接上直流电压源 U，充电后又断开电源；然后在两板间插入一块均匀介质板，其相对介电常数 $\varepsilon_r=4$。假设介质板的厚度比 d 略小一点，留下一空气隙，如图2.11所示。(可以忽略边缘效应)

(1)求放入介质板前后，平行板间的电场分布。

(2)求介质板表面的束缚面电荷密度和介质板内的束缚体电荷密度。

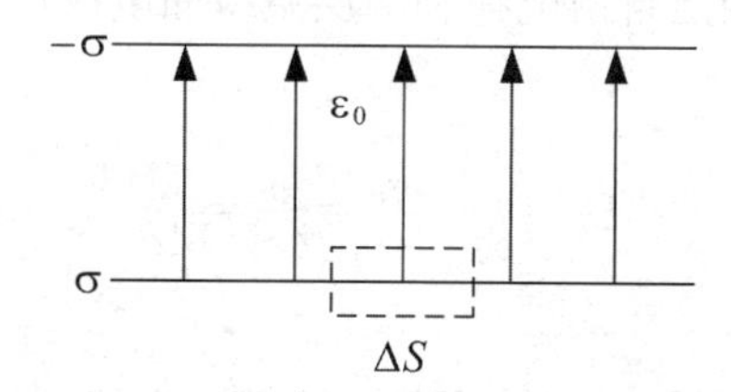

图2.11 平行导体板

解： 忽略边缘效应，认为板间的电场是均匀的，方向与极板垂直。

(1)加入介质板前的电场强度为

$$\boldsymbol{E}_0=\frac{U}{d}\boldsymbol{e}_y \text{(即方向从正极板指向负极板)}$$

设两极板上自由电荷面密度分别为 σ 和 $-\sigma$，根据高斯定理作如图2.11中虚线所示柱

形高斯面，上下底面与极板平行，ΔS 是其面积，所以

$$\oint_S \boldsymbol{E}_0 \cdot \mathrm{d}\boldsymbol{S} = E_0 \Delta S = \frac{\sigma \Delta S}{\varepsilon_0}$$

因而得

$$\sigma = \varepsilon_0 E_0 = \varepsilon_0 \frac{U}{d}$$

充电后电源切断，极板上的自由电荷密度保持不变。用高斯定理求得

$$\boldsymbol{D} = \sigma \boldsymbol{e}_y = \frac{\varepsilon_0 U}{d} \boldsymbol{e}_y$$

所以空气间隙中的电场强度为

$$\boldsymbol{E}_a = \frac{\boldsymbol{D}}{\varepsilon_0} = \frac{U}{d} \boldsymbol{e}_y \text{（与未加介质板前相同）}$$

介质中的电场强度为

$$\boldsymbol{E}_d = \frac{\boldsymbol{D}}{\varepsilon} = \frac{\boldsymbol{D}}{\varepsilon_r \varepsilon_0} = \frac{U}{4d} \boldsymbol{e}_y \text{（是未加介质板前场强的 1/4）}$$

(2)介质中的极化强度

$$\boldsymbol{P} = \varepsilon_0 \chi_e \boldsymbol{E}_d = \varepsilon_0 (\varepsilon_r - 1) \boldsymbol{E}_d = \frac{3\sigma}{4} \boldsymbol{e}_y$$

$$\rho_{\mathrm{p}} = -\nabla \cdot \boldsymbol{P} = 0$$

$$\sigma_{\mathrm{p上}} = \boldsymbol{P} \cdot \boldsymbol{n}_{上} = \frac{3\sigma}{4} \boldsymbol{e}_y \cdot \boldsymbol{e}_y = \frac{3\sigma}{4}$$

$$\sigma_{\mathrm{p下}} = \boldsymbol{P} \cdot \boldsymbol{n}_{下} = \frac{3\sigma}{4} \boldsymbol{e}_y \cdot (-\boldsymbol{e}_y) = -\frac{3\sigma}{4}$$

若考虑束缚电荷，则两板间的全部空间(含介质空间)都视为空气($\varepsilon_r = 1$)。两层束缚面电荷在空气间隙部分产生的电场为零，所以空气间隙的电场与未加介质板前相同。而在介质板所在区域内，电场是两层自由电荷和两层束缚面电荷产生场的叠加，它们产生的电场相反，即

$$E_d = \frac{\sigma}{\varepsilon_0} - \frac{\sigma_{\mathrm{p}}}{\varepsilon_0} = \frac{\sigma}{4\varepsilon_0} = \frac{U}{4d}$$

2.7 毕奥-萨伐定律及磁感应强度

2.7.1 安培磁力定律

电磁现象是相互联系的，有着共同的根源。安培对电流的磁效应进行了大量的实验研究，得到了电流相互作用力的公式，称为安培磁力定律。

如图 2.12 所示，l 和 l' 是真空中两个细导线回路，电流分别为 I 和 I'，则回路 l' 对 l

的作用力为

$$\boldsymbol{F}=\frac{\mu_0}{4\pi}\oint_l\oint_{l'}\frac{I\mathrm{d}\boldsymbol{l}\times(\boldsymbol{I}'\mathrm{d}\boldsymbol{l}'\times\boldsymbol{e}_r)}{r^2} \tag{2.54}$$

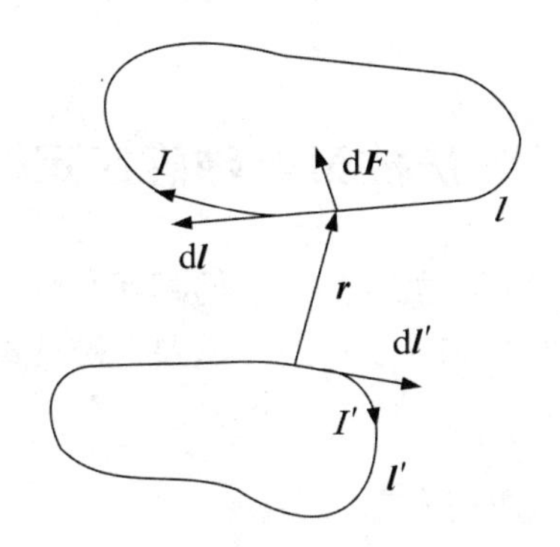

图 2.12　两个载流回路间的作用力

式中，r 是电流元 $I'\mathrm{d}\boldsymbol{l}'$ 至 $I\mathrm{d}\boldsymbol{l}$ 的距离，$\boldsymbol{e}_r$ 是由 $\mathrm{d}\boldsymbol{l}'$ 指向 $\mathrm{d}\boldsymbol{l}$ 的单位矢量，$\mu_0=4\pi\times10^{-7}\,\mathrm{H/m}$，是真空的磁导率。安培磁力定律表明，任意两个恒定电流元之间存在力的作用，作用力不仅和恒定电流元的大小有关，同时还与恒定电流元之间的夹角有关。

2.7.2　毕奥-萨伐定律及磁感应强度

因为运动的电荷形成电流，安培力正是反映两段运动电荷之间的作用力。但该力有别于库仑力，不能由库仑定律得出，称为磁力或磁场力。可进一步表示为

$$\boldsymbol{F}=\oint_l I\mathrm{d}\boldsymbol{l}\times\boldsymbol{B}$$

式中

$$\boldsymbol{B}=\frac{\mu_0}{4\pi}\oint_{l'}\frac{I'\mathrm{d}\boldsymbol{l}'\times\boldsymbol{e}_r}{r^2}=\frac{\mu_0}{4\pi}\oint_{l'}\frac{I'\mathrm{d}\boldsymbol{l}'\times\boldsymbol{r}}{r^3} \tag{2.55}$$

式(2.55)称为毕奥-萨伐(J. B. Biot-F. Savart)定律，矢量 $\boldsymbol{B}$ 可看作是电流回路 l' 作用于单位电流元($I\mathrm{d}\boldsymbol{l}=1\mathrm{A}\cdot\mathrm{m}$)的磁场力，表征电流回路 l' 在其周围建立的磁场特性的一个物理量，称为磁通量密度或磁感应强度。它的单位是特斯拉(T)，即 N/（A・m）。

在电场中，由高斯定理可知，穿过任意封闭面的电通量等于封闭面所包围的自由电荷总电量，电力线是起止于正负电荷的。而自然界不存在单独的磁荷，所以磁场中的磁力线总是闭合的，即闭合的磁力线穿进闭合面多少条也必然穿出同样多的条数，结果使穿过闭合面的磁通量恒为零，即

$$\oint_S\boldsymbol{B}\cdot\mathrm{d}\boldsymbol{S}=0 \tag{2.56}$$

利用散度定理可得

$$\nabla\cdot\boldsymbol{B}=0 \tag{2.57}$$

式(2.56)称为磁通连续性原理，也称为磁场的高斯定理，式(2.57)是其微分形式。

为方便起见，通常引入磁场强度矢量 $\boldsymbol{H}$，在简单媒质中，$\boldsymbol{H}$ 由下式定义

$$\boldsymbol{H}=\frac{\boldsymbol{B}}{\mu}\ (\mathrm{A/m}) \tag{2.58}$$

式中 μ 是媒质的磁导率。

2.8 法拉第电磁感应定律

随时间变化的电场和磁场是相互关联的，它们相互激励，形成统一的电磁场，这首先由英国科学家法拉第在实验中观察到。表征这一重要电磁现象的基本规律就是法拉第电磁感应定律。

2.8.1 法拉第电磁感应定律的积分形式

法拉第在实验中发现，当穿过导体回路的磁通量发生变化时，回路中将感应一电动势，会出现感应电流，这就是电磁感应现象。法拉第通过对电磁感应现象的研究，总结出电磁感应的规律：当穿过导体回路的磁通量发生变化时，回路中的感应电动势与穿过此回路的磁通量 Φ 的时间率成正比。楞次指出了感应电动势的极性，即它在回路中引起的感应电流的方向是使它所产生的磁场阻碍原磁通的变化。这两个结果结合在一起就是法拉第电磁感应定律。若规定回路中感应电动势的参考方向与穿过该回路的磁通 Φ 参考方向符号右手螺旋关系，则法拉第电磁感应定律可表示为

$$\varepsilon=-\frac{\mathrm{d}\Phi}{\mathrm{d}t} \tag{2.59}$$

式(2.59)中，负号表示回路中感应电动势的作用总是要阻止回路中磁通量的改变。

设任意导体回路 l 围成的曲面为 S，则穿过回路的磁通量 $\Phi=\int_S \boldsymbol{B}\cdot\mathrm{d}\boldsymbol{S}$，则式(2.59)可以写成

$$\varepsilon=-\frac{\mathrm{d}}{\mathrm{d}t}\int_S \boldsymbol{B}\cdot\mathrm{d}\boldsymbol{S} \tag{2.60}$$

因为电流由电荷的定向运动形成，而电荷的定向运动往往是电场力对其作用的结果。当磁通量发生变化时，导体回路中产生感应电流，预示着导体回路中存在电场。显然，这个电场不是电荷激发的，而是由回路的磁通量发生变化而引起的，称为感应电场，记为 $\boldsymbol{E}_{\mathrm{k}}$。回路 l 中的感应电动势应等于感应电场 $\boldsymbol{E}_k$ 沿此回路的积分，即

$$\varepsilon=\oint_l \boldsymbol{E}_{\mathrm{k}}\cdot\mathrm{d}\boldsymbol{l} \tag{2.61}$$

则式(2.60)可表示为

$$\oint_l \boldsymbol{E}_{\mathrm{k}}\cdot\mathrm{d}\boldsymbol{l}=-\frac{\mathrm{d}}{\mathrm{d}t}\int_S \boldsymbol{B}\cdot\mathrm{d}\boldsymbol{S} \tag{2.62}$$

由此可见，感应电场不同于静电场，它是一种非保守场。

通常情况下，空间中可能既存在静电场 $\boldsymbol{E}_{\mathrm{c}}$ 又存在感应电场 $\boldsymbol{E}_{\mathrm{k}}$，则总电场 $\boldsymbol{E}=\boldsymbol{E}_{\mathrm{c}}+\boldsymbol{E}_{\mathrm{k}}$。

由于$\oint_l \boldsymbol{E}_c \cdot d\boldsymbol{l}=0$，则有

$$\oint_l \boldsymbol{E} \cdot d\boldsymbol{l} = -\frac{d}{dt}\int_S \boldsymbol{B} \cdot d\boldsymbol{S} \tag{2.63}$$

这是法拉第电磁感应定律的积分形式，表明电场强度沿任意闭合曲线的环量等于穿过以该闭合曲线为边界的任意曲面的磁通量变化率的负值。

磁通变化可以由磁场随时间变化引起，也可以由回路自身运动引起，这样，式(2.63)可写为

$$\begin{aligned}\oint_l \boldsymbol{E} \cdot d\boldsymbol{l} &= -\frac{d}{dt}\int_S \boldsymbol{B} \cdot d\boldsymbol{S} \\ &= -\int_S \frac{\partial \boldsymbol{B}}{\partial t} \cdot d\boldsymbol{S} + \oint_l (\boldsymbol{v} \times \boldsymbol{B}) \cdot d\boldsymbol{l}\end{aligned} \tag{2.64}$$

上式右端的两个积分分别对应着磁场变化和导体运动的贡献。如果回路是静止的，则

$$\frac{d}{dt}\int_S \boldsymbol{B} \cdot d\boldsymbol{S} = \int_S \frac{\partial \boldsymbol{B}}{\partial t} \cdot d\boldsymbol{S}$$

于是得到

$$\oint_l \boldsymbol{E} \cdot d\boldsymbol{l} = -\int_S \frac{\partial \boldsymbol{B}}{\partial t} \cdot d\boldsymbol{S} \tag{2.65}$$

当磁场不随时间变化时，有

$$\oint_l \boldsymbol{E} \cdot d\boldsymbol{l} = \oint_l (\boldsymbol{v} \times \boldsymbol{B}) \cdot d\boldsymbol{l} \tag{2.66}$$

【例 2.6】 单匝矩形线圈置于时变场$B=\boldsymbol{e}_y B_0 \sin\omega t$中，如图 2.13 所示。初始时刻，线圈平面的法向单位矢量$\boldsymbol{n}$与y轴成α_0角。

(1)求线圈静止时的感应电动势。

(2)求线圈以速度ω绕x轴旋转时的感应电动势。

解：(1)线圈静止时，穿过线圈的磁通为

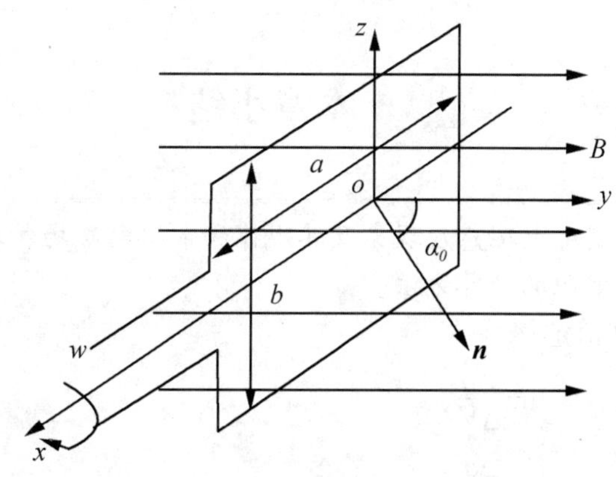

图 2.13　场中的矩形线圈

$$\Phi = \int_S \boldsymbol{B} \cdot \mathrm{d}\boldsymbol{S} = \boldsymbol{e}_y B_0 \sin(\omega t) \cdot \boldsymbol{n}ab$$
$$= B_0 ab\sin(\omega t)\cos\alpha_0$$

故感应电动势为

$$\varepsilon = -\frac{\mathrm{d}\Phi}{\mathrm{d}t} = -\omega ab B_0 \cos(\omega t)\cos\alpha_0$$

(2)线圈以角速度 ω 绕 x 轴旋转时，法向单位矢量 $\boldsymbol{n}$ 的方向随时间变化。在 t 时刻，$\boldsymbol{n}$ 与 y 轴的夹角 $\alpha = a_0 + \omega t$，所以

$$\Phi = \int_S \boldsymbol{B} \cdot \mathrm{d}\boldsymbol{S} = \boldsymbol{e}_y B_0 \sin(\omega t) \cdot \boldsymbol{n}ab = B_0 ab\sin(\omega t)\cos(\alpha_0 + \omega t)$$

故感应电动势为

$$\varepsilon = -\frac{\mathrm{d}\Phi}{\mathrm{d}t} = -\omega ab B_0 \cos(\alpha_0 + 2\omega t)$$

2.8.2 法拉第电磁感应定律的微分形式

对式(2.65)左边应用斯托克斯定理，可得

$$\int_S (\nabla \times \boldsymbol{E}) \cdot \mathrm{d}\boldsymbol{S} = -\int_S \frac{\partial \boldsymbol{B}}{\partial t} \cdot \mathrm{d}\boldsymbol{S} \tag{2.67}$$

对任意的 S 有

$$\nabla \times \boldsymbol{E} = -\frac{\partial \boldsymbol{B}}{\partial t} \tag{2.68}$$

这是法拉第电磁感应定律的微分形式。它揭示了随时间变化的磁场将激发电场这一重要的概念，是电磁场的基本方程之一。该电场称为感应电场，以区别于由电荷产生的库仑电场，库仑电场是无旋场，而感应电场是旋涡场，其旋涡源是磁通的变化。

【提示】 法拉第电磁感应定律的重要意义在于，一方面，依据电磁感应的原理，人们制造出了发电机，电能的大规模生产和远距离输送成为可能；另一方面，电磁感应现象在电工技术、电子技术以及电磁测量等方面都有广泛的应用。人类社会从此迈进了电气化时代。

本章小结

本章主要介绍了宏观电磁感应现象及其规律和常用电磁场物理量，并介绍了电路三大参量之一——电阻的计算方法。

1. 电荷及电荷守恒定律

(1)体电荷密度：$\rho = \lim\limits_{\Delta V \to 0} \frac{\Delta q}{\Delta V}$。

(2)面电荷密度：$\sigma = \lim\limits_{\Delta S \to 0} \frac{\Delta q}{\Delta S}$。

(3)线电荷密度：$\rho_l=\lim\limits_{\Delta l\to 0}\dfrac{\Delta q}{\Delta l}$。

(4)电荷守恒定律描述为：一个孤立系统的电荷总量是保持不变的，即在任何时刻，不论发生什么变化，系统中的正电荷与负电荷的代数和保持不变。

2. 电流及电流连续性方程

(1)电流：$i=\lim\limits_{\Delta t\to 0}\dfrac{\Delta Q}{\Delta t}=\dfrac{\mathrm{d}Q}{\mathrm{d}t}$。

(2)体电流密度：$J=\lim\limits_{\Delta S\to 0}\dfrac{\Delta I}{\Delta S}=\dfrac{\mathrm{d}I}{\mathrm{d}S}$。

(3)面电流密度：$J_s=\lim\limits_{\Delta l\to 0}\dfrac{\Delta i}{\Delta l}=\dfrac{\mathrm{d}i}{\mathrm{d}l}$。

(4)电流连续性方程：微分形式为$\nabla\cdot\boldsymbol{J}=-\dfrac{\partial\rho}{\partial t}$；积分形式为$\oint_S\boldsymbol{J}\cdot\mathrm{d}\boldsymbol{S}=-\dfrac{\mathrm{d}}{\mathrm{d}t}\int_V\rho\mathrm{d}V$。

3. 库仑定律和电场强度

(1)库仑定律：$\boldsymbol{F}_{12}=\dfrac{q_1q_2}{4\pi\varepsilon_0R^2}\boldsymbol{e}_R=\dfrac{q_1q_2\boldsymbol{R}}{4\pi\varepsilon_0R^3}$。

(2)电场强度：$\boldsymbol{E}=\lim\limits_{q\to 0}\dfrac{\boldsymbol{F}}{q}$。

(3)电位：$\phi_a=\int_a^m\boldsymbol{E}\cdot\mathrm{d}\boldsymbol{l}$。

4. 高斯定理和电通量密度

(1)电通量密度：$\boldsymbol{D}=\varepsilon\boldsymbol{E}$。

(2)高斯定理：积分形式为$\oint_S\boldsymbol{D}\cdot\mathrm{d}\boldsymbol{S}=Q$；微分形式为$\nabla\cdot\boldsymbol{D}=\rho$。

5. 欧姆定律和焦耳定律

欧姆定律的微分形式：$\boldsymbol{J}=\gamma\boldsymbol{E}$；焦耳定律的微分形式：$p=\boldsymbol{E}\cdot\boldsymbol{J}$。

6. 电介质中的电场及电位移矢量

(1)极化强度：$\boldsymbol{P}=\lim\limits_{\Delta V\to 0}\dfrac{\sum_i\boldsymbol{P}_i}{\Delta V}$。

(2)极化电荷体密度$\rho_p=-\nabla\cdot\boldsymbol{P}$；极化电荷面密度$\sigma_p=\boldsymbol{P}\cdot\boldsymbol{n}$。

(3)电位移矢量：$\boldsymbol{D}=\varepsilon_0\boldsymbol{E}+\boldsymbol{P}=\varepsilon_0(1+\chi_e)\boldsymbol{E}=\varepsilon\boldsymbol{E}$。

7. 毕奥-萨伐定律及磁感应强度

(1)安培磁力定律：$\boldsymbol{F}=\dfrac{\mu_0}{4\pi}\oint_l\oint_{l'}\dfrac{I\mathrm{d}\boldsymbol{l}\times(I'\mathrm{d}\boldsymbol{l}'\times\boldsymbol{e}_r)}{r^2}$

(2)毕奥-萨伐定律：$B=\dfrac{\mu_0}{4\pi}\oint_{l'}\dfrac{I'\mathrm{d}\boldsymbol{l}'\times\boldsymbol{e}_r}{r^2}=\dfrac{\mu_0}{4\pi}\oint_{l'}\dfrac{I'\mathrm{d}\boldsymbol{l}'\times\boldsymbol{r}}{r^3}$

8. 法拉第电磁感应定律

积分形式为$\oint\boldsymbol{E}\cdot\mathrm{d}\boldsymbol{l}=-\dfrac{\mathrm{d}}{\mathrm{d}t}\int_S\boldsymbol{B}\cdot\mathrm{d}\boldsymbol{S}$；微分形式为$\nabla\times\boldsymbol{E}=-\dfrac{\partial\boldsymbol{B}}{\partial t}$。它揭示了随时间变化的磁场将激发电场这一重要的概念。

习　题

一、填空题

1. 电位参考点就是指定电位值恒为________的点；电位参考点选定之后，电场中各点的电位值是________。

2. 法拉第电磁感应定律的微分形式是________。

3. 静止电荷产生的电场称为________。

4. 电荷________形成电流；电流体密度的单位是________。

5. 电场强度的方向是________运动的方向。

二、选择题

1. 电场中试验电荷受到的作用力与试验电荷电量为(　　)关系。

A. 正比　　B. 反比　　C. 平方　　D. 平方根

2. 磁通 Φ 的单位为(　　)。

A. 特斯拉　　B. 韦伯　　C. 库仑　　D. 安匝

3. 真空中介电常数的数值为(　　)。

A. 8.85×10^{-9}F/m　　B. 8.85×10^{-10}F/m

C. 8.85×10^{-11}F/m　　D. 8.85×10^{-12}F/m

4. 单位时间内通过某面积 S 的电荷量，定义为穿过该面积的(　　)。

A. 通量　　B. 电流　　C. 电阻　　D. 环流

5. 磁场强度的单位是(　　)。

A. 韦伯　　B. 特斯拉　　C. 亨利　　D. 安培/米

三、分析计算题

1. 设同心球电容器的内导体半径为 a，外导体的内半径为 b，内、外导体间填充电导率为 γ 的导电媒质，如图 2.14 所示，求内、外导体间的绝缘电阻。

2. 如图 2.15 所示，由两块电导率分别为 γ_1 和 γ_2 的金属薄片构成一扇形弧片，$\varepsilon_1=\varepsilon_2=\varepsilon_0$，内外弧半径分别为 a 和 b，弧片厚度为 h，若电极 A、B 上的电位分别为零和 U_0，求电极 A、B 间的电阻 R。

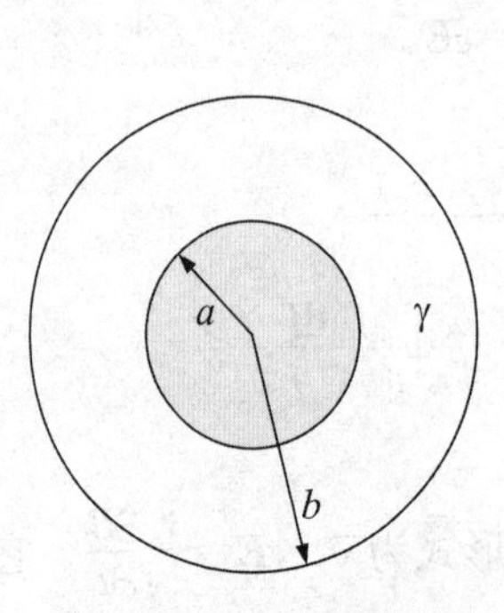

图 2.14　同心球电容器

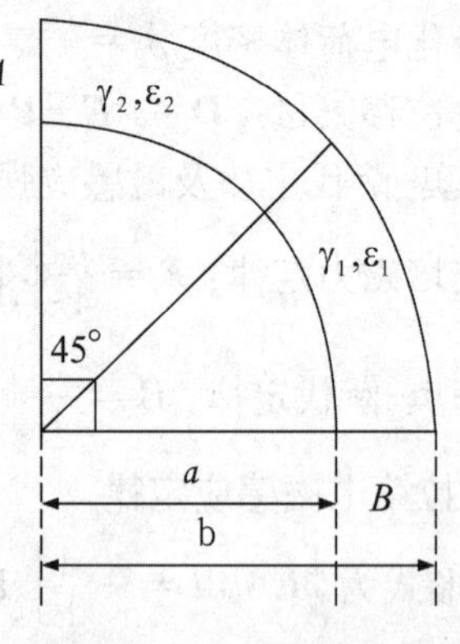

图 2.15　扇形弧片

3. 设一扇形电阻片的尺寸如图 2.7 所示，材料的电导率为 γ。

(1)求沿厚度方向的电阻。

(2)求沿圆弧面间的电阻。

4. 有一根电荷均匀分布的无限长直导线，线密度为 ρ_l，求空间各点的电场强度。

5. 有两块间距为 d(m)的无限大带电平行平面，上下极板分别带有均匀电荷 $\pm\sigma$(C/m^2)，求平行板内外各点的电场强度。

6. 同轴线横截面如图 2.16 所示，内导体半径为 a，外导体的内半径为 b，内、外导体单位长度带电量分别为 ρ_l 和 $-\rho_l$，其间填充介电常数为 ε 的均匀电介质，计算内外导体间的电场强度和电位差。

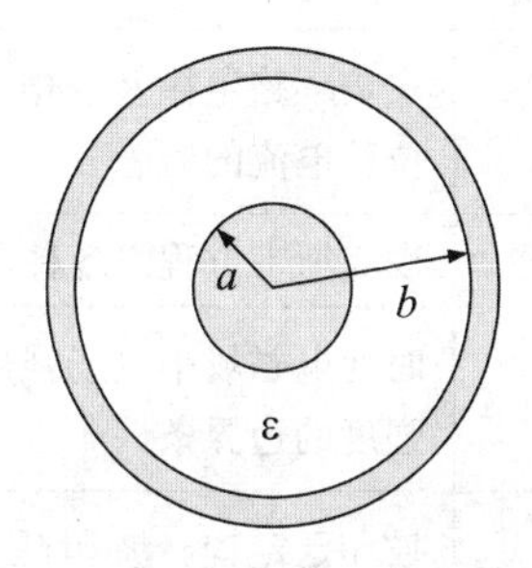

图 2.16　同轴线

7. 空气中有两条电荷均匀分布的无限长直线电荷，电荷密度分别为 $\pm\rho_l$(C/m)，两线电荷相距 d(m)，求空间任意点的点位。

8. 某电荷均匀分布的圆盘，半径为 a，电荷密度为 σ，求与圆盘垂直的轴线上一点的电位。

9. 在中心位于原点、边长为 L 电介质立方体的极化强度为 $\boldsymbol{P}=\boldsymbol{P}_0(\boldsymbol{e}_x x+\boldsymbol{e}_y y+\boldsymbol{e}_z z)$。

(1)计算面和体束缚电荷密度。

(2)证明总束缚电荷为零。

10. 空心介质球的内外半径分别为 a 和 b，已知极化强度 $\boldsymbol{P}=\boldsymbol{e}_x P_0\dfrac{1}{4\pi r^2}$，求束缚面电荷密度和束缚体电荷密度。

第3章 时变电磁场

教学要求

知识要点	掌握程度	相关知识
位移电流与全电流定律	掌握	安培环路定律及全电流安培环路定律的积分与微分形式、位移电流的概念
麦克斯韦方程组	重点掌握	麦克斯韦方程组各种形式的数学表达式及涵义
时变电磁场的边界条件	掌握	时变电磁场中电场强度、电位移矢量、磁场强度、磁感应强度的边界条件
坡印廷定理与坡印廷矢量	熟悉	坡印廷定理、坡印廷矢量、复坡印廷矢量及平均坡印廷矢量
动态矢量位和标量位	熟悉	矢量位和标量位的概念、罗伦兹规范、达朗贝尔方程

导入案例

詹姆斯·克拉克·麦克斯韦是19世纪英国伟大的物理学家、数学家，1831年11月13日生于苏格兰的爱丁堡，自幼聪颖。他父亲是个知识渊博的律师，麦克斯韦从小就受到了良好的教育。

麦克斯韦大约于1855年开始研究电磁学，在潜心研究了法拉第关于电磁学方面的新理论和思想之后，坚信法拉第的新理论包含着真理。于是他抱着给法拉第理论"提供数学方法基础"的愿望，决心把法拉第的天才思想以清晰准确的数学形式表示出来。他在前人成就的基础上，对整个电磁现象做了系统、全面的研究，凭借他高深的数学造诣和丰富的想象力接连发表了电磁场理论的三篇论文：《论法拉第的力线》、《论物理的力线》和《电磁场的动力学理论》。在论文中，麦克斯韦对前人和自己的工作进行了综合概括，将电磁场理论用简洁、对称、完美的数学形式表示出来，经后人整理和改写，成为经典电动力学主要基础的麦克斯韦方程组。据此，1865年他预言了电磁波的存在，并计算了电磁波的传播速度等于光速，同时得出结论：光是电磁波的一种形式，揭示了光现象和电磁现象之间的联系。麦克斯韦于1873年出版了科学名著《电磁理论》，系统、全面、完美地阐述了电磁场理论，这一理论成为经典物理学的重要支柱之一。麦克斯韦严谨的科学态度和科学研究方法是人类极其宝贵的精神财富。

本章首先介绍位移电流的概念和全电流安培环路定律，其次讨论麦克斯韦方程组、时变电磁场的边界条件等，同时导出时变电磁场的能量守恒定律—坡印廷定理，然后引入动态矢量位和标量位的概念，以方便时变电磁场的运算。

3.1 位移电流与全电流定律

除了电荷产生电场外，变化的磁场也要在空间产生电场，麦克斯韦称由变化磁场所产生的电场为感应电场(涡旋电场)；但在把安培环路定律应用到非恒定电流电路时，麦克斯韦遇到了矛盾，这就引出了“位移电流”的假说。它揭示了电场和磁场相联系的另一个方面，即变化电场将激发磁场。麦克斯韦对电磁场理论重大贡献的核心是位移电流的假说。

3.1.1 安培环路定律

本节首先讨论无限长载流直导线引起的磁场，在此基础上得到一般形式的安培环路定律。

如图 3.1 所示，无限长直导线上流过电流 I，则真空中点 P 的磁通量密度可以由毕奥-萨伐定律求得。

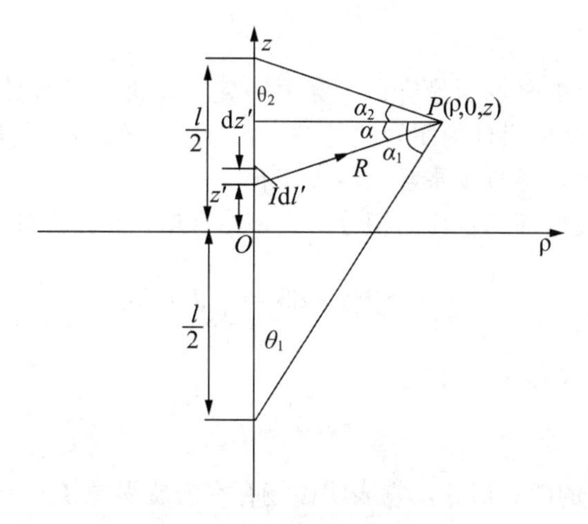

图 3.1 载流直导线

考虑到磁场的分布具有对称性，采用圆柱坐标系进行分析，使直线电流与 z 轴重合，线电流的中点位于原点，显然可以仅在 φ 为常数的平面内计算磁场，不妨取 $\varphi=0$，则场点的位置矢量为 $\boldsymbol{r}=\boldsymbol{e}_\rho\rho+\boldsymbol{e}_z z$，点源的位置矢量为 $\boldsymbol{r}'=\boldsymbol{e}_z z'$，故距离矢量 $\boldsymbol{R}=\boldsymbol{r}-\boldsymbol{r}'=\boldsymbol{e}_\rho\rho+\boldsymbol{e}_z(z-z')$，$I\mathrm{d}\boldsymbol{l}'=\boldsymbol{e}_z I\mathrm{d}z'$(用撇表示场源)根据毕奥-萨伐定律有

$$\boldsymbol{B}=\int\mathrm{d}\boldsymbol{B}=\frac{\mu_0}{4\pi}\int\frac{I\mathrm{d}\boldsymbol{l}'\times\boldsymbol{R}}{R^3}=\frac{\mu_0}{4\pi}\int_{-\frac{l}{2}}^{+\frac{l}{2}}\frac{I\mathrm{d}z'\boldsymbol{e}_z\times[\boldsymbol{e}_\rho\rho+\boldsymbol{e}_z(z-z')]}{[\rho^2+(z-z')]^{\frac{3}{2}}}$$

$$=\boldsymbol{e}_\varphi\frac{\mu_0 I}{4\pi}\int_{-\frac{l}{2}}^{\frac{l}{2}}\frac{\rho\mathrm{d}z'}{[\rho^2+(z-z')^2]^{\frac{3}{2}}}=\boldsymbol{e}_\varphi\frac{\mu_0 I}{4\pi\rho}(\cos\theta_1-\cos\theta_2)$$

或写为

$$\boldsymbol{B}=\boldsymbol{e}_\varphi\frac{\mu_0}{4\pi\rho}(\sin\alpha_1-\sin\alpha_2)\tag{3.1}$$

式中 $\theta_1+\alpha_1=\frac{\pi}{2}$、$\theta_2+\alpha_2=\frac{\pi}{2}$，那么无限长直线电流可看成是一段直线电流的两端无限延

伸，即 $\alpha_1 \to \frac{\pi}{2}$、$\alpha_2 \to -\frac{\pi}{2}$，利用式(3.1)即可求得真空中无限长直线电流所产生的磁场为

$$\boldsymbol{B}=\boldsymbol{e}_{\varphi}\frac{\mu_0 I}{2\pi\rho}$$

用磁场强度表示为

$$\boldsymbol{H}=\boldsymbol{e}_{\varphi}\frac{I}{2\pi\rho} \tag{3.2}$$

式(3.2)是磁场分布的一个重要公式，若以 ρ 为半径绕直导线一周积分，可得

$$\oint_l \boldsymbol{H}\cdot \mathrm{d}\boldsymbol{l}=\oint_l \boldsymbol{e}_{\varphi}\frac{I}{2\pi\rho}\cdot \boldsymbol{e}_{\varphi}\rho \mathrm{d}\varphi = I$$

即

$$\oint_l \boldsymbol{H}\cdot \mathrm{d}\boldsymbol{l}= I \tag{3.3}$$

式(3.3)是恒定电流的磁场所遵守的一条基本定律，即安培环路定律。它表明，在恒定电流的磁场中，磁场强度沿任何闭合路径的线积分等于该路径所包围的电流。

【提示】 这里的 I 应理解为传导电流的代数和。

式(3.3)是真空中安培环路定律的积分形式，结合斯托克斯定理可得

$$\int_S (\nabla\times\boldsymbol{H})\cdot \mathrm{d}\boldsymbol{S}=\int_S \boldsymbol{J}\cdot \mathrm{d}\boldsymbol{S}$$

回路是任意取的，故有

$$\nabla\times\boldsymbol{H}=\boldsymbol{J} \tag{3.4}$$

这是安培环路定律的微分形式，它表明磁场存在着旋涡源 $\boldsymbol{J}$。

【例 3.1】 半径为 a 的无限长直导线通有电流 I，试计算导体内外的磁场强度。

解： 引入圆柱坐标系计算电流的磁场。可以看出，场与 φ 和 z 坐标无关，根据安培环路定律，在 $\rho\leqslant a$ 的圆柱内

$$\oint_l \boldsymbol{H}\cdot \mathrm{d}\boldsymbol{l}=\boldsymbol{H}\cdot 2\pi\rho=\frac{I}{\pi a^2}\cdot \pi\rho^2=\frac{I\rho^2}{a^2}$$

故

$$\boldsymbol{H}=\boldsymbol{e}_{\varphi}\frac{I\rho}{2\pi a^2}$$

对于 $\rho>a$ 的圆柱外，积分回路所包围的电流为 I，显然

$$\boldsymbol{H}=\boldsymbol{e}_{\varphi}\frac{I}{2\pi\rho}$$

图 3.2 描述的是该无限长直导线导体内外磁场的分布情况。

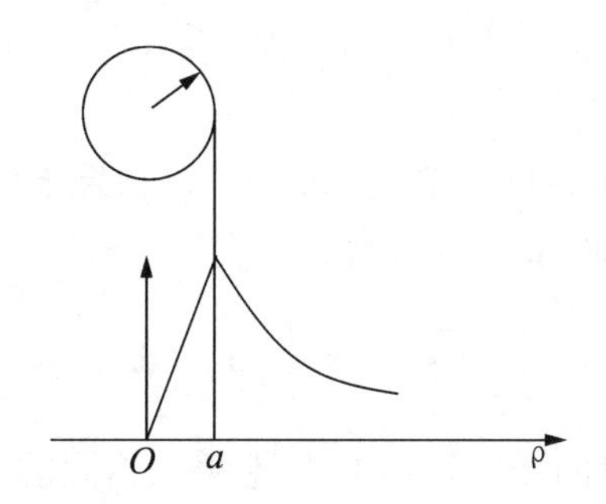

图 3.2 直导体的磁场计算

3.1.2 位移电流及全电流安培环路定律

变化的磁场产生电场，麦克斯韦在此基础上提出了感应电场(涡旋电场)的概念；那么变化的电场能否产生磁场呢？麦克斯韦发现了将恒定电流中的安培环路定律应用于时变电磁场时的矛盾，提出了位移电流的假说，对安培环路定律进行了修订。

现在研究图 3.3 所示的包含有电容的交变电流电路。

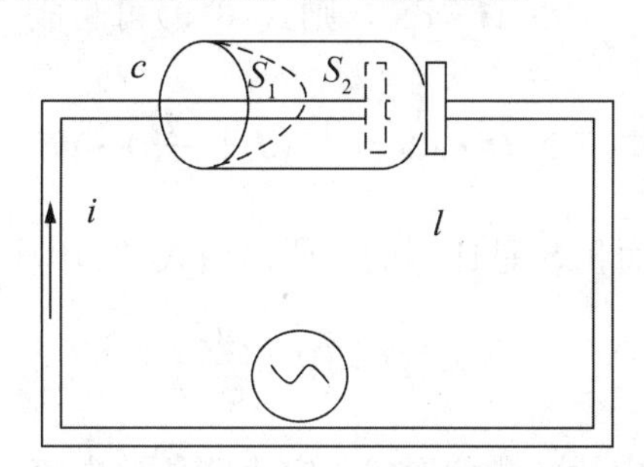

图 3.3 非恒定电流下的安培环路定律

将安培环路定律应用于闭合曲线 l，显然对于 S_1 面有 $\oint_l \boldsymbol{H}\cdot \mathrm{d}\boldsymbol{l}=\int_{S_1}\boldsymbol{J}\cdot \mathrm{d}\boldsymbol{S}=i$，而对于 S_2 面有 $\oint_l \boldsymbol{H}\cdot \mathrm{d}\boldsymbol{l}=\int_{S_2}\boldsymbol{J}\cdot \mathrm{d}\boldsymbol{S}=0$，显然两式互相矛盾，直接原因是传导电流不连续。这说明将电流恒定情况下的安培环路定律应用到时变电流的情况时，必须加以修正。

麦克斯韦深入研究了这一矛盾，提出了位移电流假说。他认为在电容器的两极板间存在另一种电流，其量值与传导电流 i 相等。因为对于 S_1 和 S_2 构成的闭合面，应用电流连续性方程，有

$$\oint_S \boldsymbol{J}\cdot \mathrm{d}\boldsymbol{S}=-\frac{\mathrm{d}q}{\mathrm{d}t} \tag{3.5}$$

式中的 q 为极板上的电荷量，再应用高斯定理 $\oint_S \boldsymbol{D}\cdot \mathrm{d}\boldsymbol{S}=q$ 于这个闭合面，式(3.5)变为

$$\oint_S \boldsymbol{J}\cdot \mathrm{d}\boldsymbol{S}=-\oint_S \frac{\partial \boldsymbol{D}}{\partial t}\cdot \mathrm{d}\boldsymbol{S}=-\oint_S \boldsymbol{J}_d\cdot \mathrm{d}\boldsymbol{S} \tag{3.6}$$

其中

$$\boldsymbol{J}_{\mathrm{d}}=\frac{\partial \boldsymbol{D}}{\partial t} \tag{3.7}$$

麦克斯韦称 $\boldsymbol{J}_{\mathrm{d}}$ 为位移电流密度，单位为 $\mathrm{A/m^2}$。如果承认 S_2 上有位移电流流过，并考虑到 S_2 的面元方向，则由式(3.6)可写出

$$\int_{S_1}\boldsymbol{J}\cdot \mathrm{d}\boldsymbol{S}=\int_{S_1}\boldsymbol{J}_{\mathrm{d}}\cdot \mathrm{d}\boldsymbol{S} \tag{3.8}$$

这消除了原安培环路定律的矛盾，即对上述两个不同的面 S_1 和 S_2 得到相同的积分结果。

一般来说，空间可能同时存在真实电流和位移电流，则安培环路定律表示为

$$\oint_l \boldsymbol{H}\cdot \mathrm{d}\boldsymbol{l}=\int_S\left(\boldsymbol{J}+\frac{\partial \boldsymbol{D}}{\partial t}\right)\cdot \mathrm{d}\boldsymbol{S} \tag{3.9}$$

式(3.9)称为全电流安培环路定律的积分形式，其中的 S 是闭合路径 l 所包围的一个曲面。它表明磁场强度沿任意闭合曲面的线积分等于该路径所包围曲面上的全电流。应用斯托克斯定理有 $\oint_l \boldsymbol{H}\cdot \mathrm{d}\boldsymbol{l}=\int_S \nabla\times\boldsymbol{H}\cdot \mathrm{d}\boldsymbol{S}$，则式(3.9)可写成

$$\oint_l \nabla\times\boldsymbol{H}\cdot \mathrm{d}\boldsymbol{S}=\int_S\left(\boldsymbol{J}+\frac{\partial \boldsymbol{D}}{\partial t}\right)\cdot \mathrm{d}\boldsymbol{S} \tag{3.10}$$

因为回路 l 及其包围的面积 S 是任意的，所以由式(3.10)可以得到

$$\nabla\times\boldsymbol{H}=\left(\boldsymbol{J}+\frac{\partial \boldsymbol{D}}{\partial t}\right) \tag{3.11}$$

式(3.11)是全电流安培环路定律的微分形式。它表明位移电流与传导电流一样都可产生时变磁场，进一步说明了时变电场产生时变磁场。

位移电流同传导电流一样，具有激发磁场这一物理本质，但其他方面截然不同。真空中的位移电流仅对应于电场变化，不伴有电荷运动，且不产生焦耳热。在电介质中虽会产生热效应，但与传导电流通过导体产生的焦耳热不同，它遵从完全不同的规律。

【提示】 在良导体中传导电流占主导地位，位移电流可以忽略不计。

3.2 麦克斯韦方程组

麦克斯韦集电磁学一系列实验定律之大成，总结出宏观电磁场现象的客观规律，即麦克斯韦方程组，奠定了经典电磁场的理论基础。麦可斯韦方程组有两种基本形式，即积分形式与微分形式，在时谐场中又以复数形式出现。

3.2.1 麦克斯韦方程组

宏观电磁现象的基本规律可以用麦克斯韦方程组高度概括。这一电磁场基本方程组的基本变量为 4 个场矢量(简称场量)：电场强度 $\boldsymbol{E}$(V/m)、磁感应强度 $\boldsymbol{B}$(T)、电位移矢量 $\boldsymbol{D}$($\mathrm{C/m^2}$)和磁场强度 $\boldsymbol{H}$(A/m)，两个源量：电流密度 $\boldsymbol{J}$($\mathrm{A/m^2}$)和电荷密度 ρ($\mathrm{C/m^3}$)。

在静止媒质中，麦克斯韦方程组的积分形式包括如下的 4 个方程

$$\oint_l \boldsymbol{H} \cdot \mathrm{d}\boldsymbol{l} = \int_S \left(\boldsymbol{J} + \frac{\partial \boldsymbol{D}}{\partial t}\right) \cdot \mathrm{d}\boldsymbol{S} \tag{3.12}$$

$$\oint_l \boldsymbol{E} \cdot \mathrm{d}\boldsymbol{l} = -\int_S \frac{\partial \boldsymbol{B}}{\partial t} \cdot \mathrm{d}\boldsymbol{S} \tag{3.13}$$

$$\oint_S \boldsymbol{B} \cdot \mathrm{d}\boldsymbol{S} = 0 \tag{3.14}$$

$$\oint_S \boldsymbol{D} \cdot \mathrm{d}\boldsymbol{S} = Q \tag{3.15}$$

相应的微分形式为

$$\nabla \times \boldsymbol{H} = \boldsymbol{J} + \frac{\partial \boldsymbol{D}}{\partial t} \tag{3.16}$$

$$\nabla \times \boldsymbol{E} = -\frac{\partial \boldsymbol{B}}{\partial t} \tag{3.17}$$

$$\nabla \cdot \boldsymbol{B} = 0 \tag{3.18}$$

$$\nabla \cdot \boldsymbol{D} = \rho \tag{3.19}$$

一般称式(3.12)～式(3.19)为麦克斯韦方程组的时域形式，每个方程的物理意义都很明确，无须重复说明。

麦克斯韦方程组是线性的，这是电磁场可以叠加的必要条件。麦克斯韦方程组具有一定的对称性，但又不完全对称，方程组中 $\boldsymbol{D}$ 和 $\boldsymbol{B}$ 以及 $\boldsymbol{E}$ 和 $\boldsymbol{H}$ 的作用是不对称的，例如，$\nabla \cdot \boldsymbol{B}=0$ 而 $\nabla \cdot \boldsymbol{D}=\rho$；电荷激发电场；却没有磁荷激发磁场，这是由于不存在磁荷；对比 $\nabla \times \boldsymbol{E}=-\frac{\partial \boldsymbol{B}}{\partial t}$ 和 $\nabla \times \boldsymbol{H}=\boldsymbol{J}+\frac{\partial \boldsymbol{D}}{\partial t}$，电流(运动电荷)可以激发磁场，却没有磁流(运动磁荷)激发电场，这些特点需要仔细地思考。

还应当指出，麦克斯韦方程组的 4 个方程并不都是独立的，如对式(3.16)取散度并代入电流连续性方程 $\nabla \cdot \boldsymbol{J}=-\frac{\partial \rho}{\partial t}$，即可导出式(3.19)；同理，如对式(3.17)取散度，即可以得到式(3.18)，因此只有两个旋度方程，即式(3.16)、式(3.17)是独立方程，由于一个旋度方程对应 3 个标量方程，所以麦克斯韦方程组相当于给出了 6 个独立标量方程。这样在给定场源与定解条件下，求解时变电磁场时，面对 4 个场矢量对应的 12 个独立待求分标量，麦克斯韦方程组必须结合媒质的构成式等条件才能完成相应问题的建模与求解。

【知识要点提醒】 由微分形式的麦克斯韦方程组可知，时变电磁场中的时变电场是有旋有散的，时变磁场是有旋无散的，由于两者不可分割，可以认为时变电磁场是有旋有散场。在电荷和电流均不存在的无源区域，电场线和磁场线相互铰链、自行闭和，在空间形成电磁波。

3.2.2 结构方程和限定形式的麦克斯韦方程组

麦克斯韦方程可以用不同的形式写出。用 $\boldsymbol{E}$、$\boldsymbol{D}$、$\boldsymbol{B}$、$\boldsymbol{H}$ 这 4 个场量写出的方程称为麦克斯韦方程的非限定形式，因为它并没有限定 $\boldsymbol{D}$ 和 $\boldsymbol{E}$ 之间及 $\boldsymbol{B}$ 和 $\boldsymbol{H}$ 之间的关系，故适用于任何媒质。

而对于线性和各向同性媒质，以下关系式(结构方程)成立

$$\boldsymbol{D}=\varepsilon\boldsymbol{E}=\varepsilon_r\varepsilon_0\boldsymbol{E} \tag{3.20}$$

$$\boldsymbol{B}=\mu\boldsymbol{H}=\mu_r\mu_0\boldsymbol{H} \tag{3.21}$$

$$\boldsymbol{J}=\gamma\boldsymbol{E} \tag{3.22}$$

若把结构方程考虑进去，则麦克斯韦方程可用$\boldsymbol{E}$和$\boldsymbol{H}$两个场量写出

$$\nabla\times\boldsymbol{H}=\gamma\boldsymbol{E}+\varepsilon\frac{\partial\boldsymbol{E}}{\partial t} \tag{3.23}$$

$$\nabla\times\boldsymbol{E}=-\mu\frac{\partial\boldsymbol{H}}{\partial t} \tag{3.24}$$

$$\nabla\cdot\mu\boldsymbol{H}=0 \tag{3.25}$$

$$\nabla\cdot\varepsilon\boldsymbol{E}=\rho \tag{3.26}$$

式(3.23)～式(3.26)称为限定形式的麦克斯韦方程组。

【小知识】 麦克斯韦关于电磁场理论的建立，促进了电磁波的研究和广播通信事业的进展，至今，它仍然在材料科学、等离子体物理、射电天文、光纤传输、微波遥感等科学技术领域发挥着巨大作用。

3.2.3 时变电磁场与复数形式的麦克斯韦方程组

在稳定状态下，各场量均随时间作正弦变化的电磁场称为时谐场，因为它们易于激励，且在线性媒质中，任意的周期性函数均可展开成时谐场正弦分量的傅立叶函数，所以在工程实际中得到广泛应用。

在时变电磁场中，如果场源(电荷或电流)以一定角频率ω随时间进行正弦变化，则它所激发的电磁场的每个分量也都可以相同的角频率ω随时间作正弦变化。以电场强度为例

$$\begin{aligned}\boldsymbol{E}&=\boldsymbol{e}_xE_x(x,y,z,t)+\boldsymbol{e}_yE_y(x,y,z,t)+\boldsymbol{e}_zE_z(x,y,z,t)\\&=\boldsymbol{e}_xE_{xm}(x,y,z)\cos\left[\omega t+\psi_x(x,y,z)\right]+\boldsymbol{e}_yE_{ym}(x,y,z)\cos\left[\omega t+\psi_y(x,y,z)\right]+\boldsymbol{e}_zE_{zm}(x,y,z)\cos\left[\omega t+\psi_z(x,y,z)\right]\end{aligned} \tag{3.27}$$

式(3.27)中，各坐标分量的振幅值E_{xm}、E_{ym}、E_{zm}以及相位$\psi_x(x,y,z)$、$\psi_y(x,y,z)$、$\psi_z(x,y,z)$都不随时间变化，只是空间位置的函数。为简化计算，可采用复数形式进行处理，即将上式的每一个分量，用复数的实部表示为

$$\boldsymbol{E}_x(x,y,z,t)=\mathrm{Re}\left[E_{xm}\boldsymbol{e}^{\mathrm{j}(\omega t+\psi_x)}\right]=\mathrm{Re}\left[\dot{E}_{xm}\boldsymbol{e}^{\mathrm{j}\omega t}\right] \tag{3.28}$$

$$\boldsymbol{E}_y(x,y,z,t)=\mathrm{Re}\left[E_{ym}\boldsymbol{e}^{\mathrm{j}(\omega t+\psi_y)}\right]=\mathrm{Re}\left[\dot{E}_{ym}\boldsymbol{e}^{\mathrm{j}\omega t}\right] \tag{3.29}$$

$$\boldsymbol{E}_z(x,y,z,t)=\mathrm{Re}\left[E_{zm}\boldsymbol{e}^{\mathrm{j}(\omega t+\psi_z)}\right]=\mathrm{Re}\left[\dot{E}_{zm}\boldsymbol{e}^{\mathrm{j}\omega t}\right] \tag{3.30}$$

其中，$\dot{E}_{xm}=E_{xm}\boldsymbol{e}^{\mathrm{j}\psi_x}$、$\dot{E}_{ym}=E_{ym}\boldsymbol{e}^{\mathrm{j}\psi_y}$、$\dot{E}_{zm}=E_{zm}\boldsymbol{e}^{\mathrm{j}\psi_z}$称为复数振幅。于是

$$\begin{aligned}\boldsymbol{E}&=\boldsymbol{e}_xE_x(x,y,z,t)+\boldsymbol{e}_yE_y(x,y,z,t)+\boldsymbol{e}_zE_z(x,y,z,t)\\&=\mathrm{Re}\left[(\boldsymbol{e}_x\dot{E}_{xm}+\boldsymbol{e}_y\dot{E}_{ym}+\boldsymbol{e}_z\dot{E}_{zm})e^{\mathrm{j}\omega t}\right]\end{aligned}$$

$$=\mathrm{Re}\left[\dot{\boldsymbol{E}}_{\mathrm{m}}\mathrm{e}^{\mathrm{j}\omega t}\right] \tag{3.31}$$

式中，$\dot{\boldsymbol{E}}_m=e_x\dot{E}_{xm}+e_y\dot{E}_{ym}+e_z\dot{E}_{zm}$称为电场强度复振幅矢量，简称复矢量。

此外，利用复数表示后，正弦电磁场矢量对时间的一阶、二阶导数可用复数表示为

$$\frac{\partial \boldsymbol{E}}{\partial t}=\frac{\partial}{\partial t}\mathrm{Re}\left[\dot{\boldsymbol{E}}_{\mathrm{m}}\mathrm{e}^{\mathrm{j}\omega t}\right]=\mathrm{Re}\left[\frac{\partial}{\partial t}(\dot{\boldsymbol{E}}_{\mathrm{m}}\mathrm{e}^{\mathrm{j}\omega t})\right]=\mathrm{Re}\left[\mathrm{j}\omega\dot{\boldsymbol{E}}_{\mathrm{m}}\mathrm{e}^{\mathrm{j}\omega t}\right] \tag{3.32}$$

$$\frac{\partial^2 \boldsymbol{E}}{\partial t^2}=\mathrm{Re}\left[\frac{\partial^2}{\partial t^2}(\dot{\boldsymbol{E}}_{\mathrm{m}}\mathrm{e}^{\mathrm{j}\omega t})\right]=\mathrm{Re}\left[-\omega^2\dot{\boldsymbol{E}}_{\mathrm{m}}\mathrm{e}^{\mathrm{j}\omega t}\right] \tag{3.33}$$

若把场矢量写成式(3.31)的形式，于是麦克斯韦方程组微分形式中式(3.23)变为

$$\nabla\times\left[\mathrm{Re}(\dot{\boldsymbol{H}}_{\mathrm{m}}\mathrm{e}^{\mathrm{j}\omega t})\right]=\mathrm{Re}\left[\dot{\boldsymbol{J}}_{\mathrm{m}}\mathrm{e}^{\mathrm{j}\omega t}\right]+\mathrm{Re}\left[\mathrm{j}\omega\dot{\boldsymbol{D}}_{\mathrm{m}}\mathrm{e}^{\mathrm{j}\omega t}\right] \tag{3.34}$$

式中“▽”是对空间坐标的微分运算，可以和取实部的“Re”符号调换顺序，即

$$\mathrm{Re}\left[\nabla\times(\dot{\boldsymbol{H}}_{\mathrm{m}}\mathrm{e}^{\mathrm{j}\omega t})\right]=\mathrm{Re}\left[\dot{\boldsymbol{J}}_{\mathrm{m}}+\mathrm{j}\omega\dot{\boldsymbol{D}}_{\mathrm{m}}\mathrm{e}^{\mathrm{j}\omega t}\right] \tag{3.35}$$

上式表明这些复数的实部相等，且等式两边都有时间因子 $\mathrm{e}^{\mathrm{j}\omega t}$，即意味着相应的复数相等。则式(3.35)变为

$$\nabla\times(\dot{\boldsymbol{H}}_{\mathrm{m}}\mathrm{e}^{\mathrm{j}\omega t})=(\dot{\boldsymbol{J}}_{\mathrm{m}}+\mathrm{j}\omega\dot{\boldsymbol{D}}_{\mathrm{m}})\mathrm{e}^{\mathrm{j}\omega t} \tag{3.36}$$

为书写方便，即省略等式两边的时间因子，将表示复数的点和表示振幅的下标 m 去掉，即

$$\nabla\times\boldsymbol{H}=\boldsymbol{J}+\mathrm{j}\omega\boldsymbol{D} \tag{3.37}$$

同理，可写出复数形式麦克斯韦方程组中的其他方程

$$\nabla\times\boldsymbol{E}=-\mathrm{j}\omega\boldsymbol{B} \tag{3.38}$$

$$\nabla\cdot\boldsymbol{B}=0 \tag{3.39}$$

$$\nabla\cdot\boldsymbol{D}=\rho \tag{3.40}$$

在线性同性媒质中结构方程不变，仍有

$$\boldsymbol{D}=\varepsilon\boldsymbol{E} \tag{3.41}$$

$$B=\mu\boldsymbol{H}=\mu_{\mathrm{r}}\mu_0\boldsymbol{H} \tag{3.42}$$

$$\boldsymbol{J}=\gamma\boldsymbol{E} \tag{3.43}$$

用复数表示式研究时谐场问题也称为频率域问题，因此式(3.37)～式(3.40)称为麦克斯韦方程组的频域形式。同时，式(2.17)所示的电流连续性方程也可写为复数形式

$$\nabla\cdot\boldsymbol{J}=-\mathrm{j}\omega\rho \tag{3.44}$$

3.2.4 时变电磁场的应用

1. 现代车用电磁缓速器

电磁缓速器(又称电涡流缓速器)的主要元件是由驱动轮通过传动系带动的盘状金属转

子和若干个固定不动的电磁铁组成的定子。

电磁缓速器根据电磁场原理而设计，当定子线圈通过电流时，就会产生磁场。此时，随传动轴转动的转子切割磁力线，引起磁通密度发生周期性变化，转子表层便感应产生涡流电动势——电涡流。转子的电涡流又产生磁场，并与定子线圈的磁场交互作用，对转子形成与其转动方向相反的制动转矩。此转矩作用于传动轴，使车辆减速。在电磁缓速器减速过程中，制动能量通过电涡流损耗转化为热能辐射散发到大气中。定子线圈没有励磁电流时，转子自由空转。

2. 电磁炉

电磁炉是利用电磁感应加热原理制成的电气烹饪器具，由高频感应加热线圈(即励磁线圈)、高频电力转换装置、控制器及铁磁材料锅底炊具等部分组成。使用时，加热线圈中通入交变电流，线圈周围便产生一个交变磁场，交变磁场的磁力线大部分通过金属锅体，在锅底中产生大量涡流，从而产生烹饪所需的热。在加热过程中没有明火，因此安全、卫生。

3. 电子感应加速器

电子感应加速器是利用感生电场来加速电子的一种装置。在电磁铁的两极间有一环形真空室，电磁铁受交变电流激发，在两极间产生一个由中心向外逐渐减弱并具有对称分布的交变磁场，这个交变磁场又在真空室内激发感生电场，其电场线是一系列绕磁感应线的同心圆。这时，若用电子枪把电子沿切线方向射入环形真空室，电子将受到环形真空室中的感生电场 E 的作用而被加速，同时，电子还受到真空室所在处磁场的洛伦兹力的作用，使电子在半径为 R 的圆形轨道上运动。

【例 3.2】 自由空间中某点存在频率为 5GHz 的时谐电磁场，其电场强度复矢量为

$$\boldsymbol{E}=\boldsymbol{e}_x 1.2\pi \boldsymbol{e}^{-\mathrm{j}(100\pi/3)z}\ (\mathrm{V/m})$$

求电场强度和磁场强度瞬时值。

解： 由瞬时值与复矢量之间关系可得

$$\boldsymbol{E}(t)=\mathrm{Re}\left[\boldsymbol{e}_x 1.2\pi \mathrm{e}^{-\mathrm{j}(100\pi/3)z}\mathrm{e}^{\mathrm{j}2\pi\times5\times10^9 t}\right]=\boldsymbol{e}_x 1.2\pi\cos\left[10^{10}\pi t-(100\pi/3)z\right]\ (\mathrm{V/m})$$

$$\boldsymbol{H}=\frac{\mathrm{j}}{\omega\mu}\nabla\times\boldsymbol{E}=\boldsymbol{e}_y 0.01\mathrm{e}^{-\mathrm{j}(100\pi/3)z}$$

$$\boldsymbol{H}(t)=\mathrm{Re}\left[\boldsymbol{e}_y 0.01\mathrm{e}^{-\mathrm{j}(100\pi/3)z}\mathrm{e}^{\mathrm{j}2\pi\times5\times10^9 t}\right]=\boldsymbol{e}_x 0.01\cos\left[10^{10}\pi t-(100\pi/3)z\right]\ (\mathrm{A/m})$$

3.3 时变电磁场的边界条件

在实际工程电磁场问题中，所涉及的场域往往由多种不同物理性质的媒质所组成，而在不同媒质分界面上，则伴随有 $\boldsymbol{E}$、$\boldsymbol{D}$、$\boldsymbol{B}$、$\boldsymbol{H}$ 这 4 个场量不连续的物理状态情形，此时对位于分界面上的场点而言，麦克斯韦方程组的微分形式已经失去意义。为此必须分域处置，仔细考虑场矢量随着分界面两侧媒质的特性参数发生突变而改变的情况，描述不同媒质分界面两侧场矢量突变关系的方程，称为电磁场的边界条件。

1. **H** 的边界条件

图 3.4 所示为两种媒质的分界面，1 区媒质的参数为 ε_1、μ_1、γ_1，2 区媒质的参数为 ε_2、μ_2、γ_2，在分界面上任做一个无限靠近分界面的矩形回路(无穷小闭合路径)，其长为无穷小量 Δl，宽为高阶无穷小量 Δh，$\boldsymbol{n}$ 为从媒质 2 指向媒质 1 的分界面法线方向单位矢量。

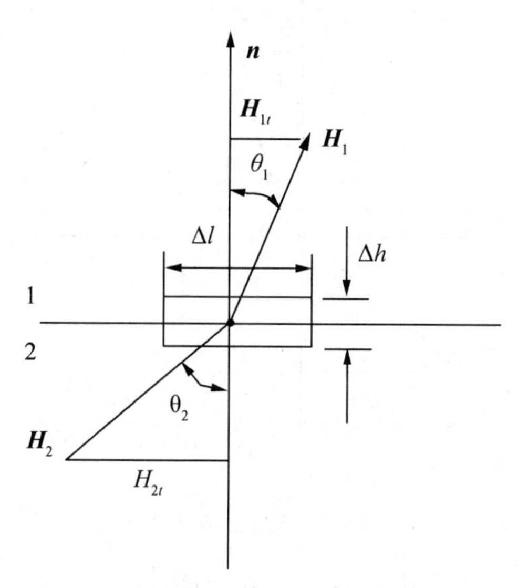

图 3.4　H 的边界条件

设分界面的面电流密度 $\boldsymbol{J}_s$ 的方向垂直于纸面向内，则磁场的矢量在纸面上，把积分形式的麦克斯韦方程组第一方程式(3.12)应用于此闭合路径，得

$$(H_1\sin\theta_1 - H_2\sin\theta_2)\Delta l = \lim_{\Delta h\to 0}\left(\int_s \boldsymbol{J}\cdot \mathrm{d}\boldsymbol{S} + \int_s \frac{\partial \boldsymbol{D}}{\partial t}\cdot \mathrm{d}\boldsymbol{S}\right) \tag{3.45}$$

即

$$H_{1t} - H_{2t} \approx \lim_{\Delta h\to 0}\left|\frac{\Delta I}{\Delta l\Delta h}\right|\Delta h + \lim_{\Delta h\to 0}\left|+\frac{\partial D}{\partial t}\right|\Delta h \tag{3.46}$$

式中，$\frac{\partial D}{\partial t}$是有限量，当 $\Delta h\to 0$ 时，$\lim\limits_{\Delta h\to 0}\left|+\frac{\partial D}{\partial t}\right|\Delta h\approx 0$，于是得

$$H_{1t} - H_{2t} = J_s \tag{3.47}$$

表示为矢量形式

$$\boldsymbol{n}\times(\boldsymbol{H}_1 - \boldsymbol{H}_2) = \boldsymbol{J}_s \tag{3.48}$$

若分界面上不存在传导面电流，即 $\boldsymbol{J}_s=0$，则有

$$\boldsymbol{H}_{1t} - \boldsymbol{H}_{2t} = 0 \tag{3.49}$$

$$\boldsymbol{n}\times(\boldsymbol{H}_1 - \boldsymbol{H}_2) = 0 \tag{3.50}$$

可见，在两种媒质分界面上存在传导面电流时，**H** 的切向分量是不连续的，其不连续量就等于分界面上的面电流密度。若分界面上没有面电流，则 **H** 的切向分量是连续的。

2. **E** 的边界条件

把积分形式的麦克斯韦方程组第二方程式(3.13)用于图3.5所示的无穷小闭合路径，可得

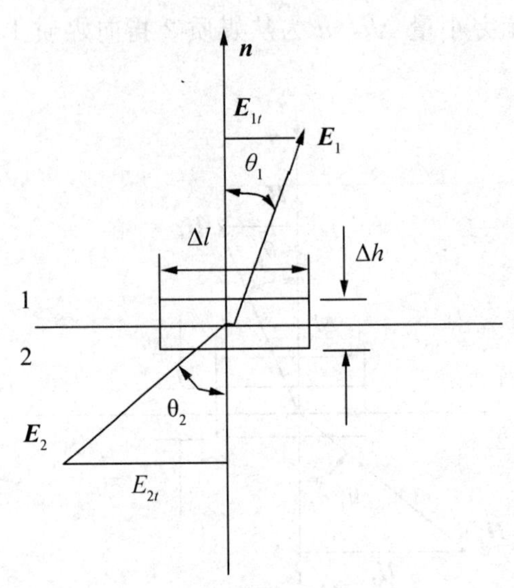

图3.5 **E** 的边界条件

$$E_{1t}-E_{2t}\approx-\lim_{\Delta h\to 0}\left|\frac{\partial B}{\partial t}\right|\Delta h \tag{3.51}$$

式中，$\frac{\partial B}{\partial t}$是有限量，当$\Delta h\to 0$时，$\lim\limits_{\Delta h\to 0}\left|\frac{\partial B}{\partial t}\right|\Delta h=0$，故得

$$E_{1t}-E_{2t}=0 \tag{3.52}$$

表示为矢量形式

$$\boldsymbol{n}\times(\boldsymbol{E}_1-\boldsymbol{E}_2)=0 \tag{3.53}$$

式(3.53)说明在两种媒质分界面上 **E** 的切向分量总是连续的。

3. **B** 的边界条件

如图3.6所示，在分界面上取一个小的柱形表面，两底面分别位于媒质分界面两侧，高Δh为无穷小量，由麦克斯韦组第三方程式(3.14)可得

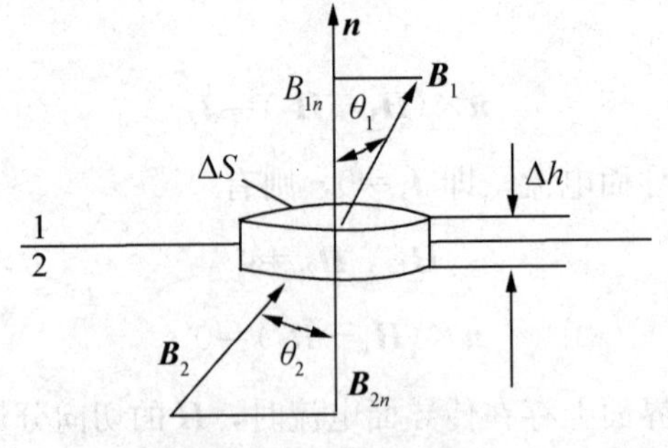

图3.6 **B** 的边界条件

$$\oint_s \boldsymbol{B} \cdot \mathrm{d}\boldsymbol{S} = B_{1n}\Delta S - B_{2n}\Delta S = 0 \tag{3.54}$$

即

$$B_{1n} - B_{2n} = 0 \tag{3.55}$$

也可以表示为矢量形式

$$\boldsymbol{n} \cdot (\boldsymbol{B}_1 - \boldsymbol{B}_2) = 0 \tag{3.56}$$

式(3.56)说明在两种媒质的分界面上 **B** 的法向分量总是连续的。

4. **D** 的边界条件

如图 3.7 所示，首先在分界面上取一个小的柱形表面，其上下底面分别与分界面平行，并分居于分界面两侧，高 Δh 为无穷小量，设 σ 为分界面自由电荷面密度。对于此闭合面，应用麦克斯韦组第四方程式(3.15)可得

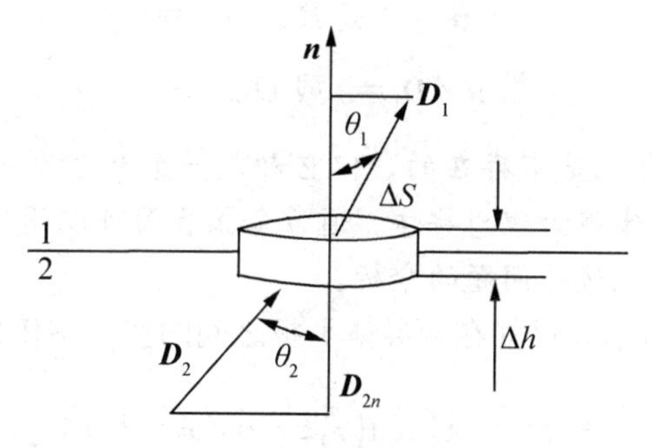

图 3.7 **D** 的边界条件

$$\oint_S \boldsymbol{D} \cdot \mathrm{d}\boldsymbol{S} = D_{1n}\Delta S - D_{2n}\Delta S = \sigma\Delta S \tag{3.57}$$

可得

$$D_{1n} - D_{2n} = \sigma \tag{3.58}$$

表示为矢量形式

$$\boldsymbol{n} \cdot (\boldsymbol{D}_1 - \boldsymbol{D}_2) = \sigma \tag{3.59}$$

若分界面上不存在自由面电荷，则

$$D_{1n} - D_{2n} = 0 \tag{3.60}$$

或

$$\boldsymbol{n} \cdot (\boldsymbol{D}_1 - \boldsymbol{D}_2) = 0 \tag{3.61}$$

这说明在分界面上存在自由面电荷时，**D** 的法向分量不连续，其不连续量就等于分界面上的自由面电荷密度。若分界面上没有自由面电荷，则 **D** 的法向分量是连续的。

在研究电磁场问题时，常遇到以下两种重要的特殊情况。

1)两种理想介质的分界面

在理想介质中，电导率 γ 为零，在分界面上一般不存在自由电荷和面电流，即 $\sigma=0$、

$J_s=0$，则边界条件简化为

$$\boldsymbol{n}\times(\boldsymbol{H}_1-\boldsymbol{H}_2)=0 \text{ 或 } H_{1t}=H_{2t} \tag{3.62}$$

$$\boldsymbol{n}\times(\boldsymbol{E}_1-\boldsymbol{E}_2)=0 \text{ 或 } E_{1t}=E_{2t} \tag{3.63}$$

$$\boldsymbol{n}\cdot(\boldsymbol{B}_1-\boldsymbol{B}_2)=0 \text{ 或 } B_{1n}=B_{2n} \tag{3.64}$$

$$\boldsymbol{n}\cdot(\boldsymbol{D}_1-\boldsymbol{D}_2)=0 \text{ 或 } D_{1n}=D_{2n} \tag{3.65}$$

2)理想导体和理想介质的分界面

设1区为理想介质($\gamma_1=0$)，2区为理想导体($\gamma_2=\infty$)，因理想导体中不存在电磁场，则 $\boldsymbol{E}_2=0$、$\boldsymbol{B}_2=0$、$\boldsymbol{H}_2=0$，此时的边界条件简化为

$$\boldsymbol{n}\times\boldsymbol{H}_1=\boldsymbol{J}_s \text{ 或 } H_{1t}=J_s \tag{3.66}$$

$$\boldsymbol{n}\times\boldsymbol{E}_1=0 \text{ 或 } E_{1t}=E_{2t}=0 \tag{3.67}$$

$$\boldsymbol{n}\times\boldsymbol{B}_1=0 \text{ 或 } B_{1n}=B_{2n}=0 \tag{3.68}$$

$$\boldsymbol{n}\times\boldsymbol{D}_1=\sigma \text{ 或 } D_{1n}=\sigma \tag{3.69}$$

【提示】 理想导体实际上是不存在的，但它却是一个非常有用的概念，因为在实际问题中常把电导率很大的导体视为理想导体。通常金属表面可以用理想导体表面代替，使边界条件变得简单，从而简化边值问题的分析。

【例3.3】 如图3.8所示，已知在两导体平板之间的空气中传播的电磁波电场强度为

$$\boldsymbol{E}(t)=\boldsymbol{e}_y E_0\sin\left(\frac{\pi}{d}z\right)\cos(\omega t-k_x x)$$

式中 k_x 为常数。

(1)求磁场强度 $\boldsymbol{H}(t)$。

(2)求下导体表面上的面电流密度。

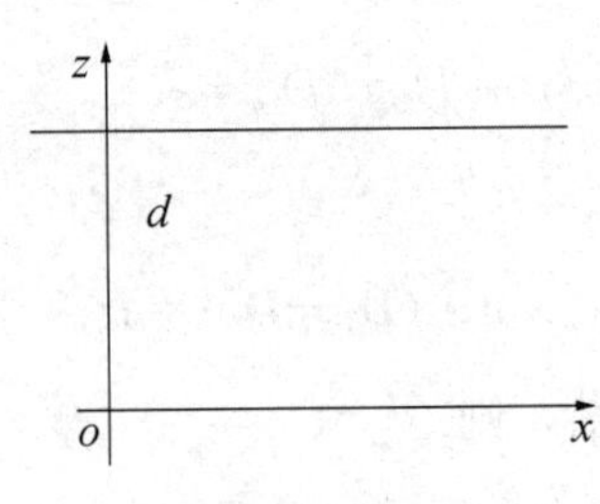

图3.8 两导体平板截面图

解：(1)取图3.8所示坐标系，由 $\nabla\times\boldsymbol{E}=-\dfrac{\partial\boldsymbol{B}}{\partial t}=-\mu_0\dfrac{\partial\boldsymbol{H}}{\partial t}$ 得

$$-\boldsymbol{e}_x\frac{\partial\boldsymbol{E}}{\partial z}+\boldsymbol{e}_z\frac{\partial\boldsymbol{E}}{\partial x}=-\mu_0\frac{\partial\boldsymbol{H}}{\partial t}$$

故

$$\boldsymbol{H}(t)=-\frac{1}{\mu_0}E_0\left[-\boldsymbol{e}_x\int\frac{\pi}{d}\cos\left(\frac{\pi}{d}z\right)\cos(\omega t-k_x x)\mathrm{d}t+\boldsymbol{e}_z\int k_x\sin\left(\frac{\pi}{d}z\right)\sin(\omega t-k_x x)\mathrm{d}t\right]$$

$$= \boldsymbol{e}_x \frac{\pi}{\omega\mu_0 d} E_0 \cos\left(\frac{\pi}{d}z\right)\sin(\omega t - k_x x) + \boldsymbol{e}_z \frac{k_x}{\omega\mu_0} E_0 \sin\left(\frac{\pi}{d}z\right)\cos(\omega t - k_x x)$$

(2)导体表面电流存于两导体相向的一面，在 $z=0$ 表面上，法线单位矢量 $\boldsymbol{n}=\boldsymbol{e}_z$，故

$$\boldsymbol{J}_s = \boldsymbol{n}\times\boldsymbol{H} = \boldsymbol{e}_z \times \boldsymbol{H}\,|_{z=0} = \boldsymbol{e}_y \frac{\pi}{\omega\mu_0 d} E_0 \sin(\omega t - k_x x)$$

3.4 坡印廷定理与坡印廷矢量

电磁场作为一种特殊物质形态，同样具有能量，同样服从能量守恒定律，即满足坡印廷定理。为了更好地描述能量流动情况，引入坡印廷矢量来描述电磁能量的守恒定律。

3.4.1 坡印廷定理

由麦克斯韦第一方程式(3.16)第二方程式(3.17)可得

$$\boldsymbol{H}\cdot(\nabla\times\boldsymbol{E}) - \boldsymbol{E}\cdot(\nabla\times\boldsymbol{H}) = -\boldsymbol{H}\cdot\frac{\partial\boldsymbol{B}}{\partial t} - \boldsymbol{E}\cdot\boldsymbol{J} - \boldsymbol{E}\cdot\frac{\partial\boldsymbol{D}}{\partial t} \tag{3.70}$$

设在某无外源的区域中充满线性且各向同性的非色散媒质，媒质的参数 ε、μ、γ 均不随时间变化，则有

$$\boldsymbol{H}\cdot\frac{\partial\boldsymbol{B}}{\partial t} = \boldsymbol{H}\cdot\frac{\partial(\mu\boldsymbol{H})}{\partial t} = \frac{1}{2}\left(\boldsymbol{H}\cdot\frac{\partial\boldsymbol{B}}{\partial t} + \boldsymbol{B}\cdot\frac{\partial\boldsymbol{H}}{\partial t}\right) = \frac{\partial}{\partial t}\left(\frac{1}{2}\boldsymbol{B}\cdot\boldsymbol{H}\right)$$

$$\boldsymbol{E}\cdot\frac{\partial\boldsymbol{D}}{\partial t} = E\cdot\frac{\partial(\varepsilon\boldsymbol{E})}{\partial t} = \frac{1}{2}\left(\boldsymbol{E}\cdot\frac{\partial\boldsymbol{D}}{\partial t} + \boldsymbol{D}\cdot\frac{\partial\boldsymbol{E}}{\partial t}\right) = \frac{\partial}{\partial t}\left(\frac{1}{2}\boldsymbol{E}\cdot\boldsymbol{D}\right)$$

$$\boldsymbol{E}\cdot\boldsymbol{J} = \gamma E^2$$

将以上 3 个等式代入式(3.70)中，并利用矢量恒等式得

$$\nabla\cdot(\boldsymbol{E}\times\boldsymbol{H}) = \boldsymbol{H}\cdot(\nabla\times\boldsymbol{E}) - \boldsymbol{E}\cdot(\nabla\times\boldsymbol{H}) = -\frac{\partial}{\partial t}\left(\frac{1}{2}\boldsymbol{B}\cdot\boldsymbol{H} + \frac{1}{2}\boldsymbol{E}\cdot\boldsymbol{D}\right) - \gamma E^2 \tag{3.71}$$

这就是坡印廷定理的微分形式，式(3.71)右端第一项是单位体积内电场能量和磁场能量的减少率，第二项是单位体积内的焦耳热损耗。

对式(3.71)取体积分并应用散度定理就得到坡印廷定理的积分形式为

$$\oint_S (\boldsymbol{E}\times\boldsymbol{H})\cdot d\boldsymbol{S} = -\int_V \frac{\partial}{\partial t}\left(\frac{1}{2}\boldsymbol{B}\cdot\boldsymbol{H} + \frac{1}{2}\boldsymbol{E}\cdot\boldsymbol{D}\right)dV - \int_V \gamma E^2 dV$$

即

$$-\oint_s (\boldsymbol{E}\times\boldsymbol{H})\cdot d\boldsymbol{S} = \frac{d}{dt}\int_V \left(\frac{1}{2}\mu H^2 + \frac{1}{2}\varepsilon E^2\right)dV + \int_V \gamma E^2 dV \tag{3.72}$$

$$= \frac{d}{dt}(W_e + W_m) + P_V$$

上式右边第一项是体积 V 内每秒磁场能量及电场能量的增加量；第二项是体积 V 内变为焦耳热的功率。根据能量守恒原理，等式左边的面积分应是穿过闭合面 S 进入体积内

的功率。其中电场能量密度为 $w_e=\frac{1}{2}\boldsymbol{D}\cdot\boldsymbol{E}=\frac{1}{2}\varepsilon E^2$，磁场能量密度为 $w_m=\frac{1}{2}\boldsymbol{B}\cdot\boldsymbol{H}=\frac{1}{2}\mu H^2$。

3.4.2 坡印廷矢量及其复数形式

空间各点能量密度的改变引起能量流动，定义单位时间内穿过与能量流动方向相垂直的单位表面的能量为能流矢量，其意义是电磁场中某点的功率密度，方向为该点能量流动的方向。

坡印廷定理左边的被积函数 $\boldsymbol{E}\times\boldsymbol{H}$ 是一个具有单位面积功率量纲的矢量，把它定义为能流密度矢量，用 $\boldsymbol{S}$ 表示

$$\boldsymbol{S}=\boldsymbol{E}\times\boldsymbol{H} \tag{3.73}$$

也称为坡印廷矢量，单位为 W/m^2（瓦/米²），在空间中 $\boldsymbol{E}$、$\boldsymbol{H}$ 与 $\boldsymbol{S}$ 相互垂直，且构成右手螺旋关系。

坡印廷矢量是时变电磁场中的一个重要的物理量，从式(3.73)可看出，只要知道空间任意一点的 $\boldsymbol{E}$ 和 $\boldsymbol{H}$，就知道该点电磁能量流的大小和方向。

在时谐场中讨论坡印廷矢量在一个周期内的时间平均值更有意义。由复矢量定义可知，正弦电磁场的瞬时值一般表示为

$$\boldsymbol{E}(t)=\mathrm{Re}\left[\boldsymbol{E}e^{j\omega t}\right]=\frac{1}{2}\left[\boldsymbol{E}e^{j\omega t}+\boldsymbol{E}^*e^{-j\omega t}\right] \tag{3.74}$$

$$\boldsymbol{H}(t)=\mathrm{Re}\left[\boldsymbol{H}e^{j\omega t}\right]=\frac{1}{2}\left[\boldsymbol{H}e^{j\omega t}+\boldsymbol{H}^*e^{-j\omega t}\right] \tag{3.75}$$

则坡印廷矢量瞬时值为

$$\begin{aligned}\boldsymbol{S}(t)&=\boldsymbol{E}(t)\times\boldsymbol{H}(t)=\frac{1}{4}\left[\boldsymbol{E}\times\boldsymbol{H}^*+\boldsymbol{E}^*\times\boldsymbol{H}+\boldsymbol{E}\times\boldsymbol{H}e^{j2\omega t}+\boldsymbol{E}^*\times\boldsymbol{H}^*e^{-j2\omega t}\right]\\&=\frac{1}{2}\mathrm{Re}\left[\boldsymbol{E}\times\boldsymbol{H}^*+\boldsymbol{E}\times\boldsymbol{H}e^{j2\omega t}\right]\end{aligned} \tag{3.76}$$

可求得平均坡印廷矢量为

$$\boldsymbol{S}_{av}=\frac{1}{T}\int_0^T\boldsymbol{S}(t)\mathrm{d}t=\mathrm{Re}\left[\frac{1}{2}\boldsymbol{E}\times\boldsymbol{H}^*\right]=\mathrm{Re}[\boldsymbol{S}] \tag{3.77}$$

式中 $\boldsymbol{S}=\frac{1}{2}\boldsymbol{E}\times\boldsymbol{H}^*$ 称为复坡印廷矢量，代表复功率密度，其实部为平均功率流密度。

【提示】复坡印廷矢量的实部为有功功率。

3.5 动态矢量位和标量位

在时变电磁场中，一个场矢量微分方程对应于 3 个分量所描述的标量微分方程，因此在任一场点，由于涉及 4 个场矢量，给电磁场问题求解带来了困难。为了使一些问题的分析得以简化，可以引入一些辅助的位函数，即矢量位和标量位，从而使一些问题的分析，

尤其是时变电磁场的场与源的关系运算的求解变得容易，例如，在研究天线辐射时，矢量位和标量位就得到广泛应用。

3.5.1 动态矢量位和标量位的引入

由麦克斯韦方程可知，$\boldsymbol{B}$ 的散度恒为零($\nabla\cdot\boldsymbol{B}=0$)，即时变磁场是无散场，可以令

$$\boldsymbol{B}=\nabla\times\boldsymbol{A} \tag{3.78}$$

代入麦克斯韦第二方程式(3.17)得

$$\nabla\times\boldsymbol{E}=-\frac{\partial}{\partial t}(\nabla\times\boldsymbol{A}) \tag{3.79}$$

$$\nabla\times\left(\boldsymbol{E}+\frac{\partial\boldsymbol{A}}{\partial t}\right)=0 \tag{3.80}$$

因为无旋的矢量可以用一个标量函数的梯度代替，令

$$\boldsymbol{E}+\frac{\partial\boldsymbol{A}}{\partial t}=-\nabla\phi \tag{3.81}$$

则

$$\boldsymbol{E}=-\nabla\phi-\frac{\partial\boldsymbol{A}}{\partial t} \tag{3.82}$$

式中，$\boldsymbol{A}$ 称为动态矢量位或简称矢量位(在磁场中称矢量磁位)，单位是韦［伯］/米(Wb/m)；ϕ 称为动态标量位或简称标量位(在电场中称标量电位)，单位是伏(V)。

3.5.2 动态矢量位和标量位方程

考虑到 $\boldsymbol{B}=\nabla\times\boldsymbol{A}$、$\boldsymbol{E}=-\nabla\phi-\frac{\partial\boldsymbol{A}}{\partial t}$，把其代入麦克斯韦第四方程式(3.19)得

$$\nabla\cdot\boldsymbol{E}=\nabla\cdot\left(-\nabla\phi-\frac{\partial\boldsymbol{A}}{\partial t}\right)=\frac{\rho}{\varepsilon}$$

即

$$\nabla^2\phi+\frac{\partial}{\partial t}(\nabla\cdot A)=-\frac{\rho}{\varepsilon} \tag{3.83}$$

代入麦克斯韦第一方程式(3.16)得

$$\nabla\times\boldsymbol{H}=\frac{1}{\mu}\nabla\times\nabla\times\boldsymbol{A}=\boldsymbol{J}+\varepsilon\frac{\partial\boldsymbol{E}}{\partial t}=\boldsymbol{J}+\varepsilon\frac{\partial}{\partial t}\left(-\nabla\phi-\frac{\partial\boldsymbol{A}}{\partial t}\right) \tag{3.84}$$

利用矢量恒等式$\nabla\times\nabla\times\boldsymbol{A}=\nabla(\nabla\cdot\boldsymbol{A})-\nabla^2\boldsymbol{A}$，得

$$\nabla(\nabla\cdot\boldsymbol{A})-\nabla^2\boldsymbol{A}=\mu\boldsymbol{J}-\mu\varepsilon\nabla\left(\frac{\partial\phi}{\partial t}\right)-\mu\varepsilon\frac{\partial^2\boldsymbol{A}}{\partial t^2} \tag{3.85}$$

即

$$\nabla^2\boldsymbol{A}-\mu\varepsilon\frac{\partial^2\boldsymbol{A}}{\partial t^2}=-\mu\boldsymbol{J}+\nabla\left(\nabla\cdot\boldsymbol{A}+\mu\varepsilon\frac{\partial\phi}{\partial t}\right) \tag{3.86}$$

式(3.83)、式(3.86)称为动态矢量位和标量位方程。

3.5.3 达朗贝尔方程及罗伦兹规范

根据亥姆霍兹定理可知，对于动态矢量位和标量位方程，要想唯一确定矢量位的解，除规定它的旋度外，还必须规定它的散度，前面已经有 $\boldsymbol{B}=\nabla\times\boldsymbol{A}$，故还需要知道 $\boldsymbol{A}$ 的散度，原则上散度可以任意给定，但为了方便计算，可以令

$$\nabla\cdot\boldsymbol{A}=-\mu\varepsilon\frac{\partial\phi}{\partial t} \tag{3.87}$$

代入动态矢量位和标量位方程得

$$\nabla^2\boldsymbol{A}-\mu\varepsilon\frac{\partial^2\boldsymbol{A}}{\partial t^2}=-\mu\boldsymbol{J} \tag{3.88}$$

$$\nabla^2\phi-\mu\varepsilon\frac{\partial^2\phi}{\partial t^2}=-\frac{\rho}{\varepsilon} \tag{3.89}$$

式(3.87)称为罗伦兹规范，采用罗伦兹规范使 $\boldsymbol{A}$ 和 ϕ 分离在两个方程里，式(3.88)和式(3.89)称为达朗贝尔方程或非齐次波动方程，方程显示 $\boldsymbol{A}$ 的源是 $\boldsymbol{J}$，而 ϕ 的源是 ρ，$\boldsymbol{J}$ 和 ρ 相互联系体现了时变场的统一性，并对求解方程有利。

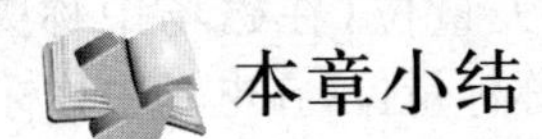

本章小结

本章主要讨论了时变电磁场中基本方程、边界条件以及能流密度等相关问题。

(1)麦克斯韦方程组给出了静止媒质中时变电磁场所满足的基本方程，其积分形式为

$$\oint_l \boldsymbol{H}\cdot d\boldsymbol{l}=\int_S\left(\boldsymbol{J}+\frac{\partial\boldsymbol{D}}{\partial t}\right)\cdot d\boldsymbol{S}$$

$$\oint_l \boldsymbol{E}\cdot d\boldsymbol{l}=-\int_S\frac{\partial\boldsymbol{B}}{\partial t}\cdot d\boldsymbol{S}$$

$$\oint_S \boldsymbol{B}\cdot d\boldsymbol{S}=0$$

$$\oint_S \boldsymbol{D}\cdot d\boldsymbol{S}=Q$$

相应的微分形式为

$$\nabla\times\boldsymbol{H}=\boldsymbol{J}+\frac{\partial\boldsymbol{D}}{\partial t}$$

$$\nabla\times\boldsymbol{E}=-\frac{\partial\boldsymbol{B}}{\partial t}$$

$$\nabla\cdot\boldsymbol{B}=0$$

$$\nabla\cdot\boldsymbol{D}=\rho$$

结构方程为

$$\boldsymbol{D}=\varepsilon\boldsymbol{E}=\varepsilon_r\varepsilon_0\boldsymbol{E}$$
$$\boldsymbol{B}=\mu\boldsymbol{H}=\mu_r\mu_0\boldsymbol{H}$$
$$\boldsymbol{J}=\gamma\boldsymbol{E}$$

复数形式的麦克斯韦方程为

$$\nabla\times\boldsymbol{H}=\boldsymbol{J}+\mathrm{j}\omega\boldsymbol{D}$$
$$\nabla\times\boldsymbol{E}=-\mathrm{j}\omega\boldsymbol{B}$$
$$\nabla\cdot\boldsymbol{B}=0$$
$$\nabla\cdot\boldsymbol{D}=\rho$$

(2)时变场上所满足的一般边界条件为

切向：$\boldsymbol{n}\times(\boldsymbol{H}_1-\boldsymbol{H}_2)=\boldsymbol{J}_s$、$\boldsymbol{n}\times(\boldsymbol{E}_1-\boldsymbol{E}_2)=0$

法向：$\boldsymbol{n}\cdot(\boldsymbol{B}_1-\boldsymbol{B}_2)=0$、$\boldsymbol{n}\cdot(\boldsymbol{D}_1-\boldsymbol{D}_2)=\sigma$

(3)坡印廷定理为

$$-\oint_S(\boldsymbol{E}\times\boldsymbol{H})\cdot\mathrm{d}\boldsymbol{S}=\frac{\mathrm{d}}{\mathrm{d}t}\int_V\left(\frac{1}{2}\mu H^2+\frac{1}{2}\varepsilon E^2\right)\mathrm{d}V+\int_V\gamma E^2\mathrm{d}V$$

表明单位时间内，体积内能量增加量等于从表面进入体积的功率。
坡印廷矢量为$\boldsymbol{S}=\boldsymbol{E}\times\boldsymbol{H}$，平均坡印廷矢量为

$$\boldsymbol{S}_{av}=\frac{1}{T}\int_0^T\boldsymbol{S}(t)\mathrm{d}t=\mathrm{Re}\left[\frac{1}{2}\boldsymbol{E}\times\boldsymbol{H}^*\right]=\mathrm{Re}[\boldsymbol{S}]$$

(4) 罗伦兹规范为$\nabla\cdot\boldsymbol{A}=-\mu\varepsilon\frac{\partial\phi}{\partial t}$，达朗贝尔方程为

$$\nabla^2\boldsymbol{A}-\mu\varepsilon\frac{\partial^2\boldsymbol{A}}{\partial t^2}=-\mu\boldsymbol{J},\quad\nabla^2\phi-\mu\varepsilon\frac{\partial^2\phi}{\partial t^2}=-\frac{\rho}{\varepsilon}$$

习　题

一、填空题

1. 两种媒质分界面两侧 $\boldsymbol{B}$ 的法向分量是________的，$\boldsymbol{E}$ 的________分量是连续的。
2. 时变电磁场中，动态矢量位定义为________。
3. 罗伦兹规范为________。
4. 平均坡印廷矢量是复坡印廷矢量的________。
5. 位移电流和传导电流一样，都会激发________。

二、选择题

1. 安培环路定理表明，激发磁场的源是(　　)。

A. 电荷　　B. 电流　　C. 电荷与电流

2. 在两种理想介质分界面上(　　)。

A. $\boldsymbol{H}$ 的切向分量连续　　B. $\boldsymbol{D}$ 的切向分量不连续　　C. $\boldsymbol{B}$ 的法向分量不连续

3. 坡印廷矢量定义为(　　)。

A. $\boldsymbol{S}=\boldsymbol{E}\times\boldsymbol{H}$　　B. $\boldsymbol{S}=\boldsymbol{E}\cdot\boldsymbol{H}$　　C. $\boldsymbol{S}=\boldsymbol{E}+\boldsymbol{H}$

4. 下列结构方程不正确的是(　　)。

A. $\boldsymbol{D}=\varepsilon\boldsymbol{E}$　　B. $\boldsymbol{B}=\mu\boldsymbol{E}$　　C. $\boldsymbol{J}=\gamma\boldsymbol{E}$

5. 下列麦克斯韦方程中不正确的是(　　)。

A. $\nabla\times\boldsymbol{H}=\boldsymbol{J}+\frac{\partial\boldsymbol{D}}{\partial t}$　　B. $\nabla\times E=-\frac{\partial\boldsymbol{B}}{\partial t}$　　C. $\nabla\cdot\boldsymbol{B}=q$

三、分析计算题

1. 在 $\gamma=5.0\text{s/m}$ 和 $\varepsilon_r=2.5$ 的材料中，电场强度为 $E=250\sin10^{10}t$ (V/m)，求传导电流密度 $\boldsymbol{J}_c$ 和位移电流密度 $\boldsymbol{J}_d$，以及两者具有相等值时的频率。

2. 潮湿土壤的电导率为 $\gamma=10^{-3}$ s/m 且 $\varepsilon_r=2.5$，其中 $E=6.0\times10^{-6}\sin9.0\times10^{9}t$ (V/m)，求传导电流密度 $\boldsymbol{J}_c$ 和位移电流密度 $\boldsymbol{J}_d$。

3. 已知自由空间中某点电场强度的瞬时值为 $\boldsymbol{E}(t)=\boldsymbol{e}_yE_m\sin(\omega t-kz)$(V/m)，求磁场强度 $\boldsymbol{H}(t)$及平均坡印廷矢量。

4. 区域 1 定义为 $z<0$，$\mu_{r1}=3$ 和 $\boldsymbol{H}_1=\frac{1}{\mu_0}(0.2\boldsymbol{e}_x+0.5\boldsymbol{e}_y+1.0\boldsymbol{e}_z)$(A/m)，已知 $\theta_2=45°$，试利用相关边界条件求 $\boldsymbol{H}_2$。

5. 已知矢量位 $\mathbf{A}=(y\cos ax)e_x+(y+e^x)e_z$，求原点处的 $\nabla\times\mathbf{A}$。

6. 在圆柱坐标系中，已知矢量场 $\mathbf{A}=e_z5r\sin\varphi$，求点(2，π，0)处 $\mathbf{A}$ 的旋度。

7. 应用库仑规范($\nabla\cdot\mathbf{A}=0$)导出动态矢量位和标量位所满足的微分方程。

第 4 章　平面电磁波基础

教学要求

知识要点	掌握程度	相关知识
均匀平面波的传播特性	重点掌握	均匀平面波的方程及解、均匀平面波的参数
有耗媒质中的均匀平面波	熟悉	媒质的分类及趋肤效应
电磁波的极化方式	熟悉	线极化、圆极化、椭圆极化的特点
相速度与群速度	熟悉	相速、群速及它们之间的关系

导入案例

德国物理学家赫兹在柏林大学学物理时，依照麦克斯韦理论(电扰动能辐射电磁波)，根据电容器经由电火花隙会产生振荡的原理，设计了一套电磁波发生器，他将一感应线圈的两端接于产生器两铜棒上。当感应线圈的电流突然中断时，其感应高电压使电火花隙之间产生火花；瞬间后，电荷便经由电火花隙在锌板间振荡，频率高达数百万周。由麦克斯韦理论，此火花应产生电磁波，于是赫兹设计了一个简单的检波器来探测此电磁波。他将一小段导线弯成圆形，线的两端点间留有小电火花隙。因电磁波应在此小线圈上产生感应电压，而使电火花隙产生火花。检波器距振荡器 10m 远，结果他发现检波器的电火花隙间确有小火花产生。赫兹在暗室远端的墙壁上覆有可反射电波的锌板，入射波与反射波重叠应产生驻波，他也以检波器在距振荡器不同距离处侦测加以证实。赫兹先求出振荡器的频率，又以检波器量得驻波的波长，二者的乘积即电磁波的传播速度。正如麦克斯韦预测的一样，电磁波传播的速度等于光速。1888 年，赫兹的实验成功了，而麦克斯韦理论也因此获得了无上的光彩。

电磁波传播是无线通信、遥感、目标定位和环境监测的基础。实际存在的电磁波(球面电磁波、柱面电磁波)均可以分解为许多均匀平面电磁波，均匀平面电磁波是麦克斯韦方程组最简单的解和许多实际波动问题的近似。因此，均匀平面电磁波是研究电磁波的基础，有十分重要的实际意义。

本章从麦克斯韦方程组出发，导出波动方程以及这些方程在一定的边界条件和初始条件下的解，即电磁场在给定条件下的空间分布和随时间的变化规律——电磁波，主要介绍均匀平面电磁波，并讨论其在不同媒质中的传播特性。

4.1　波动方程

波动是时变电磁场运动的主要特征。若在导线(天线)上馈以时变电流，则时变电流会在其周围激发出时变磁场，时变磁场会激发出时变电场，时变电磁场相互激发并向外延伸传播即形成电磁波。下面从麦克斯韦方程导出波动方程。

考虑媒质均匀、线性、各向同性的无源区域($\boldsymbol{J}=0$、$\rho=0$)且 $\gamma=0$ 的情况，麦克斯韦方程组变为

$$\nabla\times\boldsymbol{H}=\varepsilon\frac{\partial\boldsymbol{E}}{\partial t} \tag{4.1a}$$

$$\nabla\times\boldsymbol{E}=-\mu\frac{\partial\boldsymbol{H}}{\partial t} \tag{4.1b}$$

$$\nabla\cdot\boldsymbol{H}=0 \tag{4.1c}$$

$$\nabla\cdot\boldsymbol{E}=0 \tag{4.1d}$$

对式(4.1b)两边取旋度，并利用矢量恒等式

$$\nabla\times\nabla\times\boldsymbol{E}=-\mu\nabla\times\frac{\partial\boldsymbol{H}}{\partial t}$$

$$\nabla\times\nabla\times\boldsymbol{E}=\nabla(\nabla\cdot\boldsymbol{E})-\nabla^2\boldsymbol{E}$$

可得

$$\nabla(\nabla\cdot\boldsymbol{E})-\nabla^2\boldsymbol{E}=-\mu\frac{\partial}{\partial t}(\nabla\times\boldsymbol{H})$$

将式(4.1a)和式(4.1d)代入上式得

$$\nabla^2\boldsymbol{E}-\mu\varepsilon\frac{\partial^2\boldsymbol{E}}{\partial t^2}=0 \tag{4.2}$$

同理，对磁场强度可推导出

$$\nabla^2\boldsymbol{H}-\mu\varepsilon\frac{\partial^2\boldsymbol{H}}{\partial t^2}=0 \tag{4.3}$$

式(4.2)和式(4.3)是 $\boldsymbol{E}$ 和 $\boldsymbol{H}$ 满足的无源空间的瞬时值矢量齐次波动方程。无源区域中的 $\boldsymbol{E}$ 和 $\boldsymbol{H}$ 可以通过解式(4.2)或式(4.3)得到。

对于正弦电磁场，可由复数形式的麦克斯韦方程导出复数形式的波动方程

$$\nabla^2\boldsymbol{E}+k^2\boldsymbol{E}=0 \tag{4.4}$$

$$\nabla^2\boldsymbol{H}+k^2\boldsymbol{H}=0 \tag{4.5}$$

式中

$$k=\omega\sqrt{\mu\varepsilon} \tag{4.6}$$

式(4.4)和式(4.5)分别是 $\boldsymbol{E}$ 和 $\boldsymbol{H}$ 满足的无源空间的复数矢量波动方程，又称为矢量齐次亥姆霍兹方程。如果媒质是有耗的，即介电常数和磁导率均是复数，则 k 也相应地变为复数 k_c($k_c=\omega\cdot\sqrt{\mu_c\varepsilon_c}$)。对于导电媒质，可用等效复介电常数 ε_c 代替式(4.6)中的 ε，波动方程形式不变。波动方程的解表示时变电磁场将以波动形式传播，构成电磁波。

【提示】波动方程的解是一个在自由空间沿某一个特定方向以光速传播的电磁波。研究电磁波的传播问题可归结为在给定边界条件和初始条件下求解波动方程。

4.2 理想介质中的均匀平面波

4.2.1 平面波的场

均匀平面波是指电场和磁场矢量只沿着传播方向变化，在与波的传播方向垂直的无限大平面内，电场和磁场的方向、振幅、相位保持不变的波。下面来研究理想介质($\gamma=0$，ε、μ为实常数)中无源区平面电磁波波动方程的解。

设无源区中充满理想介质，为简单起见，选择坐标使电场强度E沿x轴方向，即$\boldsymbol{E}=\boldsymbol{e}_x E_x$。如图4.1所示，在直角坐标系中，假设均匀平面电磁波沿z轴方向传播，则因场矢量在$x-y$平面内各点无变化，电场强度$\boldsymbol{E}$只是直角坐标z的函数，则波动方程式(4.4)可以简化为

$$\frac{\mathrm{d}^2 E_x(z)}{\mathrm{d}z^2}+k^2 E_x(z)=0 \tag{4.7}$$

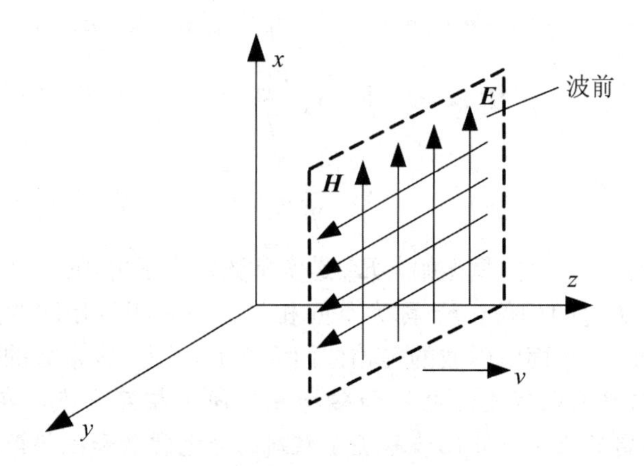

图4.1 均匀平面电磁波的传播

式(4.7)为二阶常微分方程，其解为

$$E_x(z)=E_0^+ e^{-\mathrm{j}kz}+E_0^- e^{+\mathrm{j}kz} \tag{4.8}$$

则

$$\boldsymbol{E}=\boldsymbol{e}_x E_x(z)=\boldsymbol{e}_x(E_0^+ \mathrm{e}^{-\mathrm{j}kz}+E_0^- \mathrm{e}^{+\mathrm{j}kz}) \tag{4.9}$$

由麦克斯韦方程组可求均匀平面波的磁场强度

$$\boldsymbol{H}=\frac{\mathrm{j}}{\omega\mu}\nabla\times\boldsymbol{E}=\frac{\mathrm{j}}{\omega\mu}\begin{vmatrix}\boldsymbol{e}_x & \boldsymbol{e}_y & \boldsymbol{e}_z\\ \frac{\partial}{\partial x} & \frac{\partial}{\partial y} & \frac{\partial}{\partial z}\\ E_x(z) & 0 & 0\end{vmatrix}=\frac{\mathrm{j}}{\omega\mu}\boldsymbol{e}_y\frac{\partial E_x(z)}{\partial z}$$

$$=\frac{\mathrm{j}}{\omega\mu}\boldsymbol{e}_y\left[(-\mathrm{j}k)E_0^+ \mathrm{e}^{-\mathrm{j}kz}+(\mathrm{j}k)E_0^- \mathrm{e}^{+\mathrm{j}kz}\right]$$

$$=\frac{\mathrm{j}}{\omega\mu}\boldsymbol{e}_y(-\mathrm{j}k)(E_0^+ \mathrm{e}^{-\mathrm{j}kz}-E_0^- \mathrm{e}^{+\mathrm{j}kz})$$

$$=\boldsymbol{e}_y \frac{1}{\eta}(E_0^+ \mathrm{e}^{-\mathrm{j}kz}-E_0^- \mathrm{e}^{+\mathrm{j}kz})$$

$$=\boldsymbol{e}_y(H_0^+ \mathrm{e}^{-\mathrm{j}kz}+H_0^- \mathrm{e}^{+\mathrm{j}kz}) \tag{4.10}$$

式中

$$\eta=\frac{E_0^+}{H_0^+}=-\frac{E_0^-}{H_0^-}=\frac{\omega\mu}{k}=\sqrt{\frac{\mu}{\varepsilon}} \tag{4.11}$$

由于无界媒质中不存在反射波，所以正弦均匀平面电磁波的复场量可以表示为

$$\boldsymbol{E}=\boldsymbol{e}_x E_x=\boldsymbol{e}_x E_0 \mathrm{e}^{-\mathrm{j}kz} \tag{4.12a}$$

$$\boldsymbol{H}=\boldsymbol{e}_y H_y=\boldsymbol{e}_y \frac{E_0}{\eta}\mathrm{e}^{-\mathrm{j}kz}=\boldsymbol{e}_y H_0 \mathrm{e}^{-\mathrm{j}kz} \tag{4.12b}$$

这是一个向$+z$方向传播的行波，其瞬时形式为

$$\boldsymbol{E}(z,\ t)=\mathrm{Re}\ [\boldsymbol{e}_x E_0 \mathrm{e}^{\mathrm{j}(\omega t-kz)}]\ =\boldsymbol{e}_x E_{0\mathrm{m}}\cos(\omega t-kz+\varphi_0) \tag{4.13a}$$

$$\boldsymbol{H}(z,\ t)=\mathrm{Re}\left[\boldsymbol{e}_y \frac{E_0}{\eta}\mathrm{e}^{\mathrm{j}(\omega t-kz)}\right] \tag{4.13b}$$

$$=\boldsymbol{e}_y \frac{E_{0\mathrm{m}}}{\eta}\cos(\omega t-kz+\varphi_0)=\boldsymbol{e}_y H_{0m}\cos(\omega t-kz+\varphi_0)$$

式中，$E_0=E_{0\mathrm{m}}\mathrm{e}^{-\mathrm{j}\varphi_0}$为$z=0$处的复振幅，$E_{0\mathrm{m}}$是实常数，表示电场强度的振幅，$H_{0\mathrm{m}}$表示磁场强度的振幅，$\omega t$称为时间相位，$kz$称为空间相位，空间相位相同的点组成的曲面称为等相位面(波前或波面)。平面电磁波的等相位面为平面，即z为常数的波面。

【提示】 正弦均匀平面电磁波的电场和磁场在空间上相互垂直，在时间上是同轴的，它们的振幅之间有一定的比值，此比值取决于媒质的介电常数和磁导率。

图4.2表示在$t=0$时刻电场强度矢量和磁场强度矢量在空间沿$+z$轴的分布(初始相位$\varphi_0=0$)。

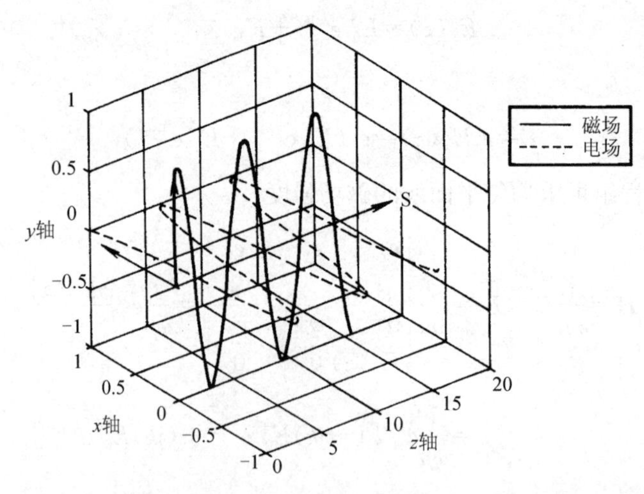

图4.2　理想介质中均匀平面电磁波的电场和磁场空间分布

4.2.2 均匀平面波的参数

1. 媒质的波阻抗(或本征阻抗)η

由式(4.11)可知，η 具有阻抗的量纲，单位为欧姆(Ω)，它的值与媒质参数有关。把真空中的介电常数和磁导率($\varepsilon_0=\frac{1}{36\pi}\times10^{-9}\,\mathrm{F/m}$、$\mu_0=4\pi\times10^{-7}\,\mathrm{H/m}$)代入式(4.11)，可得电磁波在真空中的本征阻抗

$$\eta_0=\sqrt{\frac{\mu_0}{\varepsilon_0}}=120\pi\approx377(\Omega)$$

2. 传播速度

正弦均匀平面电磁波等相位面行进的速度称为相速，以 v_p 表示。根据相速和等相位面定义可得

$$v_\mathrm{p}=\frac{\mathrm{d}z}{\mathrm{d}t}=\frac{1}{\sqrt{\mu\varepsilon}} \tag{4.14}$$

3. 波数

式(4.6)表示的 k 称为波数。空间相位 kz 变化 2π 相当于一个全波，k 表示单位长度内所具有的全波数目。k 也称为电磁波的相位常数，因为它表示传播方向上波行进单位距离时相位变化的大小。

4. 波长、周期、频率

空间相位 kz 变化 2π 所经过的距离称为波长，以 λ 表示。按此定义有 $k\lambda=2\pi$，所以有

$$\lambda=\frac{2\pi}{k} \tag{4.15}$$

时间相位 ωt 变化 2π 所经历的时间称为周期，以 T 表示。而一秒内相位变化 2π 的次数称为频率，以 f 表示。由 $\omega t=2\pi$ 得

$$f=\frac{1}{T}=\frac{\omega}{2\pi} \tag{4.16}$$

4.2.3 均匀平面波的传播特性

通过上节分析可以总结出均匀平面电磁波的如下传播特性。

(1)均匀平面电磁波的电场强度矢量和磁场强度矢量均与传播方向垂直，没有传播方向的分量，即对于传播方向而言，电磁场只有横向分量，没有纵向分量。这种电磁波称为横电磁波(Transverse Electro-Magnetic Wave)或称为 TEM 波。

(2)电场、磁场和传播方向互相垂直，且满足右手定则。

(3)电场和磁场相位相同，波阻抗为纯电阻性。

(4)复坡印廷矢量为：

$$\boldsymbol{S}=\frac{1}{2}\boldsymbol{E}\times\boldsymbol{H}^{*}=\frac{1}{2}\boldsymbol{e}_x E_0 \mathrm{e}^{-\mathrm{j}kz}\times\boldsymbol{e}_y\frac{E_0^{*}}{\eta}\mathrm{e}^{\mathrm{j}kz}=\boldsymbol{e}_z\frac{E_{0\mathrm{m}}^2}{2\eta}$$

从而得坡印廷矢量的时间平均值为

$$\boldsymbol{S}_{av}=Re\ [\boldsymbol{S}]\ =\boldsymbol{e}_z\frac{E_{0\mathrm{m}}^2}{2\eta}$$

平均功率密度为常数，表明与传播方向垂直的所有平面上，每单位面积通过的平均功率都相同，电磁波在传播过程中没有能量损失(沿传播方向电磁波无衰减)。

(5)电场和磁场能量密度的瞬时值分别为

$$w_{\mathrm{e}}(t)=\frac{1}{2}\boldsymbol{D}\cdot\boldsymbol{E}=\frac{1}{2}\varepsilon E^2=\frac{1}{2}\varepsilon E_{0\mathrm{m}}^2\cos^2(\omega t-kz+\varphi_0)$$

$$w_{\mathrm{m}}(t)=\frac{1}{2}\mu H^2(t)=\frac{1}{2}\mu H_{0\mathrm{m}}^2\cos^2(\omega t-kz+\varphi_0)=w_e(t)$$

可见，任意时刻电场能量密度和磁场能量密度相等，各为总电磁能量的一半。电磁能量的时间平均值为

$$w_{\mathrm{av,e}}=\frac{1}{4}\varepsilon E_{0\mathrm{m}}^2,\quad w_{\mathrm{av,m}}=\frac{1}{4}\mu H_{0\mathrm{m}}^2$$

所以有

$$w_{\mathrm{av}}=w_{\mathrm{av,e}}+w_{\mathrm{av,m}}=\frac{1}{2}\varepsilon E_{0\mathrm{m}}^2$$

【提示】 在等相位面上电场和磁场均等幅，且任一时刻、任一处能量密度相等。均匀平面电磁波的能量传播速度为

$$v_{\mathrm{e}}=\frac{|\boldsymbol{S}_{\mathrm{av}}|}{w_{\mathrm{av}}}=\frac{E_{0\mathrm{m}}^2/2\eta}{\varepsilon E_{0\mathrm{m}}^2/2}=\frac{1}{\sqrt{\mu\varepsilon}}=v_{\mathrm{p}}$$

可见，电磁场是电磁能量的携带者。

【例 4.1】 已知无界理想媒介质($\varepsilon=9\varepsilon_0$、$\mu=\mu_0$、$\gamma=0$)中正弦均匀平面电磁波的频率 $f=10^8\,\mathrm{Hz}$，电场强度

$$\boldsymbol{E}=\boldsymbol{e}_x 4\mathrm{e}^{-\mathrm{j}kz}+\boldsymbol{e}_y 3\mathrm{e}^{-\mathrm{j}kz+\mathrm{j}\frac{\pi}{3}}\,(\mathrm{V/m})$$

试求均匀平面电磁波的相速度 v_{p}、波长 λ、相移常数 k 和波阻抗 η。

解： 相速度 v_{p}、波长 λ、相移常数 k 和波阻抗 η 分别为

$$v_{\mathrm{p}}=\frac{1}{\sqrt{\mu\varepsilon}}=\frac{1}{\sqrt{9\mu_0\varepsilon_0}}=\frac{c}{\sqrt{9}}=\frac{3\times10^8}{\sqrt{9}}=10^8\ (\mathrm{m/s})$$

$$\lambda=\frac{v_{\mathrm{p}}}{f}=1(\mathrm{m})$$

$$k=\omega\sqrt{\mu\varepsilon}=\frac{\omega}{v_{\mathrm{p}}}=2\pi(\mathrm{rad/s})$$

$$\eta=\sqrt{\frac{\mu}{\varepsilon}}=\sqrt{\frac{\mu_0}{9\varepsilon_0}}=\eta_0\sqrt{\frac{1}{9}}=120\pi\sqrt{\frac{1}{9}}=40\pi\ (\Omega)$$

4.2.4 沿任意方向传播的均匀平面波

上一节讨论的是沿 z 轴正向传播的均匀平面波，本节讨论沿任意方向传播的均匀平面波。首先定义均匀平面波的波矢量(或称传播矢量) $\boldsymbol{k}$ 为

$$\boldsymbol{k}=\boldsymbol{e}_k k \tag{4.17}$$

其中，k 为上一节介绍的波数，$\boldsymbol{e}_k$ 为均匀平面波传播方向的单位矢量。

图 4.3 所示的均匀平面电磁波，$\boldsymbol{r}$ 为等相位面上任意一场点 $P(r)$的位置矢量，则等相位平面方程可写为

$$\boldsymbol{k}\cdot\boldsymbol{r}=C \tag{4.18}$$

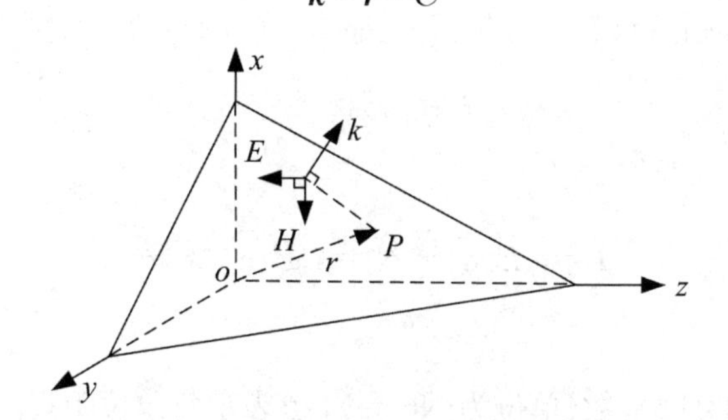

图 4.3 沿任意方向传播的电磁波

这样，位于等相位面的任意一场点 $P(r)$处的电场强度可以写为

$$\boldsymbol{E}_p=\boldsymbol{E}_0\mathrm{e}^{-\mathrm{j}\boldsymbol{k}\cdot\boldsymbol{r}} \tag{4.19}$$

式中，$\boldsymbol{E}_0$ 为坐标原点处给定的电场强度。同理，可以得到任意场点的磁场强度为

$$\boldsymbol{H}_p=\boldsymbol{H}_0\mathrm{e}^{-\mathrm{j}\boldsymbol{k}\cdot\boldsymbol{r}} \tag{4.20}$$

进一步可以得到电场强度、磁场强度以及波矢量之间的关系

$$\boldsymbol{H}_p=\frac{1}{\eta}\boldsymbol{e}_k\times\boldsymbol{E}_p=\frac{1}{\omega\mu}\boldsymbol{k}\times\boldsymbol{E}_p \tag{4.21}$$

4.3 有耗媒质中的均匀平面波

4.3.1 有耗媒质中平面波的传播特性

有耗媒质又称导电媒质($\gamma\neq0$；ε、μ 为实常数)，电磁波在导电媒质中传播时，根据欧姆定律，将出现传导电流 $\boldsymbol{J}_C=\gamma\boldsymbol{E}$，则在无源、无界的导电媒质中有

$$\nabla\times\boldsymbol{H}=\gamma\boldsymbol{E}+\mathrm{j}\omega\varepsilon\boldsymbol{E}=\mathrm{j}\omega\left(\varepsilon-\mathrm{j}\frac{\gamma}{\omega}\right)\boldsymbol{E}=\mathrm{j}\omega\varepsilon_c\boldsymbol{E} \tag{4.22}$$

其中

$$\varepsilon_c=\varepsilon-\mathrm{j}\frac{\gamma}{\omega}=\varepsilon\left(1-\mathrm{j}\frac{\gamma}{\omega\varepsilon}\right) \tag{4.23}$$

称为导电媒质的复介电常数，是一个等效的复介电常数。可见，引入等效复介电常数后，导电媒质中的麦克斯韦方程组和无损耗媒质中的麦克斯韦方程组具有完全相同的形式。因此就电磁波在其中的传播而言，可以把导电媒质等效地看成是一种媒质，其等效介电常数为复数。与无源理想介质中的方法相同，可以得到波动方程

$$\nabla^2\boldsymbol{E}+k_c^2\boldsymbol{E}=0 \tag{4.24}$$

$$\nabla^2\boldsymbol{H}+k_c^2\boldsymbol{H}=0 \tag{4.25}$$

其中，k_c 被称为传播常数，$k_c^2=\omega^2\mu\varepsilon_c$。在直角坐标系中，对于沿 $+z$ 方向传播的均匀平面波，如果假定电场强度只有 x 分量 E_x，那么式(4.24)的一个解为

$$\boldsymbol{E}=\boldsymbol{e}_x E_0\mathrm{e}^{-\mathrm{j}k_c z} \tag{4.26}$$

令 $k_c=\beta-\mathrm{j}\alpha$，则

$$\boldsymbol{E}=\boldsymbol{e}_x E_0\mathrm{e}^{-\mathrm{j}(\beta-\mathrm{j}\alpha)z}=\boldsymbol{e}_x E_0\mathrm{e}^{-\alpha z}\mathrm{e}^{-\mathrm{j}\beta z} \tag{4.27}$$

式中，α 称为电磁波的衰减常数(单位为 Np/m)，β 表示每单位距离落后的相位，称为相位常数。由 k_c 和 ε_c 的表达式可得

$$\alpha=\omega\sqrt{\frac{\mu\varepsilon}{2}\left[\sqrt{1+\left(\frac{\gamma}{\omega\varepsilon}\right)^2}-1\right]} \tag{4.28a}$$

$$\beta=\omega\sqrt{\frac{\mu\varepsilon}{2}\left[\sqrt{1+\left(\frac{\gamma}{\omega\varepsilon}\right)^2}+1\right]} \tag{4.28b}$$

将式(4.26)代入式(4.22)可得磁场强度

$$\boldsymbol{H}=\frac{\mathrm{j}}{\omega\mu}\nabla\times\boldsymbol{E}=\boldsymbol{e}_y\frac{E_0}{\eta_c}\mathrm{e}^{-\mathrm{j}k_c z}=\boldsymbol{e}_y\frac{E_0}{\eta_c}\mathrm{e}^{-\alpha z}\mathrm{e}^{-\mathrm{j}\beta z} \tag{4.29}$$

式中

$$\eta_c=\sqrt{\frac{\mu}{\varepsilon-\mathrm{j}\dfrac{\gamma}{\omega}}}=\sqrt{\frac{\mu}{\varepsilon}}\left(1-\mathrm{j}\frac{\gamma}{\omega\varepsilon}\right)^{-\frac{1}{2}}=|\eta_c|\mathrm{e}^{\mathrm{j}\theta} \tag{4.30}$$

称为导电媒质的波阻抗，它是一个复数，说明电场和磁场不同相。对于导电媒质

$$|\eta_c|=\sqrt{\frac{\mu}{\varepsilon}}\left[1+\left(\frac{\gamma}{\omega\varepsilon}\right)^2\right]^{-\frac{1}{4}}<\sqrt{\frac{\mu}{\varepsilon}} \tag{4.31a}$$

$$\theta=\frac{1}{2}\arctan\frac{\gamma}{\omega\varepsilon}=0\sim\frac{\pi}{4} \tag{4.31b}$$

导电媒质的波阻抗是一个复数，其模小于理想介质的本征阻抗，幅角在 $0\sim\frac{\pi}{4}$ 之间变化，具有感性相角。这意味着电场强度和磁场强度在空间上虽然仍互相垂直，但在时间上有相位差，二者不再同相，电场强度相位超前磁场强度相位，如图 4.4 所示。

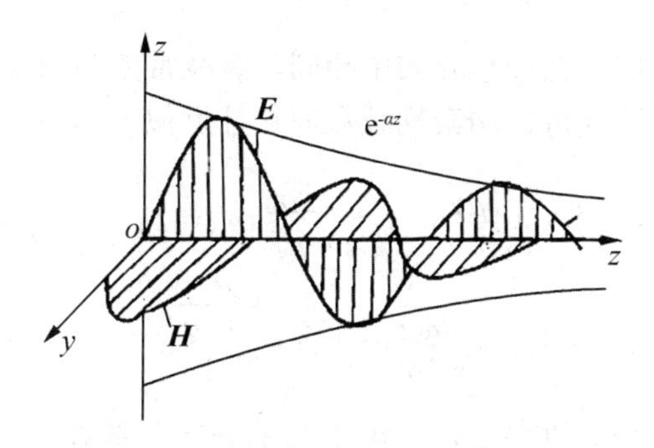

图 4.4　导电媒质中平面波的电磁场

电场强度和磁场强度的瞬时值可以表示为

$$\boldsymbol{E}(z,t)=\boldsymbol{e}_x E_m e^{-\alpha z}\cos(\omega t-\beta z+\varphi_0) \tag{4.32}$$

$$\boldsymbol{H}(z,t)=\boldsymbol{e}_y \frac{E_m}{\eta_c} e^{-\alpha z}\cos(\omega t-\beta z+\varphi_0-\theta) \tag{4.33}$$

其中，E_m、φ_0 分别表示电场强度的振幅值和初相角，即 $E_0=E_m e^{j\varphi_0}$。由电磁场表达式可知，场强振幅随 z 的增加按指数规律不断衰减，因为传播中一部分电磁能转变成了热能损耗掉了。

导电媒质中均匀平面波的相速和波长分别为

$$v_p=\frac{dz}{dt}=\frac{\omega}{\beta}=\frac{1}{\sqrt{\mu\varepsilon}}\left[\frac{2}{\sqrt{1+\left(\frac{\gamma}{\omega\varepsilon}\right)^2}+1}\right]<\frac{1}{\sqrt{\mu\varepsilon}} \tag{4.34}$$

$$\lambda=\frac{2\pi}{\beta}=\frac{v_p}{f} \tag{4.35}$$

可见，均匀平面波在导电媒质中传播时，波的相速和波长比介电常数和磁导率相同的理想介质的情况慢和短，且 γ 愈大，相速愈慢，波长愈短。

【知识要点提醒】 相速和波长随频率而变化，频率低，则相速慢。这样，携带信号的电磁波其不同的频率分量将以不同的相速传播，经过一段距离后，它们的相位关系将发生变化，从而导致信号失真(形变)。这种现象称为色散，所以导电媒质是色散媒质。

磁场强度矢量与电场强度矢量互相垂直，并都垂直于传播方向，因此导电媒质中的平面波是横电磁波。导电媒质中的坡印廷矢量、能量密度和能量传播速度可仿照 4.1 节中相关内容求得，这里不再赘述。

4.3.2 趋肤效应

通常，按 $\frac{\gamma}{\omega\varepsilon}$(媒质的损耗角正切)的值将媒质分为三类：电介质 $\frac{\gamma}{\omega\varepsilon}\ll1$，不良导体

$\frac{\gamma}{\omega\varepsilon}\approx 1$，良导体$\frac{\gamma}{\omega\varepsilon}\gg 1$。电介质中均匀平面波的相关参数可以近似为

$$\alpha\approx\frac{\gamma}{2}\sqrt{\frac{\mu}{\varepsilon}},\ \beta\approx\omega\sqrt{\mu\varepsilon},\ \eta\approx\sqrt{\frac{\mu}{\varepsilon}}$$

此时相移常数和波阻抗与在理想介质中相同，衰减常数与频率无关，正比于电导率。

在良导体中，有关表达式可以用泰勒级数简化并近似表达为

$$\alpha=\beta=\sqrt{\frac{\omega\mu\gamma}{2}},\ v_{\mathrm{p}}=\sqrt{\frac{2\omega}{\mu\gamma}},\ \lambda=2\pi\sqrt{\frac{2}{\omega\mu\gamma}}$$

$$\eta_{\mathrm{c}}=\sqrt{\frac{\omega\mu}{2\gamma}}(1+\mathrm{j})=\sqrt{\frac{\omega\mu}{\gamma}}\mathrm{e}^{\mathrm{j}\frac{\pi}{4}}$$

可见，高频率电磁波进入良导体后，由于其电导率一般在 10^7S/m 量级，所以电磁波在良导体中衰减极快，往往在微米量级的距离内就衰减得近于零了。因此高频电磁场只能存在于良导体表面的一个薄层内，这种现象称为趋肤效应。电磁波场强振幅衰减到表面处 1/e 的深度称为趋肤深度(穿透深度)，以 δ 表示，定义为

$$\delta=\frac{1}{\alpha}=\sqrt{\frac{2}{\omega\mu\gamma}}=\sqrt{\frac{1}{\pi f\mu\gamma}}\ (\mathrm{m}) \tag{4.36}$$

【提示】导电性能越好(电导率 γ 越大)，工作频率越高，则趋肤深度越小。

4.3.3 工程应用

1. 屏蔽

利用高频电磁波在良导体中衰减极快的原理对两个空间区域之间进行金属的隔离，以控制电场、磁场和电磁波由一个区域对另一个区域的感应和辐射。具体来讲，就是用屏蔽体将元部件、电路、组合件、电缆或整个系统的干扰源包围起来，防止干扰电磁场向外扩散；用屏蔽体将接收电路、设备或系统包围起来，防止它们受到外界电磁场的影响。

2. 电磁治疗

采用电磁波加热作为治疗肿瘤的新手段，因其安全有效且几乎无副作用而正在得到越来越广泛的应用。电磁波进入人体组织后，人体可以看成是一般导体，有两种物理效应可将电磁能转换成热能：一是组织中的自由电子、离子等带电粒子沿电场或逆电场方向运动产生焦耳热；二是组织中大量的极性分子在交变电磁场中随电磁场方向的变化快速扭动产生分子摩擦而生热。在采用高频电磁波进行热疗时，极性分子在电磁场中扭动摩擦生热才是组织温升的主要原因。此外，从辐射器射出的微波，一般可近似看成是点源发出的近似球面波，电场矢量在空间某一点的振幅与该点到微波源的距离成反比。如图 4.5 所示为超高速电磁波肿瘤治疗仪。

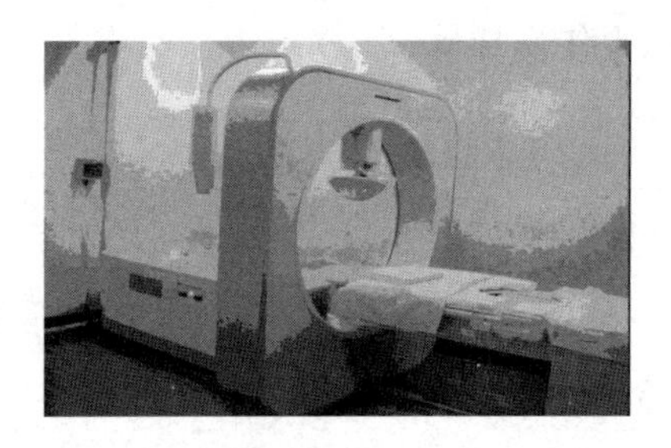

图 4.5　超高速电磁波肿瘤治疗仪

3. 趋肤效应的应用

(1)大功率短波发射机的震荡线圈是用空心紫铜管来绕制的。短波的频率最高达十几兆赫，趋肤效应很明显。为了有效利用材料，同时节约成本，故震荡线圈不用实心铜线来绕制。特别需要注意的是，凡是大功率发射机或者其他高频机器，震荡级的各个元件勿触及，否则有可能灼伤皮肤。

(2)中波收音机的天线线圈和中频线圈所用的导线不是单股导线而是多股互相绝缘的导线绞合而成，问题关键是趋肤效应。高频电流只在铜线的表层里流通，用多股相互绝缘导线，则表层数就相应增加，总截面增大，信号能量损耗减小，收音机灵敏度相应得到提高。

【例 4.2】 频率为 550kHz 的平面波在有耗媒质中传播，已知媒质的损耗角正切为 0.02，相对介电常数为 2.5，求该平面波的衰减常数 α、相移常数 β 及相速度 v_p。

解： 由$\dfrac{\gamma}{\omega\varepsilon}=\dfrac{\gamma}{(2\pi\times550\times10^3)\times(2.5\times\frac{1}{36}\times10^{-9})}=0.02$ 可知，此时为电介质

衰减常数 α 为

$$\alpha=\frac{\gamma}{2}\sqrt{\frac{\mu}{\varepsilon}}=\frac{1.53\times10^{-6}}{2}\cdot\frac{377}{\sqrt{2.5}}=1.82\times10^{-4}(\text{Np/m})$$

相移常数 β 为

$$\beta\approx\omega\sqrt{\varepsilon\mu}\,(1+\frac{\gamma^2}{8\omega^2\varepsilon^2})=0.02\ (\text{rad/m})$$

相速 v_p 为

$$v_p=\frac{\omega}{\beta}=\frac{1}{\sqrt{\mu\varepsilon}\left(1+\dfrac{\gamma^2}{8\omega^2\varepsilon^2}\right)}=18.97\times10^7\ (\text{m/s})$$

【例 4.3】 海水 $\gamma=4\text{S/m}$、$\varepsilon_r=81$、$\mu=\mu_0$，求频率为 10MHz 电磁波在海水中的透入深度。

解：

$$\frac{\gamma}{\omega\varepsilon_r\varepsilon_0}=\frac{4}{2\pi\times10^7\times81\times8.85\times10^{-12}}\approx88.8\gg1$$

在 10MHz 下，海水可以视作良导体

$$\delta=\sqrt{\frac{2}{\omega\mu_0\gamma}}\approx 0.08(\mathrm{m})$$

4.4 电磁波的极化

在讨论平面波传播特性时，认为电磁波场强的方向与时间无关，事实上，平面波场强的方向可能会随时间按一定规律变化。把电场强度的方向随时间变化的方式称为电磁波的极化，根据电场强度矢量末端的轨迹形状，电磁波的极化分为线极化、圆极化、椭圆极化三类。

4.4.1 线极化

电场强度矢量的表达式为

$$\boldsymbol{E}=\boldsymbol{e}_x E_x+\boldsymbol{e}_y E_y=(\boldsymbol{e}_x E_{ox}+\boldsymbol{e}_y E_{oy})\mathrm{e}^{-\mathrm{j}kz}=(e_x E_{xm}{}^{\mathrm{j}\varphi_x}+e_y E_{ym}\mathrm{e}^{\mathrm{j}\varphi_y})\mathrm{e}^{-\mathrm{j}kz} \tag{4.37}$$

两个分量的瞬时值为

$$\begin{aligned}E_x&=E_{xm}\cos(\omega t-kz+\varphi_x)\\E_y&=E_{ym}\cos(\omega t-kz+\varphi_y)\end{aligned} \tag{4.38}$$

当 E_x 和 E_y 同相或反相时，即 $\varphi_x=\varphi_y=\varphi$ 或 $\varphi_y-\varphi_x=\pi$

$$E=\sqrt{E_x^2+E_y^2}=\sqrt{E_{xm}^2+E_{ym}^2}\cos(\omega t+\varphi) \tag{4.39}$$

合成电磁波的电场强度矢量与 x 轴正向夹角 α 的正切为

$$\tan\alpha=\frac{E_y}{E_x}=\pm\frac{E_{ym}}{E_{xm}} \tag{4.40}$$

可见，合成波电场的方向保持在原方向，如图 4.6(a)所示（“+”号情况）。因为 $\boldsymbol{E}$ 的矢端轨迹是一直线，故称为线极化波(Linear Polarization)。

4.4.2 圆极化

当 $E_{xm}=E_{ym}=E_m$、$\varphi_x-\varphi_y=\pm\frac{\pi}{2}$、$z=0$ 时

$$E_x=E_m\cos(\omega t+\varphi_x)$$

$$E_y=E_m\cos\left(\omega t+\varphi_y\mp\frac{\pi}{2}\right)=\pm E_m\sin(\omega t+\varphi_y) \tag{4.41}$$

消去 t 得

$$\left(\frac{E_x}{E_m}\right)^2+\left(\frac{E_y}{E_m}\right)^2=1 \tag{4.42}$$

则合成波的电场强度矢量 $\boldsymbol{E}$ 的模和幅角为

$$E=\sqrt{E_x^2+E_y^2}=E_m$$

$$\alpha=\arctan\left[\frac{\pm\sin(\omega t+\varphi_x)}{\cos(\omega t+\varphi_x)}\right]=\pm(\omega t+\varphi_x) \tag{4.43}$$

可见，合成波电场强度矢量的大小不随时间变化，而其与 x 轴正向夹角 α 将随时间变化，因此合成电场强度矢量的矢端轨迹为圆，故称为圆极化(Circular Polarization)。如果 $\alpha=+(\omega t+\varphi_x)$，则矢量 $\boldsymbol{E}$ 将以角频率 ω 在 xoy 平面上沿逆时针做等角速旋转；如果 $\alpha=-(\omega t+\varphi_x)$，则矢量 $\boldsymbol{E}$ 将以角频率 ω 在 xoy 平面上沿顺时针做等角速旋转。所以圆极化波有左旋和右旋之分，规定将大拇指指向电磁波的传播方向，其余四指指向电场强度矢量 $\boldsymbol{E}$ 的矢端旋转方向，符合右手螺旋关系的称为右旋圆极化波；符合左手螺旋关系的称为左旋圆极化波，如图 4.6(b)所示。

4.4.3 椭圆极化

最一般的情况是 E_x 和 E_y 及 φ_x 和 φ_y 之间为任意关系。在 $z=0$ 处，消去式(4.38)中的 t 得

$$\left(\frac{E_x}{E_{xm}}\right)^2-2\frac{E_x}{E_{xm}}\frac{E_y}{E_{ym}}\cos\varphi+\left(\frac{E_y}{E_{ym}}\right)^2=\sin^2\varphi \tag{4.44}$$

式中 $\varphi=\varphi_x-\varphi_y$。上式是一般形式的椭圆方程，因方程中不含一次项，故椭圆中心在直角坐标系原点。当 $\varphi=\pm\frac{\pi}{2}$ 时椭圆的长短轴与坐标轴一致，而 $\varphi\neq\pm\frac{\pi}{2}$ 时则不一致，如图 4.6(c)所示，在空间固定点上，合成电场强度矢量 $\boldsymbol{E}$ 不断改变其大小和方向，其矢端轨迹为椭圆，故称为椭圆极化(Elliptical Polarization)。和圆极化波一样，椭圆极化波也有左旋和右旋之分。由于矢量 $\boldsymbol{E}$ 与 x 轴正向夹角 α 的关系为

$$\alpha=\arctan\frac{E_{ym}\cos(\omega t+\varphi_y)}{E_{xm}\cos(\omega t+\varphi_x)}$$

矢量 $\boldsymbol{E}$ 的旋转角速度为

$$\frac{d\alpha}{dt}=\frac{E_{xm}E_{ym}\omega\sin(\varphi_x-\varphi_y)}{E_{xm}^2\cos^2(\omega t+\varphi_x)+E_{ym}^2\cos^2(\omega t+\varphi_y)} \tag{4.45}$$

当 $0<\varphi<\pi$ 时，$\frac{d\alpha}{dt}>0$，为右旋椭圆极化；当 $-\pi<\varphi<0$ 时，$\frac{d\alpha}{dt}<0$，为左旋椭圆极化。此外，矢量 $\boldsymbol{E}$ 的旋转角速度不再是常数，而是时间的函数。

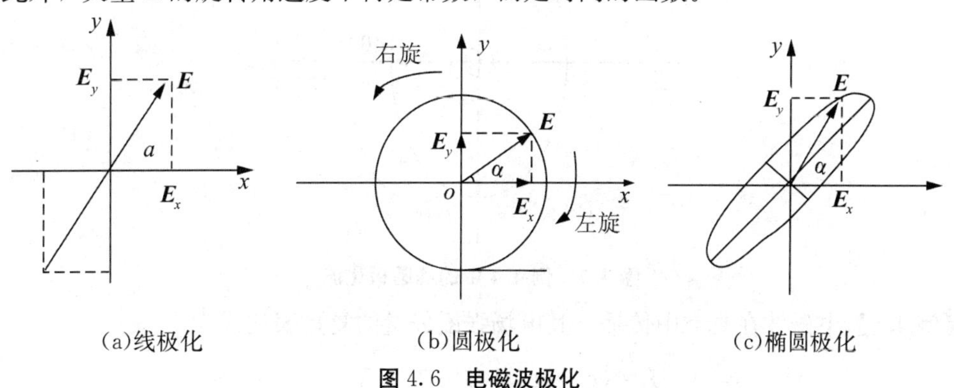

(a)线极化　(b)圆极化　(c)椭圆极化

图 4.6　电磁波极化

【知识要点提醒】平面波可以是线极化波、圆极化波或是椭圆极化波。无论何种极化波，都可以用两个极化方向相互垂直的线极化波叠加而成；反之亦然。线极化和圆极化可看成是椭圆极化的特例。

4.4.4 电磁波极化特性的工程应用

讨论电磁波的极化有着重要的意义。

(1)一个与地面平行放置的线天线的远区场是电场强度平行于地面的线极化波，称为水平极化。例如，电视信号的发射常采用水平极化方式，因此，电视接收天线应调整到与地面平行的位置，使电视接收天线的极化状态与入射电磁波的极化状态匹配，以获得最佳的接收效果。相反，一个线天线如与地面垂直放置，其远区电场强度矢量与地面垂直，称为垂直极化。例如，调幅电台发射的远区电磁波的电场强度矢量是与地面垂直的垂直极化波。因此，为了获得最佳的接收效果，应该将收音机的天线调整到与入射电场强度矢量平行的位置，即与地面垂直，此时收音机天线的极化状态与入射电磁波的极化状态匹配。

(2)很多情况下，系统必须利用圆极化才能进行正常工作。一个线极化波可以分解为两个振幅相等、旋向相反的圆极化波，所以，不同取向的线极化波都可由圆极化天线得到。因此，现代战争中都采用圆极化天线进行电子侦察和实施电子干扰。另外，火箭等飞行器在飞行过程中，其状态和位置在不断地改变，因此火箭上天线的极化状态也在不断地改变。此时如果用线极化的发射信号来控制火箭，在某些情况下火箭上的线极化天线收不到地面控制信号，而造成失控。如果改用圆极化的发射和接收，就不会出现这种情况。卫星通信系统中，卫星上的天线和地面站的天线均采用圆极化进行工作。

【例 4.4】 设空气中的均匀平面波 $\boldsymbol{E}(x, t)=\boldsymbol{e}_y 100\sin(\omega t-kx)-\boldsymbol{e}_z 200\cos(\omega t-kx)$(V/m)，试分析该电磁波的极化特性。

解： 由 $\boldsymbol{E}(x, t)$ 表达式可知，该电磁波的传播方向为 x 方向，当 $x=0$ 时，得

$$\frac{E_y^2}{100^2}+\frac{E_z^2}{200^2}=1$$

极化图如图 4.7 所示，该电磁波为右旋椭圆极化波。

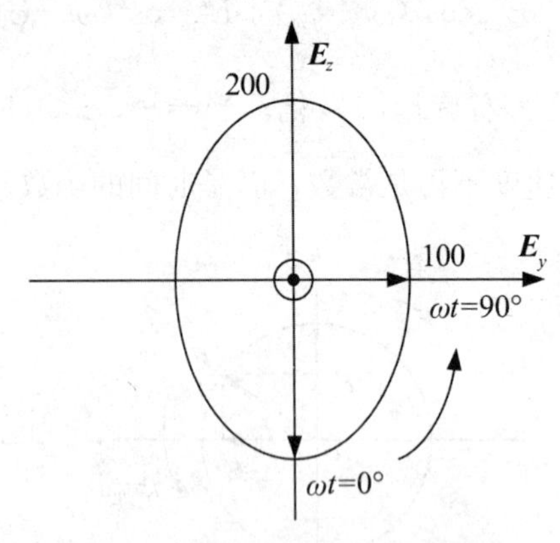

图 4.7 例 4.4 中的椭圆极化波

【例 4.5】 电磁波在真空中传播，其电场强度矢量的复数表达式为

$$\boldsymbol{E}=(\boldsymbol{e}_x-\mathrm{j}\boldsymbol{e}_y)10^{-4}\mathrm{e}^{-\mathrm{j}20\pi z}(\mathrm{V/m})$$

(1)求工作频率 f。

(2)求磁场强度矢量的复数表达式。

(3)求坡印廷矢量的瞬时值和时间平均值。

(4)此电磁波是何种极化？旋向如何？

解：(1)根据电场强度矢量的复数表达式为可得

$$k=20\pi=\frac{2\pi}{\lambda},\ f=\frac{c}{\lambda}=3\times10^{9}(\text{Hz})$$

其瞬时值为

$$\boldsymbol{E}(z,\ t)=10^{-4}\ [\boldsymbol{e}_x\cos(\omega t-kz)+\boldsymbol{e}_y\sin(\omega t-kz)]$$

(2)磁场强度复矢量为

$$\boldsymbol{H}=\frac{1}{\eta_0}\boldsymbol{e}_z\times E=\frac{1}{\eta_0}(\boldsymbol{e}_y+\mathrm{j}\boldsymbol{e}_x)10^{-4}\mathrm{e}^{-\mathrm{j}20\pi z},\ \eta_0=\sqrt{\frac{\mu_0}{\varepsilon_0}}=120\pi$$

磁场强度的瞬时值为

$$\boldsymbol{H}(z,\ t)=\mathrm{Re}\ [\boldsymbol{H}\ (z)\ \mathrm{e}^{\mathrm{j}\omega t}]\ =\frac{10^{-4}}{\eta_0}\ [\boldsymbol{e}_y\cos(\omega t-kz)+\boldsymbol{e}_x\sin(\omega t-kz)]$$

(3)坡印廷矢量的瞬时值和时间平均值为

$$\boldsymbol{S}(z,\ t)=\boldsymbol{E}(z,\ t)\times\boldsymbol{H}(z,\ t)=\frac{10^{-8}}{\eta_0}\ [\boldsymbol{e}_z\cos^2(\omega t-kz)-\boldsymbol{e}_z\sin^2(\omega t-kz)]$$

$$\boldsymbol{S}_{\mathrm{av}}=\mathrm{Re}\left[\frac{1}{2}\boldsymbol{E}(z)\times\boldsymbol{H}^*(z)\right]=\boldsymbol{e}_z\ \frac{1}{2}\cdot\frac{10^{-8}}{\eta_0}\cdot(1+1)=\frac{10^{-8}}{\eta_0}\boldsymbol{e}_z$$

(4)此均匀平面波的电场强度矢量在 x 方向和 y 方向的分量振幅相等，且 x 方向的分量比 y 方向的分量相位超前 $\pi/2$，故为右旋圆极化波。

4.5 色散和群速

4.5.1 色散现象与群速

在光学中，一束光射在三棱镜上会看到七色光散开的图像，称为色散现象，因为不同频率的光在同一媒质中具有不同的折射率，即不同的相速，前面已经定义了相速为单一频率的平面波等相位面传播的速度。在理想介质中，相速是与频率无关的常数；在导电媒质中，相速与频率有关，这种波的相速随频率变化的现象称为色散，所以导电媒质又称为色散媒质。

在时间、空间上无限延伸的单一频率的电磁波称为单色波。在通信中，单一频率的正弦波没有信息量，无实际意义。一个信号总是由许多频率成分组成，用相速无法确定信号的传播速度。实际工程中的电磁波在时间和空间上是有限的，它由不同频率的正弦波叠加而成，称为非单色波。非单色波在传播过程中，由于各谐波分量的相速度不同而使其相对相位关系发生变化，从而引起信号畸变。携带信息的都是具有一定带宽的已调非单色波，因此调制波传播的速度才是信号传递的速度。

假设色散媒质中同时存在着两个电场强度方向相同、振幅相同、频率不同，向 z 方向传播的正弦线极化电磁波，它们的角频率和相位常数分别为 $\omega_0+\Delta\omega$ 和 $\omega_0-\Delta\omega$、$\beta_0+\Delta\beta$ 和 $\beta_0-\Delta\beta$

且有 $\Delta\omega\ll\omega_0$、$\Delta\beta\ll\beta_0$ 电场强度表达式分别为

$$\begin{aligned}E_1&=E_0\cos\left[(\omega_0+\Delta\omega)t-(\beta_0+\Delta\beta)z\right]\\E_2&=E_0\cos\left[(\omega_0-\Delta\omega)t-(\beta_0-\Delta\beta)z\right]\end{aligned}\tag{4.46}$$

合成波的场强表达式为

$$\begin{aligned}E(t)&=E_0\cos\left[(\omega_0+\Delta\omega)t-(\beta_0+\Delta\beta)z\right]+E_0\cos\left[(\omega_0-\Delta\omega)t-(\beta_0-\Delta\beta)z\right]\\&=2E_0\cos(t\Delta\omega-z\Delta\beta)\cos\left[(\omega_0t-\beta_0z)\right]\end{aligned}\tag{4.47}$$

合成波的振幅随时间按余弦变化，是调幅波，调制频率为 $\Delta\omega$。这个按余弦变化的调幅波称为包络，如图 4.8 所示。

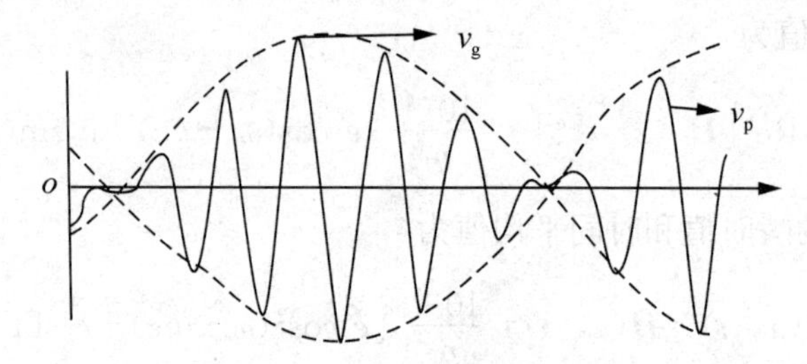

图 4.8 相速和群速

包络上某恒定相位点移动的速度定义为群速，令调制波的相位 $t\Delta\omega-z\Delta\beta$ 为常数，可得

$$v_g=\frac{dz}{dt}=\frac{\Delta\omega}{\Delta\beta}$$

当 $\Delta\omega\leqslant\omega$ 时，上式可写为

$$v_g=\frac{d\omega}{d\beta}\tag{4.48}$$

【提示】 由于群速是包络上一个点的传播速度，只有当包络的形状不随波的传播而变化时，群速才有意义。

4.5.2 相速与群速的关系

由于色散媒质中相速定义为 $v_p=\dfrac{\omega}{\beta}$，可得

$$v_g=\frac{d\omega}{d\beta}=\frac{d(v_p\beta)}{d\beta}=v_p+\beta\frac{dv_p}{d\beta}=v_p+\frac{\omega}{v_p}\frac{dv_p}{d\omega}v_g$$

从而得

$$v_g = \frac{v_p}{\left(1 - \frac{\omega}{v_p}\frac{dv_p}{d\omega}\right)} \tag{4.49}$$

显然，群速和相速之间存在以下 3 种关系。

(1) $\frac{dv_p}{d\omega}=0$，即相速与频率无关时，$v_p=v_g$，为无色散。

(2) $\frac{dv_p}{d\omega}<0$，即频率越高相速越小时，$v_p<v_g$，为正常色散。

(3) $\frac{dv_p}{d\omega}>0$，即频率越高相速越大时，$v_p>v_g$，为反常色散。

本章小结

本章主要讨论了均匀平面电磁波，研究了均匀平面波在理想介质中以及不同有耗媒质中的传播规律和特点。

(1)无源空间的瞬时值矢量齐次波动方程为

$$\nabla^2 \boldsymbol{E} - \mu\varepsilon \frac{\partial^2 \boldsymbol{E}}{\partial t^2} = 0$$

$$\nabla^2 \boldsymbol{H} - \mu\varepsilon \frac{\partial^2 \boldsymbol{H}}{\partial t^2} = 0$$

(2)理想介质中均匀平面波的传播参数为

媒质的波阻抗：$\eta = \frac{E_0^+}{H_0^+} = -\frac{E_0^-}{H_0^-} = \frac{\omega\mu}{k} = \sqrt{\frac{\mu}{\varepsilon}}$

相速度：$v_p = \frac{dz}{dt} = \frac{\omega}{k} = \frac{1}{\sqrt{\mu\varepsilon}}$

(3)有耗媒质中的均匀平面波传播参数为

衰减常数：$\alpha = \omega\sqrt{\frac{\mu\varepsilon}{2}\left[\sqrt{1+\left(\frac{\gamma}{\omega\varepsilon}\right)^2} - 1\right]}$

相位常数：$\beta = \omega\sqrt{\frac{\mu\varepsilon}{2}\left[\sqrt{1+\left(\frac{\gamma}{\omega\varepsilon}\right)^2} + 1\right]}$

导电媒质的波阻抗：$\eta_c = \sqrt{\frac{\mu}{\varepsilon - j\frac{\gamma}{\omega}}} = \sqrt{\frac{\mu}{\varepsilon}}\left(1 - j\frac{\gamma}{\omega\varepsilon}\right)^{-\frac{1}{2}} = |\eta_c| e^{j\theta}$

导电媒质的趋肤深度：$\delta = \frac{1}{\alpha} = \sqrt{\frac{2}{\omega\mu\gamma}} = \sqrt{\frac{1}{\pi f\mu\gamma}}$

(4)电磁波的极化是指电场强度矢量方向随时间的变化方式。当电场垂直分量与水平分量同相或反相时为线极化；当电场垂直分量与水平分量相位差$\frac{\pi}{2}$时为圆极化；任意情况为椭圆极化。

(5)电磁波的相速度为等相位面传播的速度，群速表示信号包络的传播速度。在色散媒质中

$$v_p=\frac{\omega}{\beta},\ v_g=\frac{d\omega}{d\beta},\ v_g=\frac{v_p}{\left(1-\frac{\omega}{v_p}\frac{dv_p}{d\omega}\right)}$$

习　题

一、填空题

1. 理想介质中均匀平面波的电场、磁场方向相互________。
2. 良导体满足的条件为________。
3. 等相位面传播速度为________。
4. 平面电磁波的极化形式通常有________。
5. ________指信号包络上恒定相位点的移动速度，即包络波的相速。

二、选择题

1. 在真空中，电磁波的相速与波的频率(　　)。
   A. 成正比　B. 成反比　C. 相等　D. 无关
2. 理想介质中能速与相速相比(　　)
   A. 能速高于相速　B. 能速低于相速　C. 能速与相速相等　D. 不定
3. 媒质的导电性能越好，工作频率越高，则趋肤深度(　　)。
   A. 越小　B. 越大　C. 不变　D. 不定
4. 坡印廷矢量的向量形式为(　　)。
   A. $\boldsymbol{E}\cdot\boldsymbol{H}$　B. $\boldsymbol{E}\cdot\boldsymbol{H}^*$　C. $\boldsymbol{E}\times\boldsymbol{H}^*$　D. $\boldsymbol{E}\times\boldsymbol{H}$
5. 沿 z 方向传播的右旋极化波是(　　)。
   A. $\boldsymbol{E}=E_0(\boldsymbol{e}_x-j\boldsymbol{e}_y)e^{-jkz}$　B. $\boldsymbol{E}=E_0(\boldsymbol{e}_z+j\boldsymbol{e}_y)e^{-jkz}$
   C. $\boldsymbol{E}=E_0(\boldsymbol{e}_x-\boldsymbol{e}_y)e^{-jkz}$　D. $\boldsymbol{E}=E_0(\boldsymbol{e}_x+\boldsymbol{e}_y)e^{-jkz}$

三、分析计算题

1. 已知真空中传播的平面电磁波电场为$E_x=100\cos(\omega t-2\pi z)$(V/m)，试求电磁波的波长、频率、相速度、磁场强度以及平均能量流密度矢量。

2. 空气中某一均匀平面波的波长为12cm，当该平面波进入某无耗媒质中传播时，其波长减小为8cm，且已知在媒质中的$\boldsymbol{E}$和$\boldsymbol{H}$振幅分别为50V/m和0.1A/m，求无耗媒质的μ_r及ε_r。

3. 理想介质中某一平面电磁波的电场强度矢量为

$$\boldsymbol{E}(t)=\boldsymbol{e}_x 5\cos 2\pi(10^8 t-z)\ (\text{V/m})$$

(1)求该电磁波媒质中及自由空间中的波长。

(2)已知媒质 $\mu=\mu_0$、$\varepsilon=\varepsilon_0\varepsilon_r$，求媒质的 ε_r。

(3)写出电磁场强度矢量的瞬时表达式。

4. 电磁波在真空中传播，其电磁场强度矢量的复数表达式为

$$\boldsymbol{E}=(\boldsymbol{e}_x-\mathrm{j}\boldsymbol{e}_y)10^{-4}\mathrm{e}^{-\mathrm{j}20\pi z}(\mathrm{V/m})$$

(1)求工作频率 f。

(2)求磁场强度矢量的复数表达式。

(3)求坡印廷矢量的瞬时值和时间平均值。

5. 海水的 $\gamma=4.5\mathrm{S/m}$、$\varepsilon_r=80$，求 $f=1\mathrm{MHz}$ 和 $f=100\mathrm{MHz}$ 时电磁波在海水中的波长、衰减常数和波阻抗。

6. 设均匀平面波电场 $\boldsymbol{E}$ 的有效值为 100mV/m，垂直于海面传播，设大海 $\gamma=1\mathrm{S/m}$、$\mu_r=1$、$\varepsilon_r=80$，求当 $f=10\mathrm{kHz}$ 和 $f=100\mathrm{MHz}$ 时海水的透入深度。

7. 判断下列平面电磁波的极化方式，并指出其旋向。

(1)$\boldsymbol{E}=\boldsymbol{e}_xE_0\sin(\omega t-kz)+\boldsymbol{e}_yE_0\cos(\omega t-kz)$

(2)$\boldsymbol{E}=\boldsymbol{e}_xE_0\sin(\omega t-kz)+\boldsymbol{e}_y2E_0\sin(\omega t-kz)$

(3)$\boldsymbol{E}=\boldsymbol{e}_xE_0\sin(\omega t-kz+\frac{\pi}{4})+\boldsymbol{e}_yE_0\cos(\omega t-kz-\frac{\pi}{4})$

(4)$\boldsymbol{E}=\boldsymbol{e}_xE_0\sin(\omega t-kz-\frac{\pi}{4})+\boldsymbol{e}_yE_0\cos(\omega t-kz)$

8. 在自由空间传播的均匀平面波的电场强度复矢量为

$$\boldsymbol{E}=\boldsymbol{e}_x\times10^{-4}\mathrm{e}^{-\mathrm{j}20\pi z}+\boldsymbol{e}_y\times10^{-4}\mathrm{e}^{-\mathrm{j}(20\pi z-\frac{\pi}{2})}(\mathrm{V/m})$$

(1)求平面波的传播方向。

(2)求工作频率。

(3)求波的极化方式。

(4)求磁场强度 $\boldsymbol{H}$。

(5)求流过沿传播方向单位面积的平均功率。

第 5 章　平面电磁波的反射与透射

教学要求

知识要点	掌握程度	相关知识
平面波向平面分界面的垂直入射	重点掌握	平面波向理想导体的垂直入射、平面波向理想介质的垂直入射、反射系数、透射系数
平面波对理想介质的斜入射	掌握	相位匹配条件和 *Snell* 定律、垂直极化波的斜入射、平行极化波的斜入射
平面电磁波对理想导体的斜入射	熟悉	垂直极化波的斜入射、平行极化波的斜入射
平面波的全反射与全透射	熟悉	布儒斯特角、临界角公式

导入案例

1943 年 7 月 24 日深夜，由 791 架英国重型轰炸机组成的巨大编队向德国汉堡方向飞来。德国性能优良的雷达及时发现了这批飞机，并报告了指挥部，但突然间出现了一种奇怪的现象，雷达荧光屏上的目标信号急剧增加，整个荧光屏上一片雪花，似乎有成千上万架飞机铺天盖地而来。雷达操纵员迷惑不解、瞠目结舌，无法判断目标的数量和准确的方位。德军指挥员急得满头大汗，却无计可施，只好命令高炮向夜空盲目射击，起飞迎敌的战斗机也屡屡扑空。英军乘机顺利地进行了大规模空袭，向汉堡港和市中心投下了 2300 吨炸弹，数万人被炸死，伤者更是不计其数。为什么会出现这种奇怪的现象呢？说来也许令人难以相信，掩护英军顺利实施轰炸的竟是小小的箔条。

箔条是指具有一定长度和频率响应特性，能强烈反射电磁波，用金属或镀敷金属介质制成的细丝、箔片、条带的总称，是一种雷达无源干扰器材。将大量箔条投放到空中，能对雷达发射的电磁波产生强烈反射，可在雷达显示器荧光屏上产生类似噪声的杂乱回波，掩盖真实目标回波，对雷达形成压制性干扰或者产生假的目标信息，形成欺骗性干扰。汉堡之战中英国飞机在汉堡上空撒下了 250 万盒铝箔，每盒装有 2000 根铝箔条，被铝箔反射的电磁波使德国雷达完全失去了探测和引导能力。空袭汉堡一战开创了现代战争中大规模使用箔条干扰的先河。

一般来说，电磁波在传播过程中遇到两种不同波阻抗的媒质分界面时，在媒质分界面上将有一部分电磁能量被反射回来，形成反射波；另一部分电磁能量可能透过分界面继续传播，形成透射波。本章要解决的问题是在已知入射波频率、振幅、极化、传播方向和两种媒质特性的条件下，确定反射波和透射波，进而研究不同媒质中合成电磁波的传播规律和特性。由于任意极化的入射波总可以分解为两个相互垂直的线极化波，所以，此处只讨论线极化均匀平面电磁波向无限大不同媒质分界面垂直入射和斜入射时的反射和透射。

5.1　平面波向平面分界面的垂直入射

5.1.1　平面波向理想导体的垂直入射

如图 5.1 所示，Ⅰ区为理想介质，Ⅱ区为理想导体，它们具有无限大的平面分界面($z=0$ 的无限大平面)，设均匀平面波沿 $+z$ 方向投射到分界面上，入射电磁波的电场和磁场分别为

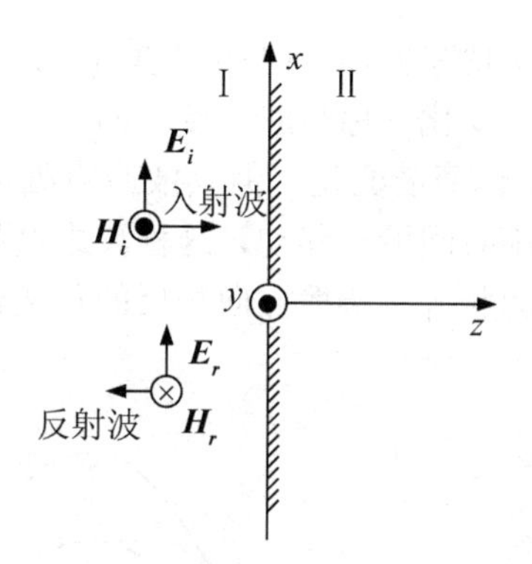

图 5.1　垂直入射到理想导体上的平面波

$$\boldsymbol{E}_{\mathrm{i}}=\boldsymbol{e}_x E_{\mathrm{i0}}\mathrm{e}^{-\mathrm{j}k_1 z} \tag{5.1a}$$

$$\boldsymbol{H}_{\mathrm{i}}=\boldsymbol{e}_y \frac{1}{\eta_1}E_{\mathrm{i0}}\mathrm{e}^{-\mathrm{j}k_1 z} \tag{5.1b}$$

式中，$k_1=\omega\sqrt{\mu_1\varepsilon_1}$，$\eta_1=\omega\sqrt{\dfrac{\mu_1}{\varepsilon_1}}$，$E_{\mathrm{i0}}$ 为 $z=0$ 处入射波的振幅。由于理想导体中不存在电场和磁场，即 $\boldsymbol{E}_2=0$ 和 $\boldsymbol{H}_2=0$，因此入射波将被分界面全部反射回媒质Ⅰ中，形成反射波场 $\boldsymbol{E}_{\mathrm{r}}$ 和 $\boldsymbol{H}_{\mathrm{r}}$。为满足分界面上切向电场为零的边界条件，设反射与入射波有相同的频率且沿 x 方向极化，则反射波的电场和磁场分别为

$$\boldsymbol{E}_{\mathrm{r}}=\boldsymbol{e}_x E_{\mathrm{r0}}\mathrm{e}^{\mathrm{j}k_1 z} \tag{5.2a}$$

$$\boldsymbol{H}_{\mathrm{r}}=-\boldsymbol{e}_y \frac{1}{\eta_1}E_{\mathrm{r0}}\mathrm{e}^{\mathrm{j}k_1 z} \tag{5.2b}$$

式中，E_{r0} 为 $z=0$ 处反射波的振幅。

【提示】 式(5.2)中的指数均为 $\mathrm{j}k_1 z$，表示反射波向 $-z$ 方向传播。

由于分界面两侧 $\boldsymbol{E}$ 的切向分量连续，所以总的切向电场应为零，可得

$$E_{\mathrm{i0}}=-E_{\mathrm{r0}}$$

媒质Ⅰ中总的合成电磁场为

$$\boldsymbol{E}_1=\boldsymbol{E}_{\mathrm{i}}+\boldsymbol{E}_{\mathrm{r}}=\boldsymbol{e}_x E_{\mathrm{i0}}(\mathrm{e}^{-\mathrm{j}k_1 z}-\mathrm{e}^{\mathrm{j}k_1 z})=-\boldsymbol{e}_x E_{\mathrm{i0}}2\mathrm{j}\sin k_1 z \tag{5.3a}$$

$$\boldsymbol{H}_1=\boldsymbol{H}_{\mathrm{i}}+\boldsymbol{H}_{\mathrm{r}}=\boldsymbol{e}_y \frac{E_{\mathrm{i0}}}{\eta_1}(\mathrm{e}^{-\mathrm{j}k_1 z}+\mathrm{e}^{\mathrm{j}k_1 z})=\boldsymbol{e}_y \frac{2E_{\mathrm{i0}}}{\eta_1}\cos k_1 z \tag{5.3b}$$

它们相应的瞬时值为

$$\boldsymbol{E}_1(z,\ t)=\mathrm{Re}\ [\boldsymbol{E}_1 \mathrm{e}^{\mathrm{j}\omega t}]\ =\boldsymbol{e}_x 2E_{\mathrm{i0}}\sin k_1 z\sin\omega t \tag{5.4a}$$

$$\boldsymbol{H}_1(z,\ t)=\mathrm{Re}\ [\boldsymbol{H}_1 \mathrm{e}^{\mathrm{j}\omega t})=\boldsymbol{e}_y \frac{2E_{\mathrm{i0}}}{\eta_1}\cos k_1 z\cos\omega t \tag{5.4b}$$

由式(5.4)可见，对任意时刻t，Ⅰ区中的合成电场在$k_1 z=-n\pi$或$z=-n\frac{\lambda}{2}(n=0,1,2,\cdots)$处出现零值(磁场出现最大值)；在$k_1 z=-(2n+1)\frac{\pi}{2}$或$z=-(2n+1)\frac{\lambda}{4}(n=0,1,2,\cdots)$处出现最大值(磁场出现零值)。这些最大值的位置不随时间变化，称为波腹点；同样这些零值的位置也不随时间变化，称为波节点，如图5.2所示。从图中可以看到，空间各点的电场都随时间按$\sin\omega t$作简谐变化，但其波腹点处电场振幅总是最大，波节点处电场总是零，而且这种状态不随时间沿z移动。这种波腹点和波节点位置都固定不变的电磁波称为驻波。这说明两个振幅相等、传播方向相反的行波合成的结果是驻波。

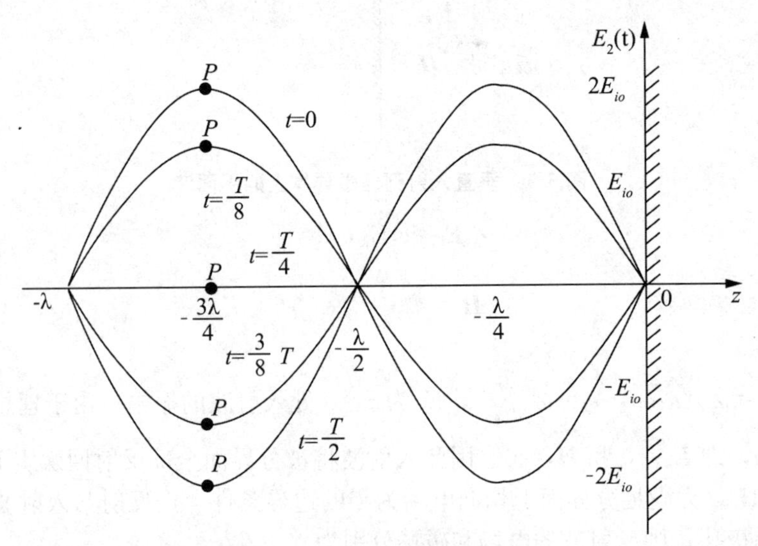

图 5.2　不同瞬间的驻波电场

【提示】理想导体表面处($z=0$)是电场的波节点，磁场的波腹点。

由于Ⅱ区中无电磁场，在理想导体表面两侧的磁场切向分量不连续，所以分界面上存在面电流。根据磁场切向分量的边界条件可得面电流密度为

$$\boldsymbol{J}_S=\boldsymbol{e}_z\times\left(0-\boldsymbol{e}_y 2\frac{E_{\mathrm{i0}}}{\eta_1}\cos k_1 z\right)\Bigg|_{z=0}=\boldsymbol{e}_x\frac{2E_{\mathrm{i0}}}{\eta_1} \tag{5.5}$$

驻波不传输能量，其坡印廷矢量的时间平均值为

$$\boldsymbol{S}_{\mathrm{av1}}=\mathrm{Re}\left[\frac{1}{2}\boldsymbol{E}_1\times\boldsymbol{H}_1^*\right]=\mathrm{Re}\left[-\boldsymbol{e}_z \mathrm{j}\frac{4E_{\mathrm{i0}}^2}{\eta_1}\sin k_1 z\cos k_1 z\right]=0 \tag{5.6}$$

其瞬时值为

$$\boldsymbol{S}(z,\ t)=\boldsymbol{E}(z,\ t)\times\boldsymbol{H}(z,\ t)=\boldsymbol{e}_z\frac{E_{\mathrm{i0}}^2}{\eta_1}\sin 2k_1 z\sin 2\omega t \tag{5.7}$$

此式表明，瞬时功率流随时间按周期变化，但是仅在两个波节点之间进行电场能量和磁场能量之间的交换，并不发生电磁能量的单项传输。

5.1.2 平面波向理想介质的垂直入射

设区域Ⅰ和区域Ⅱ中都是理想介质，则当 x 方向极化、沿 z 轴正向传播的均匀平面波由区域Ⅰ向无限大分界平面($z=0$)垂直入射时，因媒质参数不同(波阻抗不连续)，到达分界面上的一部分入射波被分界面反射，形成 z 轴负向传播的反射波；另一部分入射波透过分界面进入区域Ⅱ进行传播，形成沿 z 轴正向传播的透射波。由于分界面两侧电场强度的切向分量连续，所以反射波和透射波的电场强度矢量也只有 x 分量，即反射波和透射波沿 x 方向极化，如图 5.3 所示。

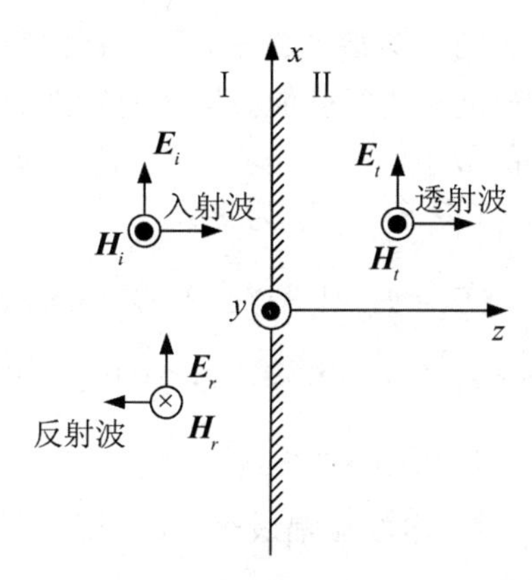

图 5.3 垂直入射到理想介质上的平面电磁波

区域Ⅰ中入射波、反射波及合成波的电场和磁场表达式均与上节相同。区域Ⅱ中透射波的电场和磁场分别为

$$\boldsymbol{E}_t=\boldsymbol{e}_x E_{t0}\mathrm{e}^{-\mathrm{j}k_2 z} \tag{5.8a}$$

$$\boldsymbol{H}_t=\boldsymbol{e}_y \frac{1}{\eta_2}E_{t0}\mathrm{e}^{-\mathrm{j}k_2 z} \tag{5.8b}$$

式中，$k_2=\omega\sqrt{\mu_2\varepsilon_2}$，$\eta_2=\omega\sqrt{\dfrac{\mu_2}{\varepsilon_2}}$，$E_{t0}$ 为 $z=0$ 处透射波的振幅。

理想介质的分界面不存在传导面电流，电场和磁场满足 $E_{1t}=E_{2t}$ 和 $H_{1t}=H_{2t}$ 的边界条件，可得

$$E_{i0}+E_{r0}=E_{t0} \tag{5.9a}$$

$$\frac{1}{\eta_1}(E_{i0}-E_{r0})=\frac{1}{\eta_2}E_{t0} \tag{5.9b}$$

可解得分界面上的反射系数和透射系数分别为

$$\Gamma=\frac{E_{r0}}{E_{i0}}=\frac{\eta_2-\eta_1}{\eta_2+\eta_1} \tag{5.10a}$$

$$T=\frac{E_{t0}}{E_{i0}}=\frac{2\eta_2}{\eta_2+\eta_1} \tag{5.10b}$$

反射系数和透射系数的关系为

$$1+\Gamma=T \tag{5.10c}$$

【提示】 如果媒质Ⅱ为理想导体，则其波阻抗 $\eta_2=0$，可解得反射系数 $\Gamma=-1$，透射系数 $T=0$。此时，入射波被理想导体表面全部反射，并在媒质 I 中形成驻波，这正是上节分析的问题。

区域 I 中任意点的合成电场强度可表示为

$$\begin{aligned}\boldsymbol{E}_1=\boldsymbol{E}_{\mathrm{i}}+\boldsymbol{E}_{\mathrm{r}}&=\boldsymbol{e}_x E_{\mathrm{i}0}(\mathrm{e}^{-\mathrm{j}k_1 z}+\Gamma\mathrm{e}^{\mathrm{j}k_1 z})\\&=\boldsymbol{e}_x E_{\mathrm{i}0}\left[(1+\Gamma)\mathrm{e}^{-\mathrm{j}k_1 z}+\Gamma(e^{\mathrm{j}k_1 z}-\mathrm{e}^{-\mathrm{j}k_1 z})\right]\\&=\boldsymbol{e}_x E_{\mathrm{i}0}(T\mathrm{e}^{-\mathrm{j}k_1 z}+\mathrm{j}2\Gamma\sin k_1 z)\end{aligned} \tag{5.11}$$

从式(5.11)可以看出，式中第一项是沿着 z 方向传播的行波，第二项是驻波。这种既有行波成分又有驻波成分的电磁波称为行驻波。因为有行波成分存在，所以行驻波的场强在离分界面的某些固定位置处的最小值不再是零，但仍然有最大值和最小值存在。

区域Ⅰ中电场强度的振幅为(设 $E_{\mathrm{i}0}=E_{\mathrm{m}}$ 为实数)

$$|\boldsymbol{E}_1|=E_1=E_{\mathrm{m}}(1+\Gamma^2\pm2|\Gamma|\cos2k_1 z)^{\frac{1}{2}} \tag{5.12}$$

当 $\Gamma>0(\eta_2>\eta_1)$、$z=-n\cdot\lambda_1/2(n=0,1,2,\cdots)$时，电场振幅最大，出现波腹点

$$E_1=E_{\max}=E_{\mathrm{m}}(1+|\Gamma|) \tag{5.13}$$

而当 $z=-(2n+1)\cdot\lambda_1/4$ 时，电场振幅最小，出现波节点

$$E_1=E_{\min}=E_{\mathrm{m}}(1-|\Gamma|) \tag{5.14}$$

定义驻波比 S 为波电场振幅的最大值和最小值之比，反映了行驻波状态的驻波成分大小

$$S=\frac{E_{\max}}{E_{\min}}=\frac{1+|\Gamma|}{1-|\Gamma|} \tag{5.15}$$

【小思考】 分析 $\Gamma<0(\eta_1>\eta_2)$时的情况，并导出合成磁场强度表达式，分析波节点和波腹点位置，找出其与合成电场的对应关系。

区域Ⅱ中的电磁波仅有透射波，将透射系数引入后，其电场和磁场可以表示为

$$\boldsymbol{E}_2=\boldsymbol{E}_{\mathrm{t}}=\boldsymbol{e}_x T E_{\mathrm{i}0}\mathrm{e}^{-\mathrm{j}k_2 z} \tag{5.16a}$$

$$\boldsymbol{H}_2=\boldsymbol{H}_t=\boldsymbol{e}_y\frac{1}{\eta_2}TE_{\mathrm{i}0}\mathrm{e}^{-\mathrm{j}k_2 z} \tag{5.16b}$$

显然，区域Ⅱ中的电磁波为向 z 方向传播的行波。

区域 I 中，入射波向 z 方向传输的平均功率密度矢量为

$$\boldsymbol{S}_{\mathrm{av,i}}=\mathrm{Re}\left[\frac{1}{2}\boldsymbol{E}_{\mathrm{i}}\times\boldsymbol{H}_{\mathrm{i}}^*\right]=\boldsymbol{e}_z\frac{1}{2}\frac{E_{\mathrm{i}0}^2}{\eta_1} \tag{5.17a}$$

反射波向 $-z$ 方向传输的平均功率密度矢量为

$$\boldsymbol{S}_{\mathrm{av,r}}=\mathrm{Re}\left[\frac{1}{2}\boldsymbol{E}_{\mathrm{r}}\times\boldsymbol{H}_{\mathrm{r}}^*\right]=-\boldsymbol{e}_z\frac{1}{2}\frac{|\Gamma|^2E_{\mathrm{i}0}^2}{\eta_1}=-|\Gamma|^2\boldsymbol{S}_{\mathrm{av,i}} \tag{5.17b}$$

区域Ⅰ中合成场向 z 方向传输的平均功率密度矢量为

$$\boldsymbol{S}_{\mathrm{av1}}=\mathrm{Re}\left[\frac{1}{2}\boldsymbol{E}_1\times\boldsymbol{H}_1^*\right]=\boldsymbol{e}_z\frac{1}{2}\frac{E_{\mathrm{i0}}^2}{\eta_1}(1-|\Gamma|^2)=\boldsymbol{S}_{\mathrm{av,i}}(1-|\Gamma|^2) \tag{5.17c}$$

即区域Ⅰ中向 z 方向传输的平均功率密度实际上等于入射波传输的功率减去反射波沿相反方向传输的功率。

区域Ⅱ中向 z 方向传输的平均功率密度矢量为

$$\boldsymbol{S}_{\mathrm{av2}}=\boldsymbol{S}_{\mathrm{av,t}}=\mathrm{Re}\left[\frac{1}{2}\boldsymbol{E}_{\mathrm{t}}\times\boldsymbol{H}_{\mathrm{t}}^*\right]=\boldsymbol{e}_z\frac{1}{2}\frac{|T|^2E_{\mathrm{i0}}^2}{\eta_2}=\frac{\eta_1}{\eta_2}|T|^2\boldsymbol{S}_{\mathrm{av,i}} \tag{5.17d}$$

并且有

$$\boldsymbol{S}_{\mathrm{av1}}=\boldsymbol{S}_{\mathrm{av,i}}(1-|\Gamma|^2)=\frac{\eta_1}{\eta_2}|T|^2\boldsymbol{S}_{\mathrm{av,i}}=\boldsymbol{S}_{\mathrm{av2}} \tag{5.17e}$$

即区域Ⅰ中的入射波功率等于区域Ⅰ中的反射波功率和区域Ⅱ中的透射波功率之和，符合能量守恒定律。

【例5.1】 频率为 $f=300\mathrm{MHz}$ 的线极化均匀平面电磁波，其电场强度振幅值为 2V/m，从空气垂直入射到 $\varepsilon_r=4$、$\mu_r=1$ 的理想介质平面上。

(1)求反射系数、透射系数、驻波比。

(2)求入射波、反射波和透射波的电场和磁场。

(3)求入射功率、反射功率和透射功率。

解： 设入射波为 x 方向的线极化波，沿 z 方向传播。

(1)波阻抗为

$$\eta_1=\sqrt{\frac{\mu_0}{\varepsilon_0}}=120\pi,\quad \eta_2=\sqrt{\frac{\mu_0}{\varepsilon_r\varepsilon_0}}=\sqrt{\frac{\mu_0}{4\varepsilon_0}}=60\pi$$

反射系数、透射系数和驻波比为

$$\Gamma=\frac{\eta_2-\eta_1}{\eta_2+\eta_1}=-\frac{1}{3},\quad T=\frac{2\eta_2}{\eta_2+\eta_1}=\frac{2}{3},\quad S=\frac{1+|\Gamma|}{1-|\Gamma|}=2$$

(2)当 $f=300\mathrm{MHz}$ 时，$\lambda_1=\dfrac{c}{f}=1(\mathrm{m})$，$\lambda_2=\dfrac{v_2}{f}=\dfrac{c}{\sqrt{\varepsilon_r}f}=0.5(\mathrm{m})$

$$k_1=\frac{2\pi}{\lambda_1}=2\pi,\quad k_2=\frac{2\pi}{\lambda_2}=4\pi$$

所以

$$\boldsymbol{E}_{\mathrm{i}}=\boldsymbol{e}_xE_{\mathrm{i0}}\mathrm{e}^{-\mathrm{j}k_1z}=\boldsymbol{e}_x2\mathrm{e}^{-\mathrm{j}2\pi z},\quad \boldsymbol{H}_i=\boldsymbol{e}_y\frac{1}{\eta_1}E_{\mathrm{i0}}\mathrm{e}^{-\mathrm{j}k_1z}=\boldsymbol{e}_y\frac{1}{60\pi}\mathrm{e}^{-\mathrm{j}2\pi z}$$

$$\boldsymbol{E}_{\mathrm{r}}=\boldsymbol{e}_x\Gamma E_{\mathrm{i0}}\mathrm{e}^{\mathrm{j}k_1z}=-\boldsymbol{e}_x\frac{2}{3}\mathrm{e}^{\mathrm{j}2\pi z},\quad \boldsymbol{H}_r=-\boldsymbol{e}_y\frac{1}{\eta_1}\Gamma E_{\mathrm{i0}}\mathrm{e}^{\mathrm{j}k_1z}=\boldsymbol{e}_y\frac{1}{180\pi}\mathrm{e}^{\mathrm{j}2\pi z}$$

$$\boldsymbol{E}_{\mathrm{t}}=\boldsymbol{e}_xTE_{\mathrm{i0}}\boldsymbol{e}^{-\mathrm{j}k_2z}=\boldsymbol{e}_x\frac{4}{3}\mathrm{e}^{-\mathrm{j}4\pi z},\quad \boldsymbol{H}_{\mathrm{t}}=\boldsymbol{e}_y\frac{1}{\eta_2}TE_{\mathrm{i0}}\mathrm{e}^{-\mathrm{j}k_2z}=\boldsymbol{e}_y\frac{1}{450\pi}\mathrm{e}^{-\mathrm{j}4\pi z}$$

(3)入射波、反射波、透射波的平均功率密度为

$$\boldsymbol{S}_{\mathrm{av,i}}=\boldsymbol{e}_z\frac{E_{\mathrm{i0}}^2}{2\eta_1}=\boldsymbol{e}_z\frac{1}{60\pi}(\mathrm{W/m^2})$$

$$\boldsymbol{S}_{\mathrm{av,r}}=-\boldsymbol{e}_z\frac{E_{\mathrm{r0}}^2}{2\eta_1}=-\boldsymbol{e}_z\frac{|\Gamma E_{\mathrm{i0}}|^2}{2\eta_1}=-\boldsymbol{e}_z\frac{1}{540\pi}(\mathrm{W/m^2})$$

$$\boldsymbol{S}_{\mathrm{av,t}}=\boldsymbol{e}_z\frac{E_{\mathrm{t0}}^2}{2\eta_2}=\boldsymbol{e}_z\frac{|TE_{\mathrm{i0}}|^2}{2\eta_2}=\boldsymbol{e}_z\frac{2}{135\pi}(\mathrm{W/m^2})$$

显然

$$|\boldsymbol{S}_{\mathrm{av,i}}|-|\boldsymbol{S}_{\mathrm{av,r}}|=|\boldsymbol{S}_{\mathrm{av,i}}|(1-|\Gamma|^2)=|\boldsymbol{S}_{\mathrm{av,t}}|$$

5.2 平面波对理想介质的斜入射

5.2.1 相位匹配条件和 Snell 定律

均匀平面电磁波向理想介质分界面 $z=0$ 处斜入射时，将产生反射波和透射波，如图 5.4所示。设入射波、反射波和透射波的波矢量分别依次为

$$\boldsymbol{k}_{\mathrm{i}}=\boldsymbol{e}_{k\mathrm{i}}k_{\mathrm{i}}=\boldsymbol{e}_x k_{\mathrm{i}x}+\boldsymbol{e}_y k_{\mathrm{i}y}+\boldsymbol{e}_z k_{\mathrm{i}z} \tag{5.18a}$$

$$\boldsymbol{k}_{\mathrm{r}}=\boldsymbol{e}_{k\mathrm{r}}k_{\mathrm{r}}=\boldsymbol{e}_x k_{\mathrm{r}x}+\boldsymbol{e}_y k_{\mathrm{r}y}+\boldsymbol{e}_z k_{\mathrm{r}z} \tag{5.18b}$$

$$\boldsymbol{k}_{\mathrm{t}}=\boldsymbol{e}_{k\mathrm{t}}k_{\mathrm{t}}=\boldsymbol{e}_x k_{\mathrm{t}x}+\boldsymbol{e}_y k_{\mathrm{t}y}+\boldsymbol{e}_z k_{\mathrm{t}z} \tag{5.18c}$$

式中，$k_{\mathrm{i}}=k_{\mathrm{r}}=k_1=\omega\sqrt{\mu_1\varepsilon_1}$，$k_{\mathrm{t}}=k_2=\omega\sqrt{\mu_2\varepsilon_2}$，$\boldsymbol{e}_{k\mathrm{i}}$、$\boldsymbol{e}_{k\mathrm{r}}$、$\boldsymbol{e}_{k\mathrm{t}}$ 分别是入射波、反射波和透射波在传播方向上的单位矢量。

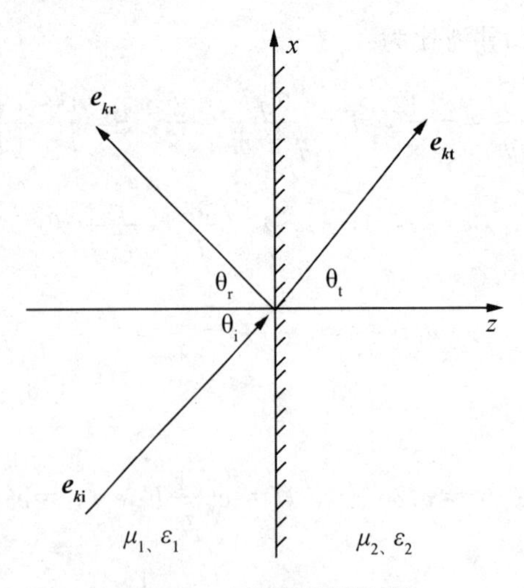

图 5.4 平面波的斜入射

入射波、反射波和透射波的电场强度矢量可分别写为

$$\boldsymbol{E}_{\mathrm{i}}=\boldsymbol{E}_{\mathrm{i0}}\mathrm{e}^{-\mathrm{j}\boldsymbol{k}_{\mathrm{i}}\cdot\boldsymbol{r}} \tag{5.19a}$$

$$\boldsymbol{E}_{\mathrm{r}}=\boldsymbol{E}_{\mathrm{r0}}\mathrm{e}^{-\mathrm{j}\boldsymbol{k}\mathbf{r}\cdot\boldsymbol{r}} \tag{5.19b}$$

$$\boldsymbol{E}_{t}=\boldsymbol{E}_{\mathrm{t0}}\mathrm{e}^{-\mathrm{j}\boldsymbol{k}_{\mathrm{t}}\cdot\boldsymbol{r}} \tag{5.19c}$$

由于分界面 $z=0$ 处两侧电场强度的切向分量应连续，所以有

$$E_{\mathrm{i0}}^{\mathrm{t}}\mathrm{e}^{-\mathrm{j}(k_{\mathrm{ix}}x+k_{\mathrm{iy}}y)}+E_{\mathrm{r0}}^{\mathrm{t}}\mathrm{e}^{-\mathrm{j}(k_{\mathrm{r}x}x+k_{\mathrm{ry}}y)}=E_{\mathrm{t0}}^{\mathrm{t}}\mathrm{e}^{-\mathrm{j}(k_{\mathrm{t}x}x+k_{\mathrm{ty}}y)} \tag{5.20}$$

式中，上标 t 表示切向分量。对分界面上的任意点，式(5.20)均成立，于是有

$$E_{\mathrm{i0}}^{\mathrm{t}}+E_{\mathrm{r0}}^{\mathrm{t}}=E_{\mathrm{t0}}^{\mathrm{t}} \tag{5.21a}$$

$$k_{\mathrm{i}x}x+k_{\mathrm{iy}}y=k_{\mathrm{r}x}x+k_{\mathrm{ry}}y=k_{\mathrm{t}x}x+k_{\mathrm{ty}}y \tag{5.21b}$$

由此确定相位匹配条件为

$$k_{\mathrm{i}x}=k_{\mathrm{r}x}=k_{\mathrm{t}x}，\ k_{\mathrm{iy}}=k_{\mathrm{ry}}=k_{\mathrm{ty}} \tag{5.22}$$

【提示】3 个波矢量沿介质分界面切向分量相等。

设入射面(入射线与平面边界法线构成的平面)为 y=0 的平面，由式(5.22)还可以得到

$$k_1\cos\alpha_{\mathrm{i}}=k_1\cos\alpha_{\mathrm{r}}=k_2\cos\alpha_t \tag{5.23a}$$

$$0=k_1\cos\beta_{\mathrm{r}}=k_2\cos\beta_{\mathrm{t}} \tag{5.23b}$$

由式(5.23b)可知

$$\beta_{\mathrm{r}}=\beta_{\mathrm{t}}=\frac{\pi}{2}$$

上式说明反射线和透射线也位于入射面内，于是有

$$\alpha_{\mathrm{i}}=\frac{\pi}{2}-\theta_{\mathrm{i}}，\ \alpha_{\mathrm{r}}=\frac{\pi}{2}-\theta_{\mathrm{r}}，\ \alpha_{\mathrm{t}}=\frac{\pi}{2}-\theta_{\mathrm{t}}$$

将上式代入式(5.23a)得

$$k_1\sin\theta_{\mathrm{i}}=k_1\sin\theta_{\mathrm{r}}=k_2\sin\theta_{\mathrm{t}} \tag{5.24}$$

由此得到

$$\theta_{\mathrm{i}}=\theta_{\mathrm{r}} \tag{5.25}$$

式(5.25)表明，入射角(入射线与平面边界法线的夹角)等于反射角(反射线与平面边界法线的夹角)，称为反射定律。由式(5.24)的第二等式可得

$$\frac{\sin\theta_{\mathrm{t}}}{\sin\theta_{\mathrm{i}}}=\frac{k_1}{k_2}=\sqrt{\frac{\mu_1\varepsilon_1}{\mu_2\varepsilon_2}} \tag{5.26}$$

当 $\mu_1=\mu_2$ 时，可以得到

$$\frac{\sin\theta_{\mathrm{t}}}{\sin\theta_{\mathrm{i}}}=\sqrt{\frac{\varepsilon_1}{\varepsilon_2}}=\frac{n_1}{n_2} \tag{5.27}$$

式中，$n_1=c\sqrt{\mu_1\varepsilon_1}$，$n_2=c\sqrt{\mu_2\varepsilon_2}$，称为媒质的折射率。把式(5.27)称为斯奈尔(Snell)折射定律。

【提示】 已知入射波及媒质特性，就可以确定反射波、透射波的传播方向。

斜入射的均匀平面波都可以分解为两个正交的线极化波：一个极化方向与入射面垂直，称为垂直极化波；另一个极化方向在入射面内，称为平行极化波。

5.2.2 垂直极化波的斜入射

如图 5.5 所示，设入射面为 xoz 平面($y=0$)，入射波的电磁场为

$$\boldsymbol{E}_{\mathrm{i}}=\boldsymbol{e}_y E_{\mathrm{i0}}\mathrm{e}^{-\mathrm{j}k_1(x\sin\theta_{\mathrm{i}}+z\cos\theta_{\mathrm{i}})} \tag{5.28a}$$

$$\boldsymbol{H}_{\mathrm{i}}=\frac{E_{\mathrm{i0}}}{\eta_1}\mathrm{e}^{-\mathrm{j}k_1(x\sin\theta_{\mathrm{i}}+z\cos\theta_{\mathrm{i}})}(-\boldsymbol{e}_x\cos\theta_{\mathrm{i}}+\boldsymbol{e}_z\sin\theta_{\mathrm{i}}) \tag{5.28b}$$

考虑到反射定律，反射波的电磁场为

$$\boldsymbol{E}_{\mathrm{r}}=\boldsymbol{e}_y E_{\mathrm{r0}}\mathrm{e}^{-\mathrm{j}k_1(x\sin\theta_{\mathrm{r}}-z\cos\theta_{\mathrm{r}})} \tag{5.29a}$$

$$\boldsymbol{H}_{\mathrm{r}}=\frac{E_{\mathrm{r0}}}{\eta_1}\mathrm{e}^{-\mathrm{j}k_1(x\sin\theta_{\mathrm{r}}-z\cos\theta_{\mathrm{r}})}(\boldsymbol{e}_x\cos\theta_{\mathrm{r}}+\boldsymbol{e}_z\sin\theta_{\mathrm{r}}) \tag{5.29b}$$

透射波的电磁场为

$$\boldsymbol{E}_{\mathrm{t}}=\boldsymbol{e}_y E_{\mathrm{t0}}\mathrm{e}^{-\mathrm{j}k_2(x\sin\theta_{\mathrm{t}}+z\cos\theta_{\mathrm{t}})} \tag{5.30a}$$

$$\boldsymbol{H}_{\mathrm{t}}=\frac{E_{\mathrm{t0}}}{\eta_2}\mathrm{e}^{-\mathrm{j}k_2(x\sin\theta_{\mathrm{t}}+z\cos\theta_{\mathrm{t}})}(-\boldsymbol{e}_x\cos\theta_{\mathrm{t}}+\boldsymbol{e}_z\sin\theta_{\mathrm{t}}) \tag{5.30b}$$

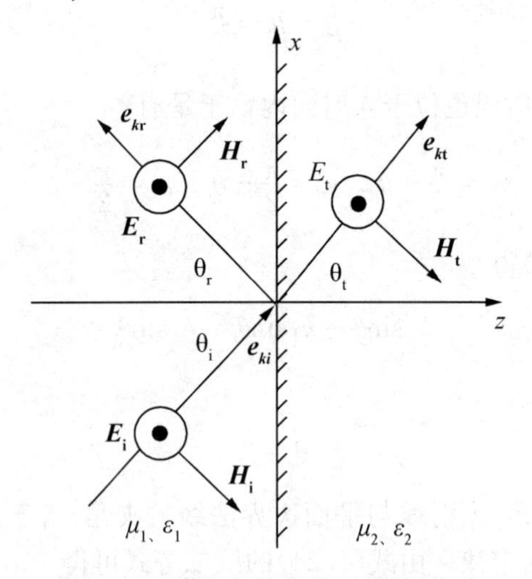

图 5.5 垂直极化的入射、反射和透射

根据分界面 $z=0$ 处电场强度切向分量和磁场强度切向分量在分界面两侧连续的边界条件，可求得 $\boldsymbol{E}_{\mathrm{i}}$ 垂直入射面时的反射系数和透射系数分别为

$$\Gamma_{\perp}=\frac{E_{\mathrm{r0}}}{E_{\mathrm{i0}}}=\frac{\eta_2\cos\theta_{\mathrm{i}}-\eta_1\cos\theta_{\mathrm{t}}}{\eta_2\cos\theta_i+\eta_1\cos\theta_{\mathrm{t}}} \tag{5.31a}$$

$$T_{\perp}=\frac{E_{t0}}{E_{i0}}=\frac{2\eta_2\cos\theta_i}{\eta_2\cos\theta_i+\eta_1\cos\theta_t} \tag{5.31b}$$

$\Gamma_{\perp}$ 和 $T_{\perp}$ 的关系同样满足 $1+\Gamma_{\perp}=T_{\perp}$。当 $\mu_1=\mu_2$ 时，式(5.31)化为

$$\Gamma_{\perp}=\frac{n_1\cos\theta_i-n_2\cos\theta_t}{n_1\cos\theta_i+n_2\cos\theta_t}=-\frac{\sin(\theta_i-\theta_t)}{\sin(\theta_i+\theta_t)}=\frac{\cos\theta_i-\sqrt{\frac{\varepsilon_2}{\varepsilon_1}-\sin^2\theta_i}}{\cos\theta_i+\sqrt{\frac{\varepsilon_2}{\varepsilon_1}-\sin^2\theta_i}} \tag{5.32a}$$

$$T_{\perp}=\frac{2n_1\cos\theta_i}{n_1\cos\theta_i+n_2\cos\theta_t}=\frac{2\cos\theta_i\sin\theta_t}{\sin(\theta_i+\theta_t)}=\frac{2\cos\theta_i}{\cos\theta_i+\sqrt{\frac{\varepsilon_2}{\varepsilon_1}-\sin^2\theta_i}} \tag{5.32b}$$

上述反射系数和透射系数公式称为垂直极化波的菲涅耳(A. J. Fresnel)公式。

【提示】 垂直入射时 $\theta_i=\theta_t=0$，则 $\Gamma_{\perp}$ 和 $T_{\perp}$ 的表达式与式(5.10)相同。

5.2.3 平行极化波的斜入射

如图 5.6 所示，入射波、反射波和透射波电磁场如下：

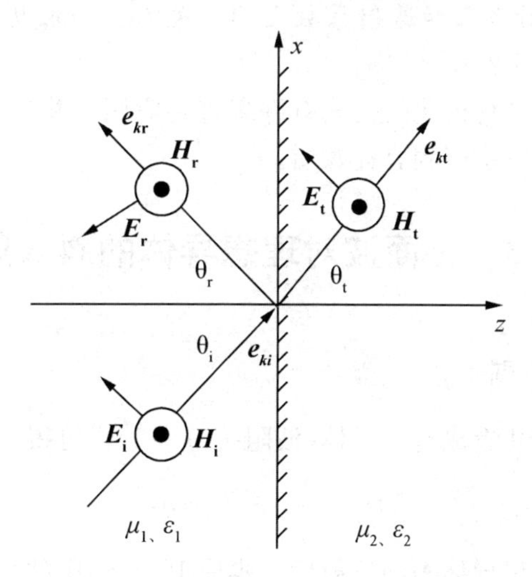

图 5.6 平行极化的入射、反射和透射

$$\boldsymbol{E}_i=E_{i0}e^{-jk_1(x\sin\theta_i+z\cos\theta_i)}(\boldsymbol{e}_x\cos\theta_i-\boldsymbol{e}_z\sin\theta_i) \tag{5.33a}$$

$$\boldsymbol{H}_i=\boldsymbol{e}_y\frac{E_{i0}}{\eta_1}e^{-jk_1(x\sin\theta_i+z\cos\theta_i)} \tag{5.33b}$$

$$\boldsymbol{E}_r=-E_{r0}e^{-jk_1(x\sin\theta_r-z\cos\theta_r)}(\boldsymbol{e}_x\cos\theta_r+\boldsymbol{e}_z\sin\theta_r) \tag{5.33c}$$

$$\boldsymbol{H}_r=\boldsymbol{e}_y\frac{E_{r0}}{\eta_1}e^{-jk_1(x\sin\theta_i-z\cos\theta_i)} \tag{5.33d}$$

$$\boldsymbol{E}_t=E_{t0}e^{-jk_2(x\sin\theta_t+z\cos\theta_t)}(\boldsymbol{e}_x\cos\theta_t-\boldsymbol{e}_z\sin\theta_t) \tag{5.33e}$$

$$\boldsymbol{H}_t=\boldsymbol{e}_y\frac{E_{t0}}{\eta_2}e^{-jk_2(x\sin\theta_t+z\cos\theta_t)} \tag{5.33f}$$

仿照垂直极化波，利用边界条件可求出反射系数、透射系数

$$\Gamma_{\parallel}=\frac{E_{r0}}{E_{i0}}=\frac{\eta_1\cos\theta_i-\eta_2\cos\theta_t}{\eta_1\cos\theta_i+\eta_2\cos\theta_t} \tag{5.34a}$$

$$T_{\parallel}=\frac{E_{t0}}{E_{i0}}=\frac{2\eta_2\cos\theta_i}{\eta_1\cos\theta_i+\eta_2\cos\theta_t} \tag{5.34b}$$

当 $\mu_1=\mu_2$ 时，式(5.34)可化为

$$\Gamma_{\parallel}=\frac{n_2\cos\theta_i-n_1\cos\theta_t}{n_2\cos\theta_i+n_1\cos\theta_t}=\frac{\frac{\varepsilon_2}{\varepsilon_1}\cos\theta_i-\sqrt{\frac{\varepsilon_2}{\varepsilon_1}-\sin^2\theta_i}}{\frac{\varepsilon_2}{\varepsilon_1}\cos\theta_i+\sqrt{\frac{\varepsilon_2}{\varepsilon_1}-\sin^2\theta_i}} \tag{5.35a}$$

$$T_{\parallel}=\frac{2n_1\cos\theta_i}{n_2\cos\theta_i+n_1\cos\theta_t}=\frac{2\sqrt{\frac{\varepsilon_2}{\varepsilon_1}}\cos\theta_i}{\frac{\varepsilon_2}{\varepsilon_1}\cos\theta_i+\sqrt{\frac{\varepsilon_2}{\varepsilon_1}-\sin^2\theta_i}} \tag{5.35b}$$

【小思考】试导出反射系数和透射系数之间的关系。如果 $\theta_i=0$，反射系数表达式如何？与垂直极化波区别在哪？

上述有关垂直极化和平行极化的公式有许多重要应用，并且如果把介电常数 ε 换成复介电常数，这些公式也可以推广到有耗媒质。

5.3 平面波对理想导体的斜入射

5.3.1 垂直极化波的斜入射

在图 5.5 中，将媒质Ⅱ看成理想导体(波阻抗 $\eta_2=0$)，可得

$$\Gamma_{\perp}=-1,\ T_{\perp}=0 \tag{5.36}$$

平面波经区域Ⅱ的理想导体表面反射后，媒质Ⅰ($z<0$)中的合成电磁波为

$$\begin{aligned}\boldsymbol{E}_1&=\boldsymbol{E}_i+\boldsymbol{E}_r=\boldsymbol{e}_yE_{i0}\left[e^{-jk_1z\cos\theta_i}-e^{jk_1z\cos\theta_i}\right]e^{-j(k_1\sin\theta_i)x}\\&=-\boldsymbol{e}_y2jE_{i0}\sin\left[(k_1\cos\theta_i)z\right]e^{-j(k_1\sin\theta_i)x}=\boldsymbol{e}_yE_y\end{aligned} \tag{5.37a}$$

$$\begin{aligned}\boldsymbol{H}_1&=-\frac{1}{\eta_1}2E_{i0}\ \{\boldsymbol{e}_x\cos\theta_i\cos\left[(k_1\cos\theta_i)z\right]+\boldsymbol{e}_zj\sin\theta_i\sin\left[(k_1\cos\theta_i)z\right]\}\ e^{-j(k_1\sin\theta_i)x}\\&=\boldsymbol{e}_xH_x+\boldsymbol{e}_zH_z\end{aligned} \tag{5.37b}$$

可以总结出媒质Ⅰ中的合成波具有下列性质。

(1)合成波是沿 x 方向传播的 TE 波。

(2)合成波的振幅与 z 有关，所以为非均匀平面电磁波，即合成波沿 z 方向的分布是驻波。

(3)坡印廷矢量有两个分量的时间平均值。

$$\boldsymbol{S}_{\mathrm{av},z}=\mathrm{Re}\left[\frac{1}{2}\boldsymbol{e}_yE_y\times\boldsymbol{e}_xH_x^*\right]=-\boldsymbol{e}_z0=0$$

$$\boldsymbol{S}_{\mathrm{av},x}=\mathrm{Re}\left[\frac{1}{2}\boldsymbol{e}_yE_y\times\boldsymbol{e}_zH_z^*\right]=\boldsymbol{e}_x2\frac{1}{\eta_1}|E_{i0}|^2\sin\theta_i\sin^2[(k_1\cos\theta_i)z]$$

5.3.2 平行极化波的斜入射

在图5.6中，同样将媒质Ⅱ看成理想导体，可得

$$\Gamma_{\parallel}=1,\ T_{\parallel}=0 \tag{5.38}$$

如果$\boldsymbol{E}_i$平行入射面斜入射到理想导体表面，类似于上面垂直极化的分析，获知媒质I中的合成电磁波是沿x方向传播的TM波，垂直理想导体表面的z方向合成电磁波仍然是驻波。

【例5.2】 如果定义功率反射系数、功率透射系数为

$$\Gamma_p=\frac{|\boldsymbol{S}_{\mathrm{av,r}}\cdot\boldsymbol{e}_z|}{\boldsymbol{S}_{\mathrm{av,i}}\cdot\boldsymbol{e}_z},\ T_p=\frac{\boldsymbol{S}_{\mathrm{av,t}}\cdot\boldsymbol{e}_z}{\boldsymbol{S}_{\mathrm{av,i}}\cdot\boldsymbol{e}_z}$$

证明： $\Gamma_p+T_p=1$，即在垂直分界面的方向，入射波、反射波、透射波的平均功率密度满足能量守恒关系。

解： 不论$\boldsymbol{E}_i$垂直入射面还是平行入射面，均有

$$\boldsymbol{S}_{\mathrm{av,i}}=\frac{1}{2}\mathrm{Re}\left[\boldsymbol{E}_{i0}\times\boldsymbol{H}_{i0}^*\right]=\frac{1}{2\eta_1}\mathrm{Re}\left[\boldsymbol{E}_{i0}\times(\boldsymbol{e}_{ki}\times\boldsymbol{E}_{i0}^*)\right]=\frac{1}{2\eta_1}\boldsymbol{e}_{ki}(\boldsymbol{E}_{i0}\cdot\boldsymbol{E}_{i0}^*)$$

上式中已经考虑了$\boldsymbol{e}_{ki}\cdot\boldsymbol{E}_{i0}=0$。类似地有(垂直极化和水平极化的反射系数和透射系数统一用Γ和T表示)

$$\boldsymbol{S}_{\mathrm{av,r}}=\frac{1}{2\eta_1}\boldsymbol{e}_{kr}(\boldsymbol{E}_{r0}\cdot\boldsymbol{E}_{r0}^*)=\boldsymbol{e}_{kr}|\Gamma|^*\frac{1}{2\eta_1}(\boldsymbol{E}_{i0}\cdot\boldsymbol{E}_{i0}^*)$$

$$\boldsymbol{S}_{\mathrm{av,t}}=\frac{1}{2\eta_2}\boldsymbol{e}_{kt}(\boldsymbol{E}_{t0}\cdot\boldsymbol{E}_{t0}^*)=\boldsymbol{e}_{kt}|T|^2\frac{\eta_1}{\eta_2}\frac{1}{2\eta_1}(\boldsymbol{E}_{i0}\cdot\boldsymbol{E}_{i0}^*)$$

将以上三式代入功率反射系数和功率透射系数的定义，并且考虑到

$$\boldsymbol{e}_{ki}=\boldsymbol{e}_x\sin\theta_i+\boldsymbol{e}_z\cos\theta_i$$

$$\boldsymbol{e}_{kr}=\boldsymbol{e}_x\sin\theta_r-\boldsymbol{e}_z\cos\theta_r$$

$$\boldsymbol{e}_{kt}=\boldsymbol{e}_x\sin\theta_t+\boldsymbol{e}_z\cos\theta_t$$

有

$$\Gamma_p=|\Gamma|^2$$

和

$$T_p=\frac{\eta_1\cos\theta_t}{\eta_{21}\cos\theta_i}|T|^2$$

将垂直极化或平行极化的反射系数和透射系数代入上式，可得

$$\Gamma_p+T_p=1$$

5.4 平面波的全透射与全反射

通过分析均匀平面波向媒质分界面的斜入射可知，不论垂直极化还是平行极化的斜入射，如果反射系数为零，那么斜入射电磁波将全部透入媒质Ⅱ，即发生全透射；如果反射系数的模为1，那么斜入射电磁波将被分界面全部反射即发生全反射。

5.4.1 全透射

对于平行极化波，要使 $\Gamma_{\parallel}=0$，则入射角应满足

$$\theta_i=\arcsin\sqrt{\frac{\varepsilon_2}{\varepsilon_2+\varepsilon_1}}=\theta_B \tag{5.39}$$

式中 θ_B 称为布儒斯特角(Brewster Angle)。由式(5.39)可知

$$\theta_B+\theta_t=\frac{\pi}{2}$$

从而

$$\sqrt{\frac{\varepsilon_2}{\varepsilon_1}}=\frac{\sin\theta_B}{\sin\theta_t}=\frac{\sin\theta_B}{\sin(\pi/2-\theta_B)}=\tan\theta_B \text{ 或 } \theta_B=\arctan\sqrt{\frac{\varepsilon_2}{\varepsilon_1}} \tag{5.40}$$

对于垂直极化波的斜入射，其反射系数 $\Gamma_{\perp}=0$ 发生于

$$\cos\theta_i=\sqrt{\frac{\varepsilon_2}{\varepsilon_1}-\sin^2\theta_i}$$

上式成立时要求 $\varepsilon_2=\varepsilon_1$。因此，当 $\varepsilon_2\neq\varepsilon_1$，以任何入射角向两种不同媒质分界面垂直极化斜入射时，都不会发生全透射。

【提示】当均匀平面波以平行极化斜入射，且入射角等于布儒斯特角时会产生全透射。

5.4.2 全反射

由斜入射的反射系数公式可知，只要

$$\frac{\varepsilon_2}{\varepsilon_1}=\sin^2\theta_i$$

即

$$\theta_i=\arcsin\sqrt{\frac{\varepsilon_2}{\varepsilon_1}}=\theta_c \tag{5.41}$$

则无论是平行极化斜入射，还是垂直极化斜入射，均有 $\Gamma_{\perp}=\Gamma_{\parallel}=1$。当入射角继续增大时，即 $\theta_c<\theta_i\leqslant 90^\circ$，反射系数成为复数而其模仍为1，即 $|\Gamma_{\perp}|=|\Gamma_{\parallel}|=1$。式(5.41)成立时必然要求 $\varepsilon_2<\varepsilon_1$，角 θ_c 称为临界角(Critical Angle)。

【提示】当入射波从介电常数较大的光密媒质斜入射到介电常数较小的光疏媒质($\varepsilon_2<\varepsilon_1$)，且入射角等于或大于临界角时将会产生全反射。

当 $\theta_i=\theta_c$ 时，由折射定律 $\sin\theta_t=\sqrt{\dfrac{\varepsilon_1}{\varepsilon_2}}\cdot\sin\theta_i$ 可知，$\theta_t=\pi/2$；当 $\theta_i>\theta_c$ 时，$\sin\theta_t=\sqrt{\dfrac{\varepsilon_1}{\varepsilon_2}}\cdot\sin\theta_i>\sqrt{\dfrac{\varepsilon_1}{\varepsilon_2}}\cdot\sin\theta_c=1$，即 θ_t 无解，表明没有电磁能量传入媒质Ⅱ中。媒质Ⅱ中虽然没有电磁波传入，但由于分界面两侧切向场量连续，媒质Ⅱ中应有场量存在，并沿离开分界面的 z 方向作指数规律衰减。但是与欧姆损耗引起的衰减不同，沿 z 方向没有能量损耗。

【应用实例】 光导纤维是一种比头发丝还细的直径只有几微米到10纳米的能导光的纤维，它由芯线和包层组成，芯线的折射率比包层的折射率大得多，当光的入射角大于临界角时，光在芯线和包层界面上不断发生全反射，光从一端传输到另一端。制作光纤的材料可以是玻璃、石英、塑料、液芯等。光纤的传像功能是由数万根细光纤紧密排列在一起完成的，输入端的图像被分解成许多像元，经光纤传输后在输出端再集成，成为传输的图像。光导纤维在医学、工业、通信领域有着广泛的应用，如光纤通信、潜望镜、内窥镜等。

【例5.3】 设空气中有一块很大的介质平板，其媒质参量 $\varepsilon_r=2.5$、$\mu_r=1$。

(1)若电磁波由空气斜入射到介质平板上，求使电磁波中平行于入射面的电场不产生反射波的入射角大小。

(2)若电磁波由介质平板斜入射到空气中，求在介质平板与空气的分界面处电磁波产生全反射的临界角。

解： (1) $\varepsilon=\varepsilon_r\cdot\varepsilon_0=2.5\varepsilon_0$

当电磁波以布儒斯特角 θ_B 入射时，电磁波中平行于入射面的电场不产生反射波。其布儒斯特角为

$$\theta_B=\arcsin\sqrt{\frac{\varepsilon}{\varepsilon_0+\varepsilon}}=\arctan\sqrt{\frac{\varepsilon}{\varepsilon_0}}=1.01(\text{rad})$$

即不产生反射波的入射角为1.01rad。

(2)由临界角的定义可知

$$\theta_c=\arcsin\sqrt{\frac{\varepsilon_0}{\varepsilon}}=\arcsin\sqrt{\frac{1}{2.5}}=0.68(\text{rad})$$

本章小结

本章主要讨论了均匀平面波对平面分界面的反射与透射问题。

(1)均匀平面波向理想导体垂直入射时入射波、反射波场及媒质Ⅰ中总的合成电磁场分别为

$$\boldsymbol{E}_i=\boldsymbol{e}_x E_{i0}\mathrm{e}^{-jk_1 z},\ \boldsymbol{H}_i=\boldsymbol{e}_y\frac{1}{\eta_1}E_{i0}\mathrm{e}^{-jk_1 z}$$

$$\boldsymbol{E}_r=\boldsymbol{e}_x E_{r0}\mathrm{e}^{jk_1 z},\ \boldsymbol{H}_r=-\boldsymbol{e}_y\frac{1}{\eta_1}E_{r0}\mathrm{e}^{jk_1 z}$$

$$\boldsymbol{E}_1=\boldsymbol{E}_{\mathrm{i}}+\boldsymbol{E}_{\mathrm{r}}=\boldsymbol{e}_x E_{\mathrm{i0}}(e^{-\mathrm{j}k_1 z}-\mathrm{e}^{\mathrm{j}k_1 z})=-\boldsymbol{e}_x E_{\mathrm{i0}}2\mathrm{j}\sin k_1 z$$

$$\boldsymbol{H}_1=\boldsymbol{H}_{\mathrm{i}}+\boldsymbol{H}_{\mathrm{r}}=\boldsymbol{e}_y\frac{E_{\mathrm{i0}}}{\eta_1}(e^{-\mathrm{j}k_1 z}+\mathrm{e}^{\mathrm{j}k_1 z})=\boldsymbol{e}_y\frac{2E_{\mathrm{i0}}}{\eta_1}\cos k_1 z$$

(2)均匀平面波对理想介质垂直入射时反射系数和透射系数分别为

$$\Gamma=\frac{E_{\mathrm{r0}}}{E_{\mathrm{i0}}}=\frac{\eta_2-\eta_1}{\eta_2+\eta_1}$$

$$T=\frac{E_{\mathrm{t0}}}{E_{\mathrm{i0}}}=\frac{2\eta_2}{\eta_2+\eta_1}$$

反射系数和透射系数的关系为

$$1+\Gamma=T$$

(3)均匀平面波对理想介质斜入射时，对垂直极化波，反射系数和透射系数分别为

$$\Gamma_{\perp}=\frac{E_{\mathrm{r0}}}{E_{\mathrm{i0}}}=\frac{\eta_2\cos\theta_{\mathrm{i}}-\eta_1\cos\theta_{\mathrm{i}}}{\eta_2\cos\theta_{\mathrm{i}}+\eta_1\cos\theta_{\mathrm{t}}},\quad T_{\perp}=\frac{E_{\mathrm{t0}}}{E_{\mathrm{i0}}}=\frac{2\eta_2\cos\theta_{\mathrm{t}}}{\eta_2\cos\theta_{\mathrm{i}}+\eta_1\cos\theta_{\mathrm{t}}}$$

对平行极化波，反射系数和透射系数分别为

$$\Gamma_{\parallel}=\frac{E_{\mathrm{r0}}}{E_{\mathrm{i0}}}=\frac{\eta_1\cos\theta_{\mathrm{i}}-\eta_2\cos\theta_{\mathrm{i}}}{\eta_1\cos\theta_{\mathrm{i}}+\eta_2\cos\theta_{\mathrm{t}}},\quad T_{\parallel}=\frac{E_{\mathrm{t0}}}{E_{\mathrm{i0}}}=\frac{2\eta_2\cos\theta_{\mathrm{t}}}{\eta_1\cos\theta_{\mathrm{i}}+\eta_2\cos\theta_{\mathrm{t}}}$$

(4)均匀平面波对理想导体斜入射时，对垂直极化波有 $\Gamma_{\perp}=-1$、$T_{\perp}=0$；对水平极化波有 $\Gamma_{\parallel}=1$、$T_{\parallel}=0$。

(5)当均匀平面波以平行极化斜入射，且入射角等于布儒斯特角时会产生全透射；当入射波从介电常数较大的光密媒质斜入射到介电常数较小的光疏媒质，且入射角等于或大于临界角时将会产生全反射。

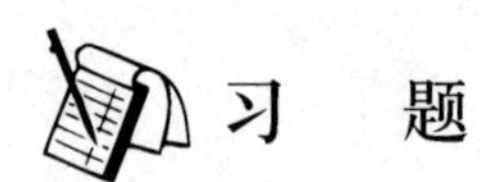

习　题

一、填空题

1. 均匀平面波垂直入射到理想导体表面，导体表面处是电场的________，磁场的________。

2. 斜入射的均匀平面波，不论何种极化方式，都可以分解为两个正交的________波。

3. 均匀平面波对理想导体斜入射的两种基本形式是________。

4. 布儒斯特角公式为________。

5. 发生全反射时，入射角________临界角。

二、选择题

1. 平面波垂直入射到理想导体表面，则导体中的电场和磁场为(　　)。

A. $\boldsymbol{E}=0$，$\boldsymbol{H}\neq 0$　　B. $\boldsymbol{E}\neq 0$，$\boldsymbol{H}=0$　　C. $\boldsymbol{E}=0$，$\boldsymbol{H}=0$　　D. $\boldsymbol{E}\neq 0$，$\boldsymbol{H}\neq 0$

2. 平面波向理想导体垂直入射时，反射波振幅与入射波振幅之间的关系为(　　)。

A. 无关　　B. 相等　　C. 相反

3. 均匀平面波垂直入射理想介质时，媒质Ⅰ中的合成波为(　　)。

A. 行驻波　　B. 行波　　C. 驻波

4. 发生全透射时，反射系数为(　　)。

A. 0　　B. 1　　C. −1

5. 发生全反射时，反射系数满足(　　)

A. $|\Gamma|=1$　　B. $|\Gamma|=0$　　C. $|\Gamma|=\infty$

三、分析计算题

1. 空气中的电场 $\boldsymbol{E}=(\boldsymbol{e}_x E_{xm}+\mathrm{j}\boldsymbol{e}_y E_{ym})\mathrm{e}^{-\mathrm{j}kz}$ 的均匀平面电磁波垂直投射到理想导体表面($z=0$)，其中 E_{xm}、E_{ym} 是不相等的实常数，求反射波的极化状态。

2. 设有两种无耗非磁性媒质，均匀平面波自媒质Ⅰ投射到媒质分界面，如果反射波电场振幅是入射波的$\frac{1}{3}$，试确定$\frac{\eta_1}{\eta_2}$的值。

3. 频率为100MHz、y 方向极化的均匀平面波从空气中垂直入射到位于 $x=0$ 的理想导体平面上，假设电场强度振幅为6V/m，写出入射波、反射波及空气中合成波的电场强度表达式。

4. 频率为10GHz的雷达有一个 $\mu_r=1$、$\varepsilon_r=2.25$ 的媒质薄板构成的天线罩。假设天线罩的媒质损耗可以忽略不计，为使它对垂直入射到其上的电磁波不产生反射，媒质薄板应该取多厚。

5. 在 $\mu_r=1$、$\varepsilon_r=5$ 的玻璃上涂一层薄膜以消除红外线（$\lambda_0=0.75\mu$m）的反射，试确定媒质薄膜的厚度和相对介电常数（玻璃和薄膜可视为理想媒质）。

6. 某一圆极化平面电磁波自媒质Ⅰ向媒质Ⅱ斜入射，若已知 $\mu_1=\mu_2$。

(1)分析 $\varepsilon_1<\varepsilon_2$ 情况下反射波和透射波的极化。

(2)当 $\varepsilon_2=4\varepsilon_1$ 时，欲使反射波为线极化波，入射角应取多大。

7. 某一圆极化平面电磁波自折射率为3的媒质斜入射到折射率为1的媒质，若发生全透射且透射波为线极化波，求入射波的极化方向(入射角 $\theta_i=60°$)。

第 6 章 导行电磁波

教学要求

知识要点	掌握程度	相关知识
微波及导波装置简介	熟悉	微波频率范围、导波装置分类
电磁波在均匀导波装置中传播的一般规律	熟悉	波动方程与电磁场量表达式、导行波的传播模式、基本参数
矩形波导中波的参量和特性	重点掌握	TM 波的电磁场分量、TE 波的电磁场分量、矩形波导的传播特性
沿矩形波导的单模传输	掌握	单模传输条件、矩形波导中的 TE_{10} 波
矩形波导中的能量传输与损耗	了解	矩形波导的传输功率、矩形波导中电磁波的传播损耗
圆柱波导中波的特性简介	了解	圆柱波导中的 TE 波、圆波导中的 TM 波
矩形波导谐振腔的工作原理	了解	谐振频率、谐振腔的品质因数

导入案例

说到有线电视节目大家再熟悉不过了，现在大多数家庭都能收看到。那么与无线、卫视相比，能够收看到有线电视节目的一个必要物质条件是什么呢？答案就是同轴电缆，这是日常生活中经常见到的，可是说到导波装置，也许会感觉是个很陌生的概念，其实，同轴电缆就是导波装置的一种，导波装置又可以称为传输线或者波导。

1893 年 J. J. 汤姆森第一个提出了波导的概念，第二年 O. J. 洛奇第一个用实验证明了波导可以用来传输电磁波，1897 年罗德·瑞利第一个完成了在空心金属圆柱形波导中传播模式的数学分析。

电磁波不仅可以在无限空间传播，还可以在某些特定装置的内部或周围传输，这些装置起着引导电磁波传输的作用，这种电磁波称为导行电磁波(简称导波)，引导电磁波传输的装置称为导波装置(简称波导)。

在假设波导是均匀无限长(或终端接有匹配负载)且填充了理想介质的情况下，本章重点分析电磁波在矩形金属波导中的传播情况，从中可以了解到矩形波导的一般分析方法和电磁波在其中的传播特性，重点讲解矩形波导中的传播模式和单模传输条件，这将为矩形波导的尺寸设计打下基础。另外，本章还对圆柱形金属波导和矩形谐振腔的工作原理做简略介绍。

6.1 微波及导波装置简介

6.1.1 微波简介

微波是一种波长很短的电磁波，通常是指波长在1m～1mm的电磁波，微波在电磁波谱中介于超短波与红外线之间，其频率范围从300MHz～3000GHz，用来加热食品的微波频率通常在2GHz左右，它只是微波众多实际应用中的一个特例。一般把微波波段分为分米波(频率300～3000MHz)、厘米波(频率3～30GHz)、毫米波(频率30～300GHz)和亚毫米波(频率300～3000GHz)这4个分波段，此外，在通信、雷达和微波技术中常常还使用拉丁字母来表示微波更细的分波段。表6-1是国际电气和电子工程师协会(IEEE)所给出的频谱分段。

表6-1 IEEE频谱分段

频 段	频 率	波 长
ELF(极低频)	30～300Hz	10000～1000km
VF(音频)	300～3000Hz	1000～100km
VLF(甚低频)	3～30kHz	100～10km
LF(低频)	30～300kHz	10～1km
MF(中频)	300～3000kHz	1～0.1km
HF(高频)	3～30MHz	100～10m
VHF(甚高频)	30～300MHZ	10～1m
UHF(特高频)	300～3000MHz	100～10cm
SHF(超高频)	3～30GHz	10～1cm
EHF(极高频)	30～300GHz	1～0.1cm
亚毫米波	300～3000GHz	1～0.1mm
P波段	0.23～1GHz	130～30cm
L波段	1～2GHz	30～15cm
S波段	2～4GHz	15～7.5cm
C波段	4～8GHz	7.5～3.75cm
X波段	8～12.5GHz	3.75～2.4cm
Ku波段	12.5～18GHz	2.4～1.67cm
K波段	18～26.5GHz	1.67～1.13cm

续表

频　段	频　率	波　长
Ka 波段	26.5～40GHz	1.13～0.75cm
毫米波	40～300GHz	7.5～1mm
亚毫米波	300～3000GHz	1～0.1mm

由于微波的波长较短，通常比地球上一般物体的尺寸小得多或在同一个数量级上，这使得微波具有许多几何光学的特点。和前面描述的电磁波一样，微波可以在空气中以光速沿直线传播，当遇到障碍物时也会发生反射和透射等现象，这就是微波的似光性；当微波照射到一些物体上时，它还能够深入到物体的内部，例如，家用的微波炉就是利用这个原理对食物进行加热或者对餐具进行消毒的；另外微波的某些波段受电离层影响较小，从而能穿透电离层向外层空间传播，这使得它成为人类探测外层空间的宇宙窗口。微波在 20 世纪 40 年代首先在雷达和通信方面得到应用，人们向空中发射微波，由于微波遇到物体就会形成反射，当物体移动时就会改变反射波的频率。用接收机接收反射波，就可探测到移动的物体，这就是雷达探测移动物体的原理。因为微波的频率高，它的频带可达几百甚至上千兆赫，这比普通的中短波的带宽要宽得多，所以移动通信、卫星通信等现代多路无线通信系统基本上都工作在微波波段。又由于微波的散射特性，当它入射到物体上时，其散射信号可以提供目标的相位信息、极化信息、多普勒频率信息等多种信息，这使微波在目标探测、遥感遥控等领域得到了广泛的应用，如 2007 年我国发射的“嫦娥一号”探月卫星就是利用微波辐射技术对月球表面进行探测。

【小知识】 微波通信(Microwave Communication)是使用波长在 0.1mm～1m 之间的电磁波——微波进行的通信。微波传输的特点是直线传播，由于地球表面是个曲面，直线传播的微波不可能传很远的距离，为了实现远距离通信，一般需要每隔 40～50km 设一个微波站，这些中间站通常称为中继站或接力站，由终端站发出的信号，经过中间中继站接收下来，并加以放大再转发到下一站，把信号一站一站地传送到另一端点，这种通信方式也称为微波接力通信。

6.1.2　常用导波装置介绍

导波装置主要有两方面的功能，一是将电磁波能量无辐射地从一处传输至另一处，称为馈线；二是设计构成各种微波电路元件，如滤波器、阻抗变换器、定向耦合器等。导波装置可以由金属材料构成，也可以由介质材料或由金属和介质共同构成。这里涉及的导波装置是直行和均匀的，直行是指导波装置不弯曲、无分支和连续；均匀是指在任何垂直于电磁波传播方向的横平面上，导波装置具有相同的截面形状。

按照所包含的导体数量划分，导波装置通常可以分为三类：①双导体传输线；②金属波导；③介质波导，以上三类又可以统称为传输线。双导体传输线是包含两个导体的导波装置，如图 6.1 中(a)、(b)、(c)所示，它们分别为平行双线、同轴线(电缆)和微带线；金属波导是由单个导体构成的，按照形状不同又可以分为矩形波导、圆波导、椭圆波导、脊波导等，如图 6.1 中(d)、(e)、(f)、(g)所示；介质波导是这三类导波装置中不包含任何导体的传输线。与金属波导类似，介质波导也可以根据横截面形状的不同进行划分，如图 6.1 中(h)、(i)所示。

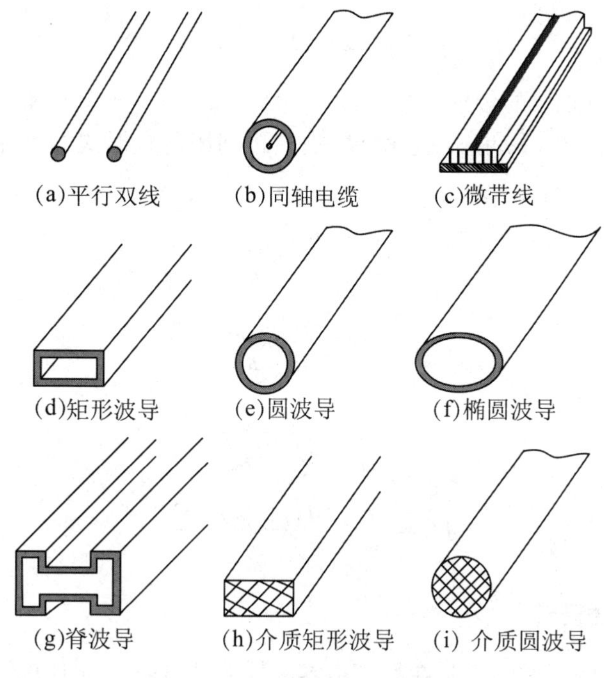

图 6.1 几种常用的导波装置

6.2 电磁波在均匀导波装置中传播的一般规律

6.2.1 波动方程与电磁场量表达式

研究在均匀导波装置中定向传播的电磁波的问题，实际上就是在导波装置所提供的特定边界条件下麦克斯韦方程组的求解问题。解决这个问题的一个办法是利用电场 $\boldsymbol{E}$ 和磁场 $\boldsymbol{H}$ 的矢量亥姆霍兹方程，导出只包含电场纵向分量和只包含磁场纵向分量的标量亥姆霍兹方程，从而求出电场和磁场的纵向分量。最后，由场的纵向分量和横向分量的关系求出场的横向分量。

对于规则导波装置，在直角坐标系中，设该装置的纵长方向为 z 轴正方向，并且电磁波沿着该方向传播，x 轴和 y 轴位于导波装置横截面上，可以把电场和磁场分为横向分量和纵向分量两部分，用脚标 z 表示场的纵向分量，脚标 t 表示横向分量，则场可描述为

$$\boldsymbol{E}(x, y, z)=\boldsymbol{E}_t(x, y, z)+\boldsymbol{E}_z(x, y, z)=\boldsymbol{E}_t+\boldsymbol{E}_z \tag{6.1a}$$

$$\boldsymbol{H}(x, y, z)=\boldsymbol{H}_t(x, y, z)+\boldsymbol{H}_z(x, y, z)=\boldsymbol{H}_t+\boldsymbol{H}_z \tag{6.1b}$$

由式(4.4)和式(4.5)可以得到波导中纵向分量所满足的标量亥姆霍兹方程

$$\nabla^2 E_z+k^2 E_z=0 \tag{6.2a}$$

$$\nabla^2 H_z+k^2 H_z=0 \tag{6.2b}$$

纵向场 E_z 和 H_z 可表示为

$$E_z(x,\ y,\ z)=E_z(x,\ y)\mathrm{e}^{-\mathrm{j}\beta z} \tag{6.3a}$$

$$H_z(x,\ y,\ z)=H_z(x,\ y)\mathrm{e}^{-\mathrm{j}\beta z} \tag{6.3b}$$

式中，β 为导行电磁波的传播常数，设 $k_c^2=k^2-\beta^2$，$E_z(x,\ y)$和 $H_z(x,\ y)$是横向坐标$(x,\ y)$的函数。由式(6.2)求得 E_z 和 H_z 后，再利用复数形式的麦克斯韦方程便得到 4 个横向场分量

$$E_x=\frac{-\mathrm{j}\beta}{k_c^2}\frac{\partial E_z}{\partial x}-\frac{\mathrm{j}\omega\mu}{k_c^2}\frac{\partial H_z}{\partial y} \tag{6.4a}$$

$$E_y=\frac{-\mathrm{j}\beta}{k_c^2}\frac{\partial E_z}{\partial y}+\frac{\mathrm{j}\omega\mu}{k_c^2}\frac{\partial H_z}{\partial x} \tag{6.4b}$$

$$H_x=\frac{-\mathrm{j}\beta}{k_c^2}\frac{\partial H_z}{\partial x}+\frac{\mathrm{j}\omega\varepsilon}{k_c^2}\frac{\partial E_z}{\partial y} \tag{6.4c}$$

$$H_y=\frac{-\mathrm{j}\beta}{k_c^2}\frac{\partial H_z}{\partial y}-\frac{\mathrm{j}\omega\varepsilon}{k_c^2}\frac{\partial E_z}{\partial x} \tag{6.4d}$$

6.2.2 导行波的传播模式

研究导行电磁波的问题，就是在特定边界条件下求出麦克斯韦方程组的解，而满足条件的解有可能不止一个，所以采用模式这个概念来表征不同的解，一个合理的解就是电磁波在该系统中传播的一个模式。

1. TEM 波

TEM 波也称横电磁波，这种导波没有纵向场量 E_z 和 H_z，要使 TEM 波存在，则其电场和磁场都必须分布在与传播方向垂直的横截面内。平行双线、同轴线及带状线均能传输 TEM 波，微带线则是一种准 TEM 波传输线。

因为 $E_z=0$、$H_z=0$，所以 TEM 波的横向场量不能由纵向场量求得，由式(6.4)可知，TEM 波的横向场量有非零解的条件是 $k_c^2=0$，将式(6.2a)在直角坐标系中展开得

$$\frac{\partial^2 E_z}{\partial x^2}+\frac{\partial^2 E_z}{\partial y^2}+\frac{\partial^2 E_z}{\partial z^2}+k^2E_z=0$$

在式(6.3a)两侧对 z 进行二阶偏微分得$\frac{\partial^2 E_z}{\partial z^2}=-\beta^2E_z$，将此结果代入上式并整理得

$$\left(\frac{\partial^2}{\partial x^2}+\frac{\partial^2}{\partial y^2}\right)E_z+(k^2-\beta^2)E_z=0 \tag{6.5}$$

对于 TEM 波，$k^2-\beta^2=0$。微分算符∇可表示为

$$\nabla=\nabla_t+\boldsymbol{e}_z\frac{\partial}{\partial z} \tag{6.6}$$

式中，$\nabla_t=\frac{\partial}{\partial x}\boldsymbol{e}_x+\frac{\partial}{\partial y}\boldsymbol{e}_y$ 是横向微分算子，$\boldsymbol{e}_z$ 是坐标 z 方向的单位矢量。

最终得

$$\nabla_t^2 E_z=0,\ \nabla_t^2 H_z=0$$

2. TE 波

TE 波也称为横电波或磁(H)波，它的特点是 $E_z=0$、$H_z\neq0$，其电场只分布在与传播方向垂直的横截面内。金属波导和介质波导能够传输 TE 波。

当 $E_z=0$ 时，根据式(6.4)可以将 TE 波的 4 个横向场分量的表达式化简如下

$$E_x=-\frac{\mathrm{j}\omega\mu}{k_c^2}\frac{\partial H_z}{\partial y} \tag{6.7a}$$

$$E_y=\frac{\mathrm{j}\omega\mu}{k_c^2}\frac{\partial H_z}{\partial x} \tag{6.7b}$$

$$H_x=\frac{-\mathrm{j}\beta}{k_c^2}\frac{\partial H_z}{\partial x} \tag{6.7c}$$

$$H_y=\frac{-\mathrm{j}\beta}{k_c^2}\frac{\partial H_z}{\partial y} \tag{6.7d}$$

3. *TM* 波

TM 波也称为横磁波或电(E)波，此类型波的特征是 $H_z=0$、$E_z\neq0$，其磁场只分布在与传播方向垂直的横截面内。金属波导和介质波导能够传输 TM 波。

当 $H_z=0$ 时，根据式(6.4)，可以将 TM 波的 4 个横向场分量的表达式化简如下

$$E_x=\frac{-\mathrm{j}\beta}{k_c^2}\frac{\partial E_z}{\partial x} \tag{6.8a}$$

$$E_y=\frac{-\mathrm{j}\beta}{k_c^2}\frac{\partial E_z}{\partial y} \tag{6.8b}$$

$$H_x=\frac{\mathrm{j}\omega\varepsilon}{k_c^2}\frac{\partial E_z}{\partial y} \tag{6.8c}$$

$$H_y=-\frac{\mathrm{j}\omega\varepsilon}{k_c^2}\frac{\partial E_z}{\partial x} \tag{6.8d}$$

【提示】在一些特殊的边界条件下，会导致在传播的方向上电场和磁场都存在，即 $E_z\neq0$、$H_z\neq0$，这种导波称为混合波(包括 EH 模和 HE 模)。

6.2.3 基本参数

1. 截止波长

把导波装置中某个模式能够无衰减地传播的最大波长称为该模式的截止波长(λ_c)，相对应这个波长的频率称为截止频率(f_c)。换言之，当电磁波的频率低于某模式的截止频率时，将因为衰减的缘故导致该模式不能在该导波系统中存在。前面推导出来的电磁场表达式中含有一项因子 $e^{-j\beta z}$，其指数项中的常数 β 就是描述波沿 z 轴正方向的传播常数，因为

$\beta^2=k^2-k_c^2$，所以，当工作频率(与波数 $k=\omega\sqrt{\mu\varepsilon}$ 相联系)低，导致 $k^2<k_c^2$ 时，β 为一纯虚数，该模式的场将沿传播方向按指数规律衰减而不能传播，称为截止状态；同理，当工作频率高，导致 $k^2>k_c^2$ 时，β 将为一实数，该模式的场将能沿传播方向传播，称为传播状态；另一种特殊的情况是 $\beta=0$，它是处于传播和截止之间的一种临界状态。由 $k_c^2=k^2$ 可得这种状态所对应的频率(f_c)和波长(λ_c)就是截止频率和截止波长

$$f_c=\frac{k_c}{2\pi\sqrt{\mu\varepsilon}} \tag{6.9a}$$

$$\lambda_c=\frac{v}{f_c}=\frac{2\pi}{k_c} \tag{6.9b}$$

式中，$v=1\sqrt{\mu\varepsilon}$，k_c 称为截止波数。

2. 波导波长

导波装置中某传播模式相位差等于 2π 的两个相位面之间的距离称为波导波长(λ_g)。

$$\lambda_g=\frac{\lambda}{\sqrt{1-\left(\frac{\lambda}{\lambda_c}\right)^2}} \tag{6.10}$$

式(6.10)给出了波导波长 λ_g、λ 和截止波长 λ_c 三者之间的关系。

【知识要点提醒】 公式的推导过程中利用了 $\beta\lambda_g=k\lambda=k_c\lambda_c=2\pi$，在这个连等式中，$\beta$ 代表波导中的波数，k 代表自由空间中的波数，k_c 是波导中传播的电磁波的截止波数；与这 3 个传播参数相对应的分别是 3 个波长，λ_g 代表波导中传播的电磁波的波长，λ 代表在自由空间中传播的电磁波的波长，λ_c 代表波导中传播的电磁波的截止波长。

3. 相速度与群速度

导波装置中电磁波的相速度为

$$v_p=\frac{\omega}{\beta}=\frac{v}{\sqrt{1-\left(\frac{\lambda}{\lambda_c}\right)^2}} \tag{6.11}$$

式(6.11)中利用了 $\beta=\frac{2\pi}{\lambda}\sqrt{1-\left(\frac{\lambda}{\lambda_c}\right)^2}$，其中 $v=\frac{c}{\sqrt{\mu_r\varepsilon_r}}$。

导波装置中电磁波的群速度为

$$v_g=\frac{d\omega}{d\beta}=v\sqrt{1-\left(\frac{\lambda}{\lambda_c}\right)^2} \tag{6.12}$$

由式(6.11)和式(6.12)可见

$$v_g\cdot v_p=v^2$$

4. 波阻抗

导波系统中，沿传播方向成右手螺旋关系的横向电场与横向磁场之比称为导行波的波阻抗。如利用式(6.8)，可得 TM 波的波阻抗为

$$Z_{\mathrm{TM}}=\frac{E_x}{H_y}=\frac{-E_y}{H_x}=\frac{\beta}{\omega\varepsilon}=\sqrt{\frac{\mu}{\varepsilon}}\frac{\beta}{k}=\eta\sqrt{1-\left(\frac{\lambda}{\lambda_c}\right)^2} \tag{6.13}$$

式中，$\eta=\sqrt{\mu/\varepsilon}$为媒质的本征阻抗。

5. 传输功率

导行波沿无耗规则导行系统$+z$轴方向传输的平均功率为

$$P=\frac{1}{2}\mathrm{Re}\int_S \boldsymbol{E}\times\boldsymbol{H}^* \cdot \mathrm{d}\boldsymbol{S}=\frac{1}{2Z}\int_S E_t^2\mathrm{d}S \tag{6.14}$$

式中，$Z=Z_{\mathrm{TE}}$(或Z_{TM}、Z_{TEM}。如果需要考虑导行装置的损耗，则上述功率公式须乘以$\exp(-2\alpha z)$，α为电磁波在导波装置中传播的衰减常数。

6.3 矩形波导中波的参量和特性

在微波波段，为了降低传输损耗，避免电磁波向外辐射，往往采用空心的导电金属管作为传输电磁能量的导波装置，这种装置就是波导。它一般是一些具有规则横截面形状的空心金属管，且管的材料、形状和介质填充等沿管轴方向(往往也是电磁波的传播方向)保持不变，电磁波被约束在管内沿轴向前进。管壁材料常用铜和铝等。金属波导具有损耗小、功率容量大、无辐射损耗等优点，在厘米波段和毫米波段有着广泛的应用。

根据横截面形状，波导分为矩形波导、圆形波导和椭圆波导等，最常用的是矩形波导与圆形波导。

因为TEM波只有横向场，没有纵向场，这样波导内不能传播TEM波，所以在分析矩形波导时仅考虑TM波和TE波两种传播模式。

6.3.1 TM波的电磁场分量

矩形波导的横截面如图6.2所示，根据矩形波导的形状，建立如图所示的直角坐标系。假设在波导内传播的是TM波，则有$H_z=0$。若能求出E_z，则利用式(6.8)可求其他场分量。

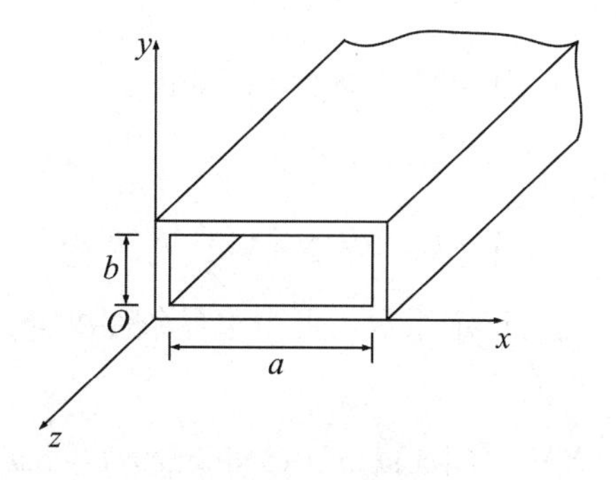

图6.2　矩形波导

在直角坐标系下，将电场强度的z分量$E_z(x, y, z)=E_{z0}(x, y)\mathrm{e}^{-\mathrm{j}\beta z}$代入标量亥姆霍兹方程(6.2a)得

$$\frac{\partial^2 E_{z0}}{\partial x^2}+\frac{\partial^2 E_{z0}}{\partial y^2}=-k_c^2 E_{z0} \tag{6.15}$$

由图 6.2 可以看出，对于波导的四壁来说，电场强度沿 z 轴方向的分量 E_z 都是切向分量，由前面章节中学习的导体与理想介质的切向边界条件可知，当 $z=0$ 时，E_z 所满足的边界条件为

$$E_{z0}\mid_{x=0}=E_{z0}\mid_{x=a}=0 \tag{6.16}$$

$$E_{z0}\mid_{y=0}=E_{z0}\mid_{y=b}=0 \tag{6.17}$$

因为 E_{z0} 中只含有 x 和 y 两个变量，假设其解表示为

$$E_{z0}=XY \tag{6.18}$$

式中 X 表示只含有 x 的函数，Y 表示只含 y 的函数。将式(6.18)代入式(6.15)，得

$$YX''+XY''=-k_c^2 XY \tag{6.19}$$

式中 X'' 代表 X 对 x 的二阶导数，Y'' 代表 Y 对 y 的二阶导数。上式两边除以 XY，得

$$\frac{X''}{X}+\frac{Y''}{Y}=-k_c^2 \tag{6.20}$$

这里 x 和 y 是互不相关的独立变量，式(6.20)要对任意的 x 和 y 都成立，只有 X''/X 和 Y''/Y 均为常数才行。令

$$\frac{X''}{X}=-k_x^2 \tag{6.21}$$

$$\frac{Y''}{Y}=-k_y^2 \tag{6.22}$$

显然

$$k_x^2+k_y^2=k_c^2 \tag{6.23}$$

方程(6.21)的通解为

$$X=C_1\cos k_x x+C_2\sin k_x x \tag{6.24}$$

方程(6.22)的通解为

$$Y=C_3\cos k_y y+C_4\sin k_y y \tag{6.25}$$

式中，C_1、C_2、C_3、C_4 均为待定系数，可由边界条件决定。将式(6.24)和式(6.25)代入式(6.18)，得

$$E_{z0}(x,\ y,\ z)=XY=(C_1\cos k_x x+C_2\sin k_x x)(C_3\cos k_y y+C_4\sin k_y y) \tag{6.26}$$

将式(6.16)和式(6.17)代入式(6.26)，可得 $C_1=0$，$k_x=\frac{m\pi}{a}(m=1,\ 2,\ 3,\ \cdots)$；$C_3=0$，$k_y=\frac{n\pi}{b}(n=1,\ 2,\ 3,\ \cdots)$，故

$$E_{z0}=XY=C_2C_4\sin\left(\frac{m\pi x}{a}\right)\sin\left(\frac{n\pi y}{b}\right)(m=1,2,3,\cdots;\ n=1,2,3,\cdots) \quad (6.27)$$

如果令 $E_0=C_2C_4$，上式可写为

$$E_{z0}=E_0\sin\frac{m\pi}{a}x\sin\frac{n\pi}{b}y \quad (6.28)$$

E_0 的大小由激励电源决定。上面的分析表明，矩形波导中存在许多个符合边界条件的解，它们分别对应着每一对确定的 m 和 n 值，这些解称为波导中电磁波的模式，用 TM_{mn} 表示。因为 k_x 或 k_y 等于零，将导致 E_{z0} 恒等于零，这样的解没有意义，所以在上面的分析中，一直是在假定 $k_x\neq0$ 和 $k_y\neq0$ 的条件下进行的，即在 k_x 和 k_y 的表达式中 m 和 n 都不能等于零，这就是说不可能存在 TM_{00}、TM_{0n} 或 TM_{m0} 模的电磁波。

由式(6.28)可知，矩形波导中的 TM 波有无穷多的模式，不同的 m 和 n 构成了不同的传播模式。同时，为了一致起见，将 E_0 改写为 E_{mn}，这样电场强度的 z 分量 $E_z(x,y,z)=E_{z0}(x,y)e^{-j\beta z}$ 可进一步表达成

$$E_z(x,y,z)=\sum_{m=1}^{\infty}\sum_{n=1}^{\infty}E_{mn}\sin\frac{m\pi}{a}x\sin\frac{n\pi}{b}y\,e^{-j\beta z} \quad (6.29)$$

将上式代入式(6.4)，可得矩形波导中 TM_{mn} 波的其他场分量为

$$E_x=\sum_{m=1}^{\infty}\sum_{n=1}^{\infty}-j\frac{\beta}{k_c^2}\left(\frac{m\pi}{a}\right)E_{mn}\cos\left(\frac{m\pi}{a}x\right)\sin\left(\frac{n\pi}{b}y\right)e^{j(\omega t-\beta z)} \quad (6.30a)$$

$$E_y=\sum_{m=1}^{\infty}\sum_{n=1}^{\infty}-j\frac{\beta}{k_c^2}\left(\frac{n\pi}{b}\right)E_{mn}\sin\left(\frac{m\pi}{a}x\right)\cos\left(\frac{n\pi}{b}y\right)e^{j(\omega t-\beta z)} \quad (6.30b)$$

$$H_x=\sum_{m=1}^{\infty}\sum_{n=1}^{\infty}j\frac{\omega\varepsilon}{k_c^2}\left(\frac{n\pi}{b}\right)E_{mn}\sin\left(\frac{m\pi}{a}x\right)\cos\left(\frac{n\pi}{b}y\right)e^{j(\omega t-\beta z)} \quad (6.30c)$$

$$H_y=\sum_{m=1}^{\infty}\sum_{n=1}^{\infty}-j\frac{\omega\varepsilon}{k_c^2}\left(\frac{m\pi}{a}\right)E_{mn}\cos\left(\frac{m\pi}{a}x\right)\sin\left(\frac{n\pi}{b}y\right)e^{j(\omega t-\beta z)} \quad (6.30d)$$

6.3.2 TE 波的电磁场分量

对于 TE 波而言，考虑到 $E_z=0$，按照前面求解 TM 波一样的处理思路，将纵向磁场 $H_z(x,y,z)=H_{z0}(x,y)e^{-j\beta z}$ 代入标量亥姆霍兹方程(6.2b)，再结合边界条件

$$\frac{\partial H_{z0}}{\partial x}\bigg|_{x=0}=\frac{\partial H_{z0}}{\partial x}\bigg|_{x=a}=0 \quad (6.31)$$

$$\frac{\partial H_{z0}}{\partial y}\bigg|_{y=0}=\frac{\partial H_{z0}}{\partial y}\bigg|_{y=b}=0 \quad (6.32)$$

按照前面处理 TM 波的求解方法不难得到波导中传播 TE 波时场分量为

$$E_x=\sum_{m=0}^{\infty}\sum_{n=0}^{\infty}j\frac{\omega\mu}{k_c^2}\frac{n\pi}{b}H_{mn}\cos\left(\frac{m\pi}{a}x\right)\sin\left(\frac{n\pi}{b}y\right)e^{j(\omega t-\beta z)} \quad (6.33a)$$

$$E_y=\sum_{m=0}^{\infty}\sum_{n=0}^{\infty}-j\frac{\omega\mu}{k_c^2}\frac{m\pi}{a}H_{mn}\sin\left(\frac{m\pi}{a}x\right)\cos\left(\frac{n\pi}{b}y\right)e^{j(\omega t-\beta z)} \quad (6.33b)$$

$$E_z=0 \tag{6.33c}$$

$$H_x=\sum_{m=0}^{\infty}\sum_{n=0}^{\infty}\mathrm{j}\frac{\beta}{k_c^2}\frac{m\pi}{a}H_{mn}\sin\left(\frac{m\pi}{a}x\right)\cos\left(\frac{n\pi}{b}y\right)\mathrm{e}^{\mathrm{j}(\omega t-\beta z)} \tag{6.33d}$$

$$H_y=\sum_{m=0}^{\infty}\sum_{n=0}^{\infty}\mathrm{j}\frac{\beta}{k_c^2}\frac{n\pi}{b}H_{mn}\cos\left(\frac{m\pi}{a}x\right)\sin\left(\frac{n\pi}{b}y\right)\mathrm{e}^{\mathrm{j}(\omega t-\beta z)} \tag{6.33e}$$

$$H_z=\sum_{m=0}^{\infty}\sum_{n=0}^{\infty}H_{mn}\cos\left(\frac{m\pi}{a}x\right)\cos\left(\frac{n\pi}{b}y\right)\mathrm{e}^{\mathrm{j}(\omega t-\beta z)} \tag{6.33f}$$

【知识要点提醒】上面各式中 m 和 n 为任意非负整数(m、$n=0$，1，2，…)。由上式可见，矩形波导中的 TE 波也有无穷多的模式，不同的 m 和 n 构成不同的传播模式，以 TE_{mn} 示之，m、n 可以取零，但不允许同时等于零，即不存在 TE_{00} 模的电磁波。因为如果这样，H_{z0} 为一恒定的场，将导致其他的场分量都等于零，这样的解是没有实际意义的。

6.3.3 矩形波导的传播特性

经过以上对矩形波导中电磁波的传播模式 TE 波和 TM 波的分析，得到了关于截止波数 k_c 更具体的信息，即 $k_c^2=k_x^2+k_y^2=\left(\frac{m\pi}{a}\right)^2+\left(\frac{n\pi}{b}\right)^2$，此时矩形波导的传播参数会发生怎样的变化。

1. 传播常数和截止频率

电磁波在矩形波导中传播时的传播常数为

$$\beta=\sqrt{k^2-k_c^2}=\sqrt{k^2-k_x^2-k_y^2}=\sqrt{k^2-\left(\frac{m\pi}{a}\right)^2-\left(\frac{n\pi}{b}\right)^2} \tag{6.34}$$

无论是 TM 波还是 TE 波，上式都适用。令 $\beta=0$，且利用 $k^2=\omega^2\mu\varepsilon=(2\pi f)^2\mu\varepsilon$，可得截止频率为

$$f_c=\frac{k_c}{2\pi\sqrt{\mu\varepsilon}}=\frac{1}{2\pi\sqrt{\mu\varepsilon}}\sqrt{\left(\frac{m\pi}{a}\right)^2+\left(\frac{n\pi}{b}\right)^2} \tag{6.35}$$

当工作频率高于截止频率($f>f_c$) 时，即有 $k^2>k_c^2$，β 为实数，$\mathrm{e}^{-\mathrm{j}\beta z}$ 代表一沿 $+z$ 方向传播的电磁波。相反，当频率低于截止频率($f<f_c$)时，β 为纯虚数，$\mathrm{e}^{-\mathrm{j}\beta z}$ 则表示一沿 $-z$ 方向衰减的场，称为凋落场。可见波导相当于一个高通滤波器，只有工作频率高于截止频率时电磁波才能在其中传播，相应的截止波长为

$$\lambda_c=\frac{2\pi}{k_c}=\frac{2\pi}{\sqrt{\left(\frac{m\pi}{a}\right)^2+\left(\frac{n\pi}{b}\right)^2}} \tag{6.36}$$

2. 相速度和群速度

波导中电磁波的相速为

$$v_p=\frac{\omega}{\beta}=\frac{v}{\sqrt{1-\left(\frac{f_c}{f}\right)^2}}=\frac{v}{\sqrt{1-\left(\frac{\lambda}{\lambda_c}\right)^2}} \tag{6.37}$$

式中，λ 和 v 分别为电磁波在无限大媒质(与波导中填充的媒质相同)中平面电磁波的波长和速度。波导中真空时，v 等于光速，那么由式(6.37)可推得波导中电磁波传播的相速大于光速。此外，还可以知道，波导中电磁波的相速与其频率有关系，即电磁波在波导中传播时将会发生色散现象。

最后，因为波导尺寸和传播模式不同会有不同的截止波长或截止频率，所以相速与波导尺寸和波的传播模式都是有关系的。

波导中电磁波的群速为

$$v_g=\frac{d\omega}{d\beta}=v\sqrt{1-\left(\frac{\lambda}{\lambda_c}\right)^2}=v\sqrt{1-\left(\frac{f_c}{f}\right)^2} \tag{6.38}$$

显然，群速也与波导中的媒质特性、频率、波导尺寸和传播模式有关，存在色散现象。

3. 波导波长

电磁波在波导中传播时，其波长将变为

$$\lambda_g=\frac{2\pi}{\beta}=\frac{v_p}{f}=\frac{\lambda}{\sqrt{1-\left(\frac{f_c}{f}\right)^2}}=\frac{\lambda}{\sqrt{1-\left(\frac{\lambda}{\lambda_c}\right)^2}} \tag{6.39}$$

可见，波导波长与频率、波导尺寸和传播模式有关，而且它要大于 λ。当频率很高时，波导波长将近似等于波长 λ。

4. 波阻抗

对于矩形波导，TM 波的波阻抗可表示为

$$Z_{TM}=\frac{E_x}{H_y}=-\frac{E_y}{H_x}=\frac{\beta}{\omega\varepsilon}=\eta\sqrt{1-\left(\frac{f_c}{f}\right)^2}=\eta\sqrt{1-\left(\frac{\lambda}{\lambda_c}\right)^2} \tag{6.40}$$

TE 波的波阻抗为

$$Z_{TE}=\frac{E_x}{H_y}=-\frac{E_y}{H_x}=\frac{\omega\mu}{\beta}=\frac{\eta}{\sqrt{1-\left(\frac{f_c}{f}\right)^2}}=\frac{\eta}{\sqrt{1-\left(\frac{\lambda}{\lambda_c}\right)^2}} \tag{6.41}$$

可见，当 $f=f_c$ 时，Z_{TM}变为零，而 Z_{TE}变为无限大，这是一种临界状态；当 $\lambda<\lambda_c$，即 $f>f_c$ 时，Z_{TM}与 Z_{TE}均为实数，对应传播模式；当 $\lambda>\lambda_c$，即 $f<f_c$ 时，Z_{TM}与 Z_{TE}均为纯虚数(电抗性)，这表明 TM 波和 TE 波的横向电场与横向磁场相位相差$\frac{\pi}{2}$，其平均坡印廷矢量为零，没有能量沿 z 轴向前传输，即电磁波是衰减的，不能被传播，处于截止状态。

【提示】这里的衰减与欧姆损耗引起的衰减不同，这是一种电抗衰减，此处能量并没有损耗掉，而是在电源与波导之间来回反射，即对信号源表现为电抗性反射。

6.4　沿矩形波导的单模传输

6.4.1　单模传输条件

如前所述，由于矩形波导中电磁场各分量都与 m 和 n 的取值相关，分析场的表达式可以发现，m 的取值体现了波导横截面宽壁上半个驻波的数目，n 则体现了横截面窄壁上半个驻波的数目。m 和 n 可以取无穷多的值，矩形波导中就可能存在无穷多的 TM 和 TE 传播模式，即它存在多模工作状态。模式的阶数越高，m、n 的取值越大，截止频率越高；反之，模式的阶数越低，其截止频率则越低。

对 TM 波来说，m 或 n 是不能等于零的，否则其全部场量均为零，这是没有意义的解，所以 m 和 n 最小只能取 1，即在矩形波导中最低阶的 TM 模式为 TM_{11} 模。TM_{11} 模是矩形波导 TM 波的最低模式，它比其他任何 TM 模式电磁波的波长都长。

对于 TE 波而言，m 和 n 不能同时等于零，因此 TE 波可能的最低阶模式是 TE_{01} 或 TE_{10} 波，但由于 $a>b$，TE_{10} 波的截止频率比 TE_{01} 波的还要低，故 TE_{10} 模是矩形波导 TE 波的最低模式，它比其他任何 TE 模式电磁波的波长都长。在矩形波导中，对于 TM_{11} 波、TE_{01} 波和 TE_{10} 波来说，TE_{10} 波具有最低的截止频率，是最低阶模式，通常称为主模。

为了方便说明问题，不妨假设矩形波导横截面宽边 a 大于两倍的窄边 $b(a>2b)$，根据式(6.36)可以得到矩形波导中各种模式的截止波长分布图，如图 6.3 所示。由图可见，当电磁波的工作波长 $\lambda>2a$ 时，所有的模式都是截止的；当工作波长 $a<\lambda<2a$ 时，只有 TM_{10} 模可以传输，这就是单模传输。当 $\lambda<a$ 时，波导中除了 TE_{10} 模外，还出现了 TE_{20} 模。随着频率的进一步提高，波导中将会出现更多的模式，这就是多模工作状态。另一个值得注意的问题是，当两个模式的截止波长相等时，它们出现的可能性是相同的，这种现象称为简并。对于 TM_{mn} 波和 TE_{mn} 波，因为它们的截止波长是相等的，因此这两个模式是一对简并模。图中不难发现，TM_{11} 和 TE_{11} 是简并模。

【小思考】 矩形波导中，TE_{m0} 和 TE_{0n} 肯定是非简并模，为什么？

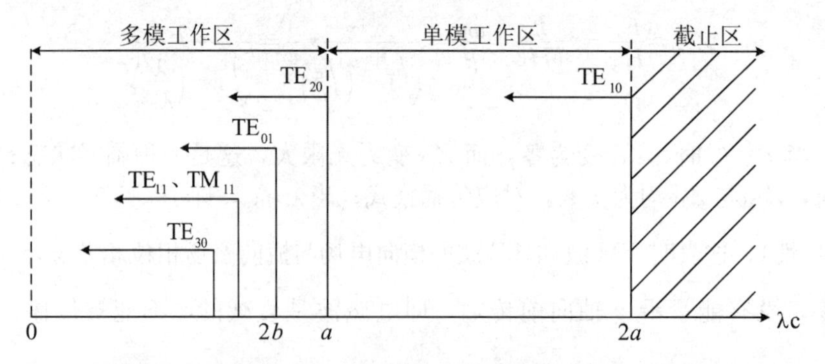

图 6.3　矩形波导(a>2b)中各种模式的截止波长分布图

理论上波导中电磁波的模式可以是上述各种 TM_{mn} 与 TE_{mn} 模式的任何线性组合，但是，在实际工作中大多数情况是采用单模。由截止波长或截止频率的公式可知，通过控制波导尺寸就可以控制波导中各传播模式的截止频率，所以为了实现单模传输，必须选择合适的波导尺寸，使它只能让主模通过，而对其他任何高阶模是截止的。例如，在矩形波导中要实现单模传输，即只让 TE_{10} 波通过，可求得截止波长为 $2a$，即为了使 TE_{10} 波能够在波导中传输，工作波长 λ 必须小于 $2a$，即波导的尺寸 a 大于 0.5λ。同时，为了实现单模传输，与 TE_{10} 相邻的高阶波 TE_{20}（相应的截止波长为 a）必须被截止，即工作波长 λ 必须大于 a。由此，为了实现矩形波导的单模传输，其波导宽壁的边长 a 应满足

$$0.5\lambda < a < \lambda \tag{6.42}$$

其窄边尺寸为

$$b < 0.5\lambda \tag{6.43}$$

工程上常取 $a=0.7\lambda$ 左右，$b=(0.4\sim0.5)a$。

6.4.2 矩形波导中的 TE_{10} 波

TE_{10} 模式是矩形波导的主模，如果要在矩形波导中实现单模传输，可以通过设计合适的波导尺寸选择 TE_{10} 模来达到目的。通过图 6.3 不难理解，利用 TE_{10} 模的单模传输可以得到最宽的工作频带。基于这些特点，TE_{10} 模在矩形波导的诸多传播模式中成为了最常用的一个模式。

根据式(6.33)，令 $m=1$、$n=0$，可得 TE_{10} 波的场量为

$$H_z = H_{10}\cos\left(\frac{\pi}{a}x\right)e^{j(\omega t-\beta z)} \tag{6.44a}$$

$$H_x = j\frac{a\beta}{\pi}H_{10}\sin\left(\frac{\pi}{a}x\right)e^{j(\omega t-\beta z)} \tag{6.44b}$$

$$E_y = -j\frac{\omega\mu a}{\pi}H_{10}\sin\left(\frac{\pi}{a}x\right)e^{j(\omega t-\beta z)} \tag{6.44c}$$

其余的场分量 E_x、H_y、E_z 均为零，式中 $\beta=k\sqrt{1-\left(\frac{\lambda}{2a}\right)^2}$。首先，所有场量振幅均与坐标 y 没有关系；其次，TE_{10} 模的电场只有一个分量 E_y，由式(6.44c)可看出，电场 E_y 在 $x=0$、$x=a$ 处为零，说明在窄边 $x=0$ 和 $x=a$ 处是不存在切向电场的；同时，因为波导中仅有一个方向的电场，表明此时可得到单方向的极化。另外，从式(6.44a)和式(6.44b)可知，H_z 沿 x 轴的变化呈余弦函数 $\cos\left(\frac{\pi}{a}x\right)$分布，表明它在 $x=0$ 和 $x=a$ 处将取得最大值(绝对值)；而 H_x 沿 x 轴的变化呈正弦函数 $\sin\left(\frac{\pi}{a}x\right)$分布，它在 $x=0$ 和 $x=a$ 处将为零，说明在窄边 $x=0$ 和 $x=a$ 处仅存在切向磁场。

据边界条件，波导壁上的表面线电流密度 $\boldsymbol{J}_s$ 为

$$\boldsymbol{J}_s = \boldsymbol{n}\times\boldsymbol{H} \tag{6.45}$$

式中 $\boldsymbol{n}$ 为波导壁面的单位外法线矢量，$\boldsymbol{H}$ 为壁面上的(切向)磁场。因此可求得

$$\boldsymbol{J}_s\big|_{x=0} = \boldsymbol{e}_x\times(\boldsymbol{e}_xH_x+\boldsymbol{e}_zH_z)\big|_{x=0} = -\boldsymbol{e}_yH_z\big|_{x=0} = -\boldsymbol{e}_yH_{10}e^{j(\omega t-\beta z)} \tag{6.46a}$$

$$\begin{aligned}\boldsymbol{J}_s\big|_{x=a} &= -\boldsymbol{e}_x\times(\boldsymbol{e}_xH_x+\boldsymbol{e}_zH_z)\big|_{x=a} = \boldsymbol{e}_yH_z\big|_{x=a}\\ &= -\boldsymbol{e}_yH_{10}e^{j(\omega t-\beta z)}\end{aligned} \tag{6.46b}$$

$$\boldsymbol{J}_s|_{y=0}=\boldsymbol{e}_y\times(\boldsymbol{e}_xH_x+\boldsymbol{e}_zH_z)|_{y=0}=-\boldsymbol{e}_zH_x|_{y=0}+\boldsymbol{e}_xH_z|_{y=0}$$
$$=\left[\boldsymbol{e}_xH_{10}\cos\left(\frac{\pi}{a}x\right)-\boldsymbol{e}_z\mathrm{j}\frac{a\beta}{\pi}H_{10}\sin\left(\frac{\pi}{a}x\right)\right]\mathrm{e}^{\mathrm{j}(\omega t-\beta z)} \tag{6.46c}$$

$$\boldsymbol{J}_s|_{y=b}=-\boldsymbol{e}_y\times(\boldsymbol{e}_xH_x+\boldsymbol{e}_zH_z)|_{y=b}=\boldsymbol{e}_zH_x|_{y=b}-\boldsymbol{e}_xH_z|_{y=b}$$
$$=\left[-\boldsymbol{e}_xH_{10}\cos\left(\frac{\pi}{a}x\right)+\boldsymbol{e}_z\mathrm{j}\frac{a\beta}{\pi}H_{10}\sin\left(\frac{\pi}{a}x\right)\right]\mathrm{e}^{\mathrm{j}(\omega t-\beta z)} \tag{6.46d}$$

根据式(6.46)可以画出某时刻矩形波导中传输 TE_{10} 波时波导壁面上电流分布的情况，如图 6.4 所示。在利用波导进行电磁波传输时，往往需要分析波导的损耗问题，而研究波导损耗首先要了解波导的壁面电流。

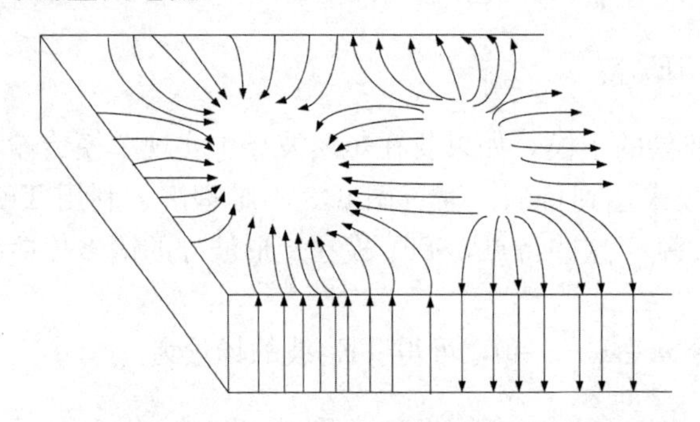

图 6.4 传输 TE_{10} 波时矩形波导壁面上的电流分布

将 $m=1$、$n=0$ 代入相关公式可得 TE_{10} 波的截止波长、波导波长、相速和波阻抗分别为

$$\lambda_c=2a \tag{6.47}$$

$$\lambda_g=\frac{\lambda}{\sqrt{1-\left(\frac{\lambda}{2a}\right)^2}} \tag{6.48}$$

$$v_p=\frac{v}{\sqrt{1-\left(\frac{\lambda}{2a}\right)^2}} \tag{6.49}$$

$$Z_{\mathrm{TE}_{10}}=\eta\frac{1}{\sqrt{1-\left(\frac{\lambda}{2a}\right)^2}} \tag{6.50}$$

6.5 矩形波导中的能量传输与损耗

6.5.1 矩形波导的传输功率

为使问题不至于过于复杂，假设终端负载与波导相匹配或波导是无限长的。此时波导中传输的功率可以由波导横截面上坡印廷矢量的积分求得

$$P=\frac{1}{2Z}\int_S|\boldsymbol{E}|^2\mathrm{d}\boldsymbol{S} \tag{6.51}$$

式中，Z 为波导中填充介质的波阻抗，$\boldsymbol{E}$ 为波导横截面内的电场，$\boldsymbol{S}$ 为波导横截面积。对于矩形波导，上式可进一步表示为

$$P=\frac{1}{2Z}\int_0^b\int_0^a(|E_x|^2+|E_y|^2)\mathrm{d}x\mathrm{d}y \tag{6.52}$$

由式(6.44)知 $E_x=0$，只存在 E_y，故有

$$|E_y|=\frac{\omega\mu a}{\pi}H_{10}\sin\frac{\pi}{a}x=E_{\mathrm{m}}\sin\frac{\pi}{\alpha}x \tag{6.53}$$

式中 $E_{\mathrm{m}}=\frac{\omega\mu a}{\pi}H_{10}$，把式(6.53)代入式(6.52)，并以 Z_{TE} 代替 Z，可得

$$P=\frac{1}{2Z_{\mathrm{TE}}}\int_0^b\int_0^a E_{\mathrm{m}}^2\sin^2\left(\frac{\pi}{a}x\right)\mathrm{d}x\mathrm{d}y=\frac{ab}{4Z_{\mathrm{TE}}}E_{\mathrm{m}}^2 \tag{6.54}$$

若以波导的击穿电场强度 E_{b}(即波导中填充介质所能承受的最大电场强度)替换 E_{m}，可得矩形波导 TE_{10} 模工作时的最大传输功率

$$P_{\mathrm{b}}=\frac{ab}{4Z_{\mathrm{TE}}}E_{\mathrm{b}}^2 \tag{6.55}$$

实际使用时，一般选取波导的传输功率为

$$P\approx\left(\frac{1}{3}\sim\frac{1}{5}\right)P_{\mathrm{b}} \tag{6.56}$$

令 Z_{TE} 表达式中的 $\lambda_{\mathrm{c}}=2a$，则

$$P_{\mathrm{b}}=\frac{\mathrm{ab}}{4\eta}\mathrm{E}_{\mathrm{b}}^2\sqrt{1-\left(\frac{\lambda}{2\mathrm{a}}\right)^2} \tag{6.57}$$

由式(6.57)可知，矩形波导几何尺寸越大、填充介质的击穿场强 $\mathrm{E_b}$ 越高、工作波长越短，则 TE_{10} 模的传输功率越大。

【提示】当频率趋近于 TE_{10} 模的截止频率时，因 $\lambda/(2a)\approx1$，传输功率将趋于零。

6.5.2 矩形波导中电磁波的传播损耗

因为波导的金属壁面并不是理想的导电面，波导中填充的介质也不是完全理想的无损耗介质，所以电磁波在波导中传播时波导壁和其中的填充介质将对电磁波的能量产生损耗。在计算填充介质产生的损耗时需要把原来理想介质的介电常数换成有耗介质的等效介电常数，但考虑到一般情况下波导中的填充介质是气体，其介质损耗非常小，可略去不计。因此这里讨论的损耗可以仅限于研究波导金属壁面对其中传播的电磁波所产生的衰减作用。

因为在存在损耗的波导中，电磁波的传播常数不再是一纯虚数，而应表达为 $\alpha+\mathrm{j}\beta$，其中 α 为衰减常数，β 的含义跟前面是一样的。这时电磁波的场矢量的振幅与横向坐标和纵向坐标均有关系，可写为 $E(x,\ y)\mathrm{e}^{-\alpha z}$ 的形式，可见电磁波沿波导传播方向是逐渐衰减的，而传输功率与场强振幅成正比，故传输功率可写为

$$P=P_0\mathrm{e}^{-2\alpha z} \tag{6.58}$$

将上式对 z 求导得

$$\frac{\partial P}{\partial z}=-2\alpha P \tag{6.59}$$

$-\frac{\partial P}{\partial z}$是单位长度上的功率损耗，用 P_1 表示，故有

$$P_1=2\alpha P \tag{6.60}$$

由此可得衰减常数为

$$\alpha=\frac{P_1}{2P} \tag{6.61}$$

因为 TE_{10} 模是矩形波导的主模，所以波导功率损耗 P_1 的计算是针对它进行的，对于其他模式传播的损耗，可按相似的方法推得。假设波导壁面是理想的导电体，这样就可以利用前面对矩形波导的分析，得到其中电磁场的解；再根据理想导体的边界条件确定波导内壁表面电流的大小，然后计算损耗功率。由矩形波导中传输 TE_{10} 模时波导各内壁表面的电流分布表达式可知，在波导的上下两个宽边内壁上，表面电流均可分为沿 x 轴的 $\boldsymbol{J}_{sx}$ 和沿 z 轴方向的 $\boldsymbol{J}_{sz}$，它们所引起的损耗大小是相等的，故这两个内壁电流引起总的功率损耗为

$$\begin{aligned} p_1 &= 2\left(\int_0^a \frac{1}{2}\mid \boldsymbol{J}_{sz}\mid^2 R_s \mathrm{d}x+\int_0^a \frac{1}{2}\mid \boldsymbol{J}_{sx}\mid^2 R_s \mathrm{d}x\right) \\ &= \int_0^a (\mid \boldsymbol{J}_{sz}\mid^2+\mid \boldsymbol{J}_{sx}\mid^2) R_s \mathrm{d}x \end{aligned}$$

式中，R_s 为波导内壁金属材料的表面电阻，它是一个与频率有关的量，单位是欧姆(Ω)，对于常用的金属如银、铜和铝，其 R_s 分别为 $2.52\times10^{-7}\sqrt{f}$、$2.61\times10^{-7}\sqrt{f}$ 和 $3.26\times10^{-7}\sqrt{f}$。将式(6.46)相应项代入上式，并积分得

$$\begin{aligned} p_1 &= \int_0^a \left(\left|\frac{a\beta H_{10}}{\pi}\right|^2 \sin^2\frac{\pi}{a}x+H_{10}^2\cos^2\frac{\pi}{a}x\right)R_s \mathrm{d}x \\ &= \frac{aR_s}{2}\left(\left(\frac{a\beta H_{10}}{\pi}\right)^2+H_{10}^2\right) \end{aligned} \tag{6.62}$$

在波导的左右两个窄边内壁上，表面电流均为沿 y 方向的 J_{sy}，它们所引起的损耗大小也是相等的，所以在左右壁面电流引起的总损耗为

$$\begin{aligned} p_2 &= 2\left(\int_0^b \frac{1}{2}\mid J_{sy}\mid^2 R_s \mathrm{d}y\right) \\ &= bR_s H_{10}^2 \end{aligned} \tag{6.63}$$

因此单位长度总的功率损耗为

$$P_1=p_1+p_2=\left[\frac{a^3\beta^2}{2\pi^2}+\frac{a}{2}+b\right]R_s H_{10}^2 \tag{6.64}$$

将式(6.54)和式(6.64)代入式(6.61)，且利用式(6.50)，可得

$$\alpha=\frac{\left(\frac{a}{2}+b+\frac{a^3\beta^2}{2\pi^2}\right)H_{10}^2}{\frac{2ab}{4Z_{\mathrm{TE}}}\eta^2\frac{4a^2}{\lambda^2}H_{10}^2}R_s=\frac{R_s}{b\eta\sqrt{1-(\lambda/2a)^2}}\left(\frac{a}{2}+b+\frac{a^3\beta^2}{2\pi^2}\right)\frac{\lambda^2}{2a^3} \tag{6.65}$$

利用 $\beta^2=k^2-k_c^2=k^2-\left(\frac{2\pi}{2a}\right)^2$、$k=\frac{2\pi}{\lambda}$，上式最后变为

$$\alpha=\frac{R_s}{b\eta\sqrt{1-\left(\frac{\lambda}{2a}\right)^2}}\left[1+2\frac{b}{a}\left(\frac{\lambda}{2a}\right)^2\right] \tag{6.66}$$

利用式(6.66)可得到矩形波导中 TE_{10} 模的衰减常数 α 与频率 f 的关系曲线。图 6.5 给出了波导中多个模式的衰减常数随频率的变化情况，从中可以了解到电磁波在矩形波导传播时能量损耗的一些特点：①对相同尺寸的矩形波导，TE_{10} 模比 TM_{11} 模的损耗要小；②保持波导宽壁尺寸 a 不变，当 b 逐渐变小，即波导的窄边变窄时，损耗将增加；③在截止频率附近，衰减突然增大。

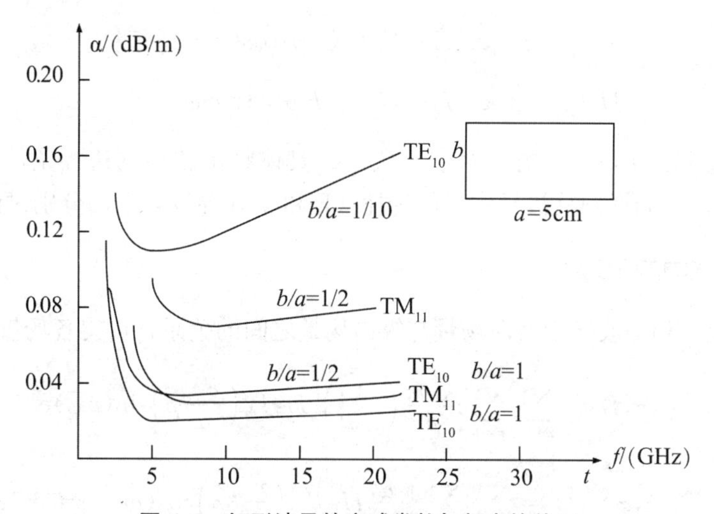

图 6.5 矩形波导的衰减常数与频率的关系

6.6 圆柱波导中波的特性简介

圆柱形波导(简称圆波导)是横截面为圆形的空心金属波导管，其结构如图 6.6 所示，对这种结构的波导进行分析可采用圆柱坐标系。和分析矩形波导一样，考虑波导内填充无耗媒质且波导无限长或终端负载匹配的情况，圆波导内的电场强度和磁场强度的纵向分量可分别表示为

$$E_z(\rho,\ \varphi,\ z)=E(\rho,\ \varphi)e^{-j\beta z}\text{和}H_z(\rho,\ \varphi,\ z)=H(\rho,\ \varphi)e^{-j\beta z}$$

则它们将满足方程

$$\frac{\partial^2 E_z}{\partial\rho^2}+\frac{1}{\rho}\frac{\partial E_z}{\partial\rho}+\frac{1}{\rho^2}\frac{\partial^2 E_z}{\partial\varphi^2}+k_c^2E_z=0 \tag{6.67a}$$

$$\frac{\partial^2 H_z}{\partial \rho^2}+\frac{1}{\rho}\frac{\partial H_z}{\partial \rho}+\frac{1}{\rho^2}\frac{\partial^2 H_z}{\partial \varphi^2}+k_c^2 H_z=0 \tag{6.67b}$$

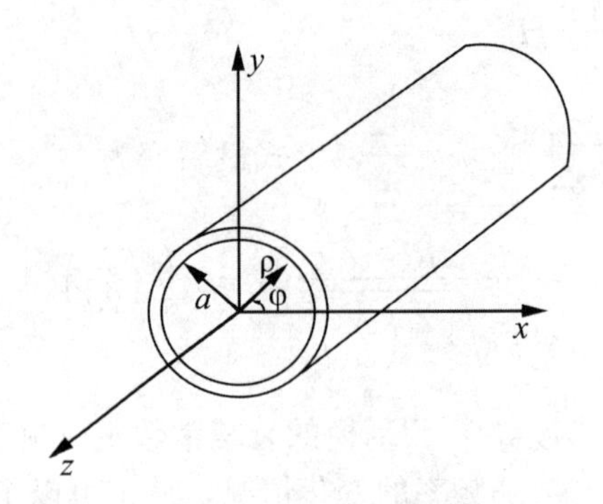

图 6.6　圆柱波导

方程的求解与矩形波导的情况类似，将 $E(\rho,\varphi)$表示成 $P(\rho)\Phi(\varphi)$的形式后代入上式，求解的过程略去，最后可得满足边界条件的解为

$$E_z(\rho,\ \varphi,\ z,\ t)=E_0 J_m(k_c\rho)\cos(m\varphi)e^{j(\omega t-\beta z)} \tag{6.68a}$$

$$H_z(\rho,\ \varphi,\ z,\ t)=H_0 J_m(k_c\rho)\cos(m\varphi)e^{j(\omega t-\beta z)} \tag{6.68b}$$

式中 $J_m(k_c\rho)$为 m 阶第一类贝塞尔函数，k_c 具体将由波导的边界条件来决定，E_0 和 H_0 由激励源确定。同样圆柱波导中只能传播 TE 和 TM 导波，下面分别讨论它们。

6.6.1　圆柱波导中的 TE 波

对于 TE 模，利用波导中横向场量与纵向场量之间的关系，可得各场量为

$$E_\rho(\rho,\varphi,z,t)=\sum_{m=0}^{\infty}\sum_{n=1}^{\infty}\frac{j\omega\mu m}{\rho}\left(\frac{a}{x'_{mn}}\right)^2 H_0 J_m\left(\frac{x'_{mn}}{a}\rho\right)\sin(m\varphi)e^{j(\omega t-\beta z)} \tag{6.69a}$$

$$E_\varphi(\rho,\varphi,z,t)=\sum_{m=0}^{\infty}\sum_{n=1}^{\infty}\frac{j\omega\mu a}{x'_{mn}}H_0 J'_m\left(\frac{x'_{mn}}{a}\rho\right)\cos(m\varphi)e^{j(\omega t-\beta z)} \tag{6.69b}$$

$$E_z(\rho,\ \varphi,\ z,\ t)=0 \tag{6.69c}$$

$$H_\rho(\rho,\varphi,z,t)=-\sum_{m=0}^{\infty}\sum_{n=1}^{\infty}j\frac{\beta a}{x'_{mn}}H_0 J_m'\left(\frac{x'_{mn}}{a}\rho\right)\cos(m\varphi)e^{j(\omega t-\beta z)} \tag{6.69d}$$

$$H_\varphi(\rho,\varphi,z,t)=\sum_{m=0}^{\infty}\sum_{n=1}^{\infty}j\frac{\beta m}{\rho}\left(\frac{a}{x'_{mn}}\right)^2 H_0 J_m\left(\frac{x'_{mn}}{a}\rho\right)\sin(m\varphi)e^{j(\omega t-\beta z)} \tag{6.69e}$$

$$H_z(\rho,\varphi,z,t)=\sum_{m=0}^{\infty}\sum_{n=1}^{\infty}H_0 J_m\left(\frac{x'_{mn}}{a}\rho\right)\cos(m\varphi)e^{j(\omega t-\beta z)} \tag{6.69f}$$

式中 x'_{mn}表示 m 阶贝塞尔函数的导数 $J'_m(x)$的第 n 个根。

根据 TE_{mn} 模的传播常数$\beta=\sqrt{k^2-k_c^2}=\sqrt{k^2-\left(\frac{x'_{mn}}{a}\right)^2}$，可得截止波长和截止频率分别为

$$\lambda_c = \frac{2\pi}{x'_{mn}} a \tag{6.70}$$

$$f_c = \frac{k_c}{2\pi\sqrt{\mu\varepsilon}} = \frac{x'_{mn}}{2\pi a\sqrt{\mu\varepsilon}} \tag{6.71}$$

可见，在所有的 TE_{mn} 传播模式中，截止频率的高低与贝塞尔函数的导数 $J'_m(x)$ 的根有直接关系，表 6－2 给出了 $J'_m(x)=0$ 的根，不难发现最小的值出现在 $m=n=1$ 的情况下，这时 $x'_{11}=1.841$，所以得到 TE 波的最低截止波长为 $3.41a$，最低截止频率是 $\frac{1.841}{2\pi a\sqrt{\mu\varepsilon}}$。

表 6－2　$J'_m(x)=0$ 的根

m	$n=1$	$n=2$	$n=3$
0	3.832	7.016	10.174
1	1.841	5.332	8.536
2	3.054	6.705	9.965
3	4.201	8.015	11.344

6.6.2　圆波导中的 TM 波

对于 TM 模，利用波导中横向场量与纵向场量之间的关系，可得各场量为

$$E_\rho(\rho,\varphi,z,t) = \sum_{m=0}^{\infty}\sum_{n=1}^{\infty} -\mathrm{j}\frac{\beta a}{x_{mn}} E_0 J'_m\left(\frac{x_{mn}}{a}\rho\right)\cos(m\varphi)\mathrm{e}^{\mathrm{j}(\omega t-\beta z)} \tag{6.72a}$$

$$E_\varphi(\rho,\varphi,z,t) = \sum_{m=0}^{\infty}\sum_{n=1}^{\infty} \mathrm{j}\frac{\beta m}{\rho}\left(\frac{a}{x_{mn}}\right)^2 E_0 J_m\left(\frac{x_{mn}}{a}\rho\right)\sin(m\varphi)\mathrm{e}^{\mathrm{j}(\omega t-\beta z)} \tag{6.72b}$$

$$E_z(\rho,\varphi,z,t) = \sum_{m=0}^{\infty}\sum_{n=1}^{\infty} E_0 J_m\left(\frac{x_{mn}}{a}\rho\right)\cos(m\varphi)\mathrm{e}^{\mathrm{j}(\omega t-\beta z)} \tag{6.72c}$$

$$H_\rho(\rho,\varphi,z,t) = -\sum_{m=0}^{\infty}\sum_{n=1}^{\infty} \mathrm{j}\frac{\omega\varepsilon m}{\rho}\left(\frac{a}{x_{mn}}\right)^2 E_0 J_m\left(\frac{x_{mn}}{a}\rho\right)\sin(m\varphi)\mathrm{e}^{\mathrm{j}(\omega t-\beta z)} \tag{6.72d}$$

$$H_\varphi(\rho,\varphi,z,t) = \sum_{m=0}^{\infty}\sum_{n=1}^{\infty} -\mathrm{j}\frac{\omega\varepsilon a}{x_{mn}} E_0 J'_m\left(\frac{x_{mn}}{a}\rho\right)\cos(m\varphi)\mathrm{e}^{\mathrm{j}(\omega t-\beta z)} \tag{6.72e}$$

$$H_z(\rho,\varphi,z,t) = 0 \tag{6.72f}$$

式中 x_{mn} 表示 m 阶贝塞尔函数 $J_m(x)$ 的第 n 个根。

同样，根据 TM_{mn} 模的传播常数 $\beta=\sqrt{k^2-k_c^2}=\sqrt{k^2-\left(\frac{x_{mn}}{a}\right)^2}$，可得截止波长和截止频率分别为

$$\lambda_c = \frac{2\pi}{x_{mn}} a \tag{6.73}$$

$$f_c = \frac{k_c}{2\pi\sqrt{\mu\varepsilon}} = \frac{x_{mn}}{2\pi a\sqrt{\mu\varepsilon}} \tag{6.74}$$

表 6-3 给出了 $J_m(x)=0$ 的根，因为在所有的 TM_{mn} 传播模式中，贝塞尔函数 $J_m(x)$ 的所有根中最小值是出现在 $m=0$、$n=1$ 的情况下，这时 $x_{01}=2.405$，这样不难得到 TM 波的最低截止波长为 $\lambda_{cTM_{01}}=2.62a$，最低截止频率是 $\frac{2.405}{2\pi a\sqrt{\mu\varepsilon}}$。

表 6-3 $J_m(x)=0$ 的根

m	$n=1$	$n=2$	$n=3$	$n=4$
0	2.405	5.520	8.654	11.792
1	3.832	7.016	10.173	13.324
2	5.136	8.417	11.620	14.796

由以上的分析可知，圆柱波导中存在满足边界条件的无穷多个 TE_{mn} 模和 TM_{mn} 模，但因为不存在 $n=0$ 的情况，所以也就没有 TE_{m0} 模和 TM_{m0} 模。由于 TE_{11} 模的截止波长最长，故它是圆柱波导中的主模，其次是 TM_{01} 模。

【知识要点提醒】 以上式子中 m 表示场量沿波导圆周方向变化的周期数(整波数目)，n 表示沿波导半径方向场量变化的半驻波个数(即场沿半径分布的最大值个数)。根据贝塞尔函数的性质 $\frac{d}{dx}J_0(x)=-J_1(x)$，这就意味着 TE 波的 x'_{0n} 等于 TM 波的 x_{1n}，故 TE_{0n} 模与 TM_{1n} 模有相同的截止波长，即 TE_{0n} 模与 TM_{1n} 模是简并的，称为 E. H 简并。另外，圆波导中常用的工作模式是 TE_{11}、TE_{01} 和 TM_{01} 这 3 个模式。

6.7 矩形波导谐振腔的工作原理

将波导的两开口端用良导体封闭起来，使之成为闭合的金属腔体，它所具有的极高品质因数和固定的谐振频率使其成为射频和微波频段理想的谐振元件，这便是波导谐振腔。在微波系统中，谐振腔起着储存电磁波的能量和选择电磁波频率的作用，它可分为传输线型和非传输线型两类。传输线型谐振腔由一段两端短路或开路的波导系统构成，如矩形波导谐振腔、圆柱波导谐振腔等；而非传输线型谐振腔不是由简单的传输线或波导段构成的，它是形状特殊的谐振腔。这里以矩形波导谐振腔为例来介绍传输线型谐振腔的基本知识。

图 6.7 所示为一矩形波导谐振腔的结构示意图，在结构上它是一段长为 l、横截面尺寸为 $a\times b$、两端短路的矩形波导。它是一个封闭的金属腔体，电磁波的能量被储存在其中，它不但能防止电磁波能量向外辐射，而且由于腔体的整个内壁都是电流的通路，这就有效地减小了高频状态时的集肤效应导致的损耗。谐振器的主要参量包括谐振频率和品质因数，下面来分析矩形波导谐振腔的这两个参量。

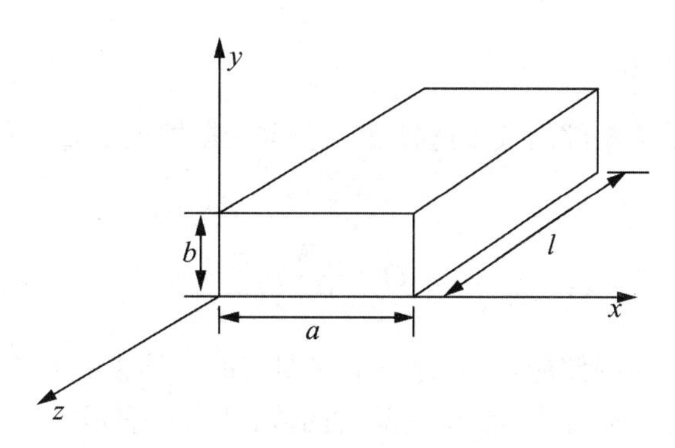

图 6.7　矩形谐振腔

6.7.1　谐振频率

矩形波导谐振腔内的场分量可由入射波和反射波叠加而成。由矩形波导的相关知识，TM_{mn}模和TE_{mn}模的传播常数可写为

$$\beta_{zmn}=\sqrt{k-\left(\frac{m\pi}{a}\right)^2-\left(\frac{n\pi}{b}\right)^2} \tag{6.75}$$

式中，$k=\omega\sqrt{\mu\varepsilon}$，$\mu$ 和 ε 是腔体内填充介质的磁导率和介电常数。因为矩形波导谐振腔由矩形波导在电磁波传播方向的坐标 $z=0$ 和 $z=l$ 处用理想导体短路构成，所以为了满足 $z=0$、$z=l$ 处的边界条件，即在这两个短路内壁上电场的切向分量必须等于零，这样，前面矩形波导中电磁场的 z 向传播常数 β 应该写成

$$\beta_{zmn}=\frac{p\pi}{l} \tag{6.76}$$

这表明，谐振腔的长度须为半波导波长的整数倍。由此得矩形波导谐振腔的谐振波数为

$$k_{mnp}=\sqrt{\left(\frac{m\pi}{a}\right)^2+\left(\frac{n\pi}{b}\right)^2+\left(\frac{p\pi}{l}\right)^2} \tag{6.77}$$

与矩形波导的模式相对应，矩形波导谐振腔也可以存在无限多个TE_{mnp}和TM_{mnp}模式，下标 m、n、p 分别表示电磁场量沿谐振腔 3 条边 a、b、l 分布的半个正弦波的数目。TE_{mnp}和TM_{mnp}模式的谐振频率为

$$f_{mnp}=\frac{vk_{mnp}}{2\pi}=\frac{c}{\sqrt{\mu_r\varepsilon_r}}\sqrt{\left(\frac{m}{2a}\right)^2+\left(\frac{n}{2b}\right)^2+\left(\frac{p}{2l}\right)^2} \tag{6.78}$$

式中，c 为真空中的光速。从式(6.78)可见，尺寸给定的矩形谐振腔可以有无限多个谐振模式，即有无限多个谐振频率；显然，与矩形波导一样，它也是存在简并模式的，具有最低的谐振频率或最长的谐振波长的模式称为谐振腔的主模。矩形波导谐振腔的主模是TE_{10P}模，其谐振频率为

$$f_{10p}=\frac{c}{\sqrt{\mu_r\varepsilon_r}}\sqrt{\left(\frac{1}{2a}\right)^2+\left(\frac{p}{2l}\right)^2} \tag{6.79}$$

6.7.2 谐振腔的品质因数

品质因数 Q 表征了谐振腔的频率选择性，表示谐振器的储量与能量损耗之间的关系。其定义为

$$Q=\frac{\omega_0 W}{P_L} \tag{6.80}$$

式中，W 代表谐振腔的储能，P_L 为一个周期内的平均损耗功率。一个与外界没有耦合的孤立空腔谐振器的品质因数称为固有品质因数，以 Q_0 表示。

一般情况下，矩形波导谐振腔基本上均以 TE_{10p} 模工作。不考虑填充介质的损耗时，矩形谐振腔 TE_{10p} 模的固有品质因数等于

$$Q_c=\frac{(kal)^3 b\eta}{2\pi^2 R_s}\frac{1}{(2p^2a^3b+2bl^3+p^2a^3l+al^3)} \tag{6.81}$$

若要考虑填充介质所引起的损耗，则总的固有品质因数 Q_0 等于

$$Q_0=\left(\frac{1}{Q_c}+\frac{1}{Q_d}\right)^{-1} \tag{6.82}$$

其中，Q_d 为有耗介质引起的 Q 值，具体为

$$Q_d=\frac{1}{\tan\delta} \tag{6.83}$$

式中，$\tan\delta$ 为谐振腔填充介质的损耗角正切。

本章小结

本章主要介绍了导行波及导波装置。

(1)微波是一种波长很短的电磁波，通常是指波长在 1m～1mm 的电磁波。电磁波不仅可以在无限空间传播，还可以在某些特定装置的内部或周围传输，这些装置起着引导电磁波传输的作用，这种电磁波称为导行电磁波(简称导波)，引导电磁波传输的装置称为导波装置(简称波导)。

(2)沿均匀导波装置传播的波在已知纵向场分量的情况下，可求解出 4 个横向场分量

$$E_x=\frac{-j\beta}{k_c^2}\frac{\partial E_z}{\partial x}-\frac{j\omega\mu}{k_c^2}\frac{\partial H_z}{\partial y}$$

$$E_y=\frac{-j\beta}{k_c^2}\frac{\partial E_z}{\partial y}+\frac{j\omega\mu}{k_c^2}\frac{\partial H_z}{\partial x}$$

$$H_x=\frac{-j\beta}{k_c^2}\frac{\partial H_z}{\partial x}+\frac{j\omega\varepsilon}{k_c^2}\frac{\partial E_z}{\partial y}$$

$$H_y=\frac{-\mathrm{j}\beta}{k_c^2}\frac{\partial H_z}{\partial y}-\frac{\mathrm{j}\omega\varepsilon}{k_c^2}\frac{\partial E_z}{\partial x}$$

(3)矩形波导中横磁波的场分量为

$$E_x=\sum_{m=1}^{\infty}\sum_{n=1}^{\infty}-\mathrm{j}\frac{\beta}{k_c^2}\left(\frac{m\pi}{a}\right)E_{mn}\cos\left(\frac{m\pi}{a}x\right)\sin\left(\frac{n\pi}{b}y\right)\mathrm{e}^{\mathrm{j}(\omega t-\beta z)}$$

$$E_y=\sum_{m=1}^{\infty}\sum_{n=1}^{\infty}-\mathrm{j}\frac{\beta}{k_c^2}\left(\frac{n\pi}{b}\right)E_{mn}\sin\left(\frac{m\pi}{a}x\right)\cos\left(\frac{n\pi}{b}y\right)\mathrm{e}^{\mathrm{j}(\omega t-\beta z)}$$

$$E_z=\sum_{m=1}^{\infty}\sum_{n=1}^{\infty}E_{mn}\sin\frac{m\pi}{a}x\sin\frac{n\pi}{b}y\,\mathrm{e}^{-\mathrm{j}\beta z}$$

$$H_x=\sum_{m=1}^{\infty}\sum_{n=1}^{\infty}\mathrm{j}\frac{\omega\varepsilon}{k_c^2}\left(\frac{n\pi}{b}\right)E_{mn}\sin\left(\frac{m\pi}{a}x\right)\cos\left(\frac{n\pi}{b}y\right)\mathrm{e}^{\mathrm{j}(\omega t-\beta z)}$$

$$H_y=\sum_{m=1}^{\infty}\sum_{n=1}^{\infty}-\mathrm{j}\frac{\omega\varepsilon}{k_c^2}\left(\frac{m\pi}{a}\right)E_{mn}\cos\left(\frac{m\pi}{a}x\right)\sin\left(\frac{n\pi}{b}y\right)\mathrm{e}^{\mathrm{j}(\omega t-\beta z)}$$

$$H_z=0$$

横电波的场分量为

$$E_x=\sum_{m=0}^{\infty}\sum_{n=0}^{\infty}\mathrm{j}\frac{\omega\mu}{k_c^2}\left(\frac{n\pi}{b}\right)H_{mn}\cos\left(\frac{m\pi}{a}x\right)\sin\left(\frac{n\pi}{b}y\right)\mathrm{e}^{\mathrm{j}(\omega t-\beta z)}$$

$$E_y=\sum_{m=0}^{\infty}\sum_{n=0}^{\infty}-\mathrm{j}\frac{\omega\mu}{k_c^2}\left(\frac{m\pi}{a}\right)H_{mn}\sin\left(\frac{m\pi}{a}x\right)\cos\left(\frac{n\pi}{b}y\right)\mathrm{e}^{\mathrm{j}(\omega t-\beta z)}$$

$$E_z=0$$

$$H_x=\sum_{m=0}^{\infty}\sum_{n=0}^{\infty}\mathrm{j}\frac{\beta}{k_c^2}\left(\frac{m\pi}{a}\right)H_{mn}\sin\left(\frac{m\pi}{a}x\right)\cos\left(\frac{n\pi}{b}y\right)\mathrm{e}^{\mathrm{j}(\omega t-\beta z)}$$

$$H_y=\sum_{m=0}^{\infty}\sum_{n=0}^{\infty}\mathrm{j}\frac{\beta}{k_c^2}\left(\frac{n\pi}{b}\right)H_{mn}\cos\left(\frac{m\pi}{a}x\right)\sin\left(\frac{n\pi}{b}y\right)\mathrm{e}^{\mathrm{j}(\omega t-\beta z)}$$

$$H_z=\sum_{m=0}^{\infty}\sum_{n=0}^{\infty}H_{mn}\cos\left(\frac{m\pi}{a}x\right)\cos\left(\frac{n\pi}{b}y\right)\mathrm{e}^{\mathrm{j}(\omega t-\beta z)}$$

(4)矩形波导中的 TE_{10} 波场分量为

$$H_z=H_{10}\cos\left(\frac{\pi}{a}x\right)\mathrm{e}^{\mathrm{j}(\omega t-\beta z)}$$

$$H_x=\mathrm{j}\frac{a\beta}{\pi}H_{10}\sin\left(\frac{\pi}{a}x\right)\mathrm{e}^{\mathrm{j}(\omega t-\beta z)}$$

$$E_y=-\mathrm{j}\frac{\omega\mu a}{\pi}H_{10}\sin\left(\frac{\pi}{a}x\right)\mathrm{e}^{\mathrm{j}(\omega t-\beta z)}$$

(5)矩形波导的传输功率和传输损耗为

$$P=\frac{1}{2Z_{\mathrm{TE}}}\int_0^b\int_0^a E_{\mathrm{m}}^2\sin^2\left(\frac{\pi}{a}x\right)\mathrm{d}x\mathrm{d}y=\frac{ab}{4Z_{\mathrm{TE}}}E_{\mathrm{m}}^2$$

$$P_b=\frac{ab}{4Z_{\mathrm{TE}}}E_{\mathrm{b}}^2$$

(6)圆柱形波导中 TE 波场量为

$$E_\rho(\rho,\varphi,z,t)=\sum_{m=0}^{\infty}\sum_{n=1}^{\infty}\frac{\mathrm{j}\omega\mu m}{\rho}\left(\frac{a}{x'_{mn}}\right)^2 H_0 J_m\left(\frac{x'_{mn}}{a}\rho\right)\sin(m\varphi)\mathrm{e}^{\mathrm{j}(\omega t-\beta z)}$$

$$E_\varphi(\rho,\varphi,z,t)=\sum_{m=0}^{\infty}\sum_{n=1}^{\infty}\frac{\mathrm{j}\omega\mu a}{x'_{mn}}H_0 J'_m\left(\frac{x'_{mn}}{a}\rho\right)\cos(m\varphi)\mathrm{e}^{\mathrm{j}(\omega t-\beta z)}$$

$$E_z(\rho,\ \varphi,\ z,\ t)=0$$

$$H_\rho(\rho,\varphi,z,t)=-\sum_{m=0}^{\infty}\sum_{n=1}^{\infty}\mathrm{j}\frac{\beta a}{x'_{mn}}H_0 J'_m\left(\frac{x'_{mn}}{a}\rho\right)\cos(m\varphi)\mathrm{e}^{\mathrm{j}(\omega t-\beta z)}$$

$$H_\varphi(\rho,\varphi,z,t)=\sum_{m=0}^{\infty}\sum_{n=1}^{\infty}\mathrm{j}\frac{\beta m}{\rho}\left(\frac{a}{x'_{mn}}\right)^2 H_0 J_m\left(\frac{x'_{mn}}{a}\rho\right)\sin(m\varphi)\mathrm{e}^{\mathrm{j}(\omega t-\beta z)}$$

$$H_z(\rho,\varphi,z,t)=\sum_{m=0}^{\infty}\sum_{n=1}^{\infty}H_0 J_m\left(\frac{x'_{mn}}{a}\rho\right)\cos(m\varphi)\mathrm{e}^{\mathrm{j}(\omega t-\beta z)}$$

TM 波场量为

$$E_\rho(\rho,\varphi,z,t)=\sum_{m=0}^{\infty}\sum_{n=1}^{\infty}-\mathrm{j}\frac{\beta a}{x_{mn}}E_0 J'_m\left(\frac{x_{mn}}{a}\rho\right)\cos(m\varphi)\mathrm{e}^{\mathrm{j}(\omega t-\beta z)}$$

$$E_\varphi(\rho,\varphi,z,t)=\sum_{m=0}^{\infty}\sum_{n=1}^{\infty}\mathrm{j}\frac{\beta m}{\rho}\left(\frac{a}{x_{mn}}\right)^2 E_0 J_m\left(\frac{x_{mn}}{a}\rho\right)\sin(m\varphi)\mathrm{e}^{\mathrm{j}(\omega t-\beta z)}$$

$$E_z(\rho,\varphi,z,t)=\sum_{m=0}^{\infty}\sum_{n=1}^{\infty}E_0 J_m\left(\frac{x_{mn}}{a}\rho\right)\cos(m\varphi)\mathrm{e}^{\mathrm{j}(\omega t-\beta z)}$$

$$H_\rho(\rho,\varphi,z,t)=-\sum_{m=0}^{\infty}\sum_{n=1}^{\infty}\mathrm{j}\frac{\omega\varepsilon m}{\rho}\left(\frac{a}{x_{mn}}\right)^2 E_0 J_m\left(\frac{x_{mn}}{a}\rho\right)\sin(m\varphi)\mathrm{e}^{\mathrm{j}(\omega t-\beta z)}$$

$$H_\varphi(\rho,\varphi,z,t)=\sum_{m=0}^{\infty}\sum_{n=1}^{\infty}-\mathrm{j}\frac{\omega\varepsilon a}{x_{mn}}E_0 J'_m\left(\frac{x_{mn}}{a}\rho\right)\cos(m\varphi)\mathrm{e}^{\mathrm{j}(\omega t-\beta z)}$$

$$H_z(\rho,\ \varphi,\ z,\ t)=0$$

矩形谐振腔参数有传播常数、谐振波数、谐振频率、品质因数。

习　题

一、填空题

1. 微波的频率范围是________。

2. 导波装置通常可分为________、________和________三类。

3. 依据波的传播方向上是否存在电场或磁场分量，电磁波可分为________、________和________三类。

4. $f_c=\dfrac{1}{2\sqrt{\mu\varepsilon}}\sqrt{\left(\dfrac{m\pi}{a}\right)^2+\left(\dfrac{n\pi}{b}\right)^2}$，只有当波的工作频率 f 满足________条件时，两电磁波才能在波导内传输。

5. 矩形波导的主模是________，其截止波长 $\lambda_c=$________。

二、选择题

1. 矩形波导中，只有当工作波长 λ 与截止波长 λ_c 满足关系式(　　)时，波才能传播。

A. $\lambda<\lambda_c$　　B. $\lambda=\lambda_c$　　C. $\lambda>\lambda_c$

2. 矩形波导中可以传输(　　)。

A. TEM、TE 和 TM 波　　B. TEM 波　　C. TE 和 TM 波

3. 矩形波导的截止波长与波导内填充的媒质(　　)。

A. 无关　　B. 有关　　C. 关系不确定

4. 矩形波导横截面尺寸为 $a\times b$，设 $a>b$，则此波导内传播的主模的截止波长为(　　)。

A. $a+b$　　B. $2a$　　C. $2b$

5. 在某矩形波导中不存在 TM_{11} 模，则下列(　　)模一定不存在。

A. TE_{02}　　B. TE_{20}　　C. TE_{01}

6. 矩形波导($a<2b$)的单模传输条件为(　　)。

A. $b<\lambda<2a$　　B. $2b<\lambda<2a$　　C. $a<\lambda<2a$

三、分析计算题

1. 矩形波导横截面尺寸为 $a\times b=23\times10$ (mm^2)，工作频率为 10^4 MHz，波导中能传输哪些波型？试求对应的截止波长、波导波长、相位常数和波阻抗。

2. 已知工作频率为 3GHz，矩形波导的横截面 $a\times b$ 的宽边尺寸满足 $\lambda<a<2\lambda$，且波导内充满空气。如果要求工作频率至少高于主模 TE_{10} 波截止频率的 20% 且至少低于 TE_{01} 波截止频率的 20%，给出波导的尺寸 a 和 b。

3. 已知工作频率为 14GHz，如果该信号必须在矩形波导中工作在 TM_{11} 模式，试问尺寸分别为 $a\times b=23\times10(mm^2)$ 和 $16.5\times16.5(mm^2)$ 的两个矩形波导(其中充满空气)哪个是可以满足要求的？

4. 假设矩形波导由紫铜制成，横截面尺寸为 $a\times b=23\times10$ (mm^2)，波导内充满空气。其中，传输的电磁波频率为 10GHz，工作于 TE_{10} 模式，计算波导的衰减常数 α。

5. 矩形波导的横截面尺寸为 $a\times b=23\times10(mm^2)$，波导内充满空气，工作于 TE_{10} 模

式。如果沿波导纵向测得波导中电场强度的最大值与最小值之间的距离是12.4mm，由此求出信号源的频率。

6. 已知某矩形波导的横截面尺寸为$a \times b = 39.1 \times 20(\text{mm}^2)$，波导内充满空气。如果取工作频率的下限等于1.25倍的截止频率，上限取最近的高次模截止频率的0.8倍，求出能工作在TE_{10}模式的信号频率的范围。

7. 矩形波导横截面尺寸为$a \times b$，原来里面充满空气，传输TE_{10}波，现波导内如果填满某电介质(ε_r)，波导的截止频率和波导波长是否会有变化?

8. 根据矩形波导壁面上的电流分布，矩形波导测量线的纵槽应该开在哪里?

9. 圆柱形波导的主模是什么? 如何实现圆柱形波导的单模传输? 求出工作波长为λ的圆柱形波导的半径范围。

10. 几何尺寸为$a \times b \times l$的矩形谐振腔，其中充满空气。已知$a = 25\text{mm}$、$b = 12.5\text{mm}$，若要求其谐振于TE_{102}模式，且谐振频率为$7.8 \times 10^9\text{Hz}$，给出l的尺寸。

第7章　电磁波的辐射

教学要求

知识要点	掌握程度	相关知识
滞后位	熟悉	滞后位概念、滞后位方程
电流元的辐射	掌握	电流元的近区场、电流元的远区场、辐射功率和辐射电阻
天线	熟悉	天线的基本参数、天线的分类、对称振子和天线阵、其他类型天线

导入案例

1894年，35岁的俄国物理学家波波夫制成了一台无线电接收机。它的核心部分用的是改进了的金属屑检波器，以电铃为终端显示。为了提高这台接收机的灵敏度，波波夫花了很多精力，但一直不见成效。有一次，他在实验中偶然发现，接收机检测电磁波的距离比平常有明显增加，他想寻找其中的原因，但奇怪的是很久也找不到。后来，他突然看见一根导线碰到了金属屑检波器。波波夫把导线拿开，电铃就不响了。这个意外的发现使他喜出望外，他索性把导线接到金属屑检波器的一头上，并把检波器的另一头接地，结果接收距离大大增加。这根导线就是世界上的第一根天线，波波夫成为第一个在接收机上使用天线的发明家。

麦克斯韦方程表明了时变的电荷和电流可以产生电磁波，如果这些电磁波能有效地从电荷或电流所分布的载体上向周围的媒质传播出去，它们便构成了一个电磁波的辐射系统，被用来产生电磁波的电荷或电流之载体便是天线。为了满足不同的需要，天线可以被设计成线形、环形、喇叭形等不同的样式。

本章首先介绍滞后位的概念，接着分析电流元的辐射特性和天线的有关参数，其中对半波振子天线和均匀直线式天线阵做较为详细的分析。

7.1　滞后位

在第3章中学习了动态标量位是ϕ(单位为伏)和动态矢量位$\mathbf{A}$(单位为韦伯/米)，它们所满足的方程可由罗伦兹规范式(3.88)和式(3.89)得到

$$\nabla^2\mathbf{A}+k^2\mathbf{A}=-\mu\boldsymbol{J} \tag{7.1}$$

$$\nabla^2\phi+k^2\phi=-\frac{\rho}{\varepsilon} \tag{7.2}$$

式中，$k^2=\omega^2\mu\varepsilon$。$\phi$ 和 $\boldsymbol{A}$ 之间的关系式称为罗伦兹条件

$$\boldsymbol{A}=-\mu\varepsilon\frac{\partial\phi}{\partial t} \tag{7.3}$$

电磁场量与 ϕ 和 $\boldsymbol{A}$ 之间的关系式为

$$\boldsymbol{B}=\nabla\times\boldsymbol{A} \tag{7.4}$$

$$\boldsymbol{E}=-\nabla\phi-\frac{\partial\boldsymbol{A}}{\partial t} \tag{7.5}$$

可见，如果解出了 $\boldsymbol{A}$ 或 ϕ；利用式(7.4)和式(7.5)就可得到 $\boldsymbol{B}$ 和 $\boldsymbol{E}$。

为了得到 A 和 ϕ，需要求解式(7.1)和式(7.2)，因为这个过程非常复杂，这里略去，有兴趣的读者可以查阅相关的文献。下面直接给出它们的解在球坐标中的表达式

$$\phi(\boldsymbol{r},t)=\frac{1}{4\pi\varepsilon}\int_V\frac{\rho(\boldsymbol{r}')}{R}\mathrm{e}^{-\mathrm{j}kR}\mathrm{d}V \tag{7.6}$$

$$\boldsymbol{A}(\boldsymbol{r},t)=\frac{\mu}{4\pi}\int_V\frac{\boldsymbol{J}(\boldsymbol{r}')}{R}\mathrm{e}^{-\mathrm{j}kR}\mathrm{d}V \tag{7.7}$$

考虑时间因子 $\mathrm{e}^{\mathrm{j}\omega t}$，且利用 $k=\omega/v$(v 为波速)，上面的两个式子变为

$$\phi(\boldsymbol{r},t)=\frac{1}{4\pi\varepsilon}\int_V\frac{\rho(\boldsymbol{r}')}{R}\mathrm{e}^{\mathrm{j}\omega\left(t-\frac{R}{v}\right)}\mathrm{d}V \tag{7.8}$$

$$\boldsymbol{A}(\boldsymbol{r},t)=\frac{\mu}{4\pi}\int_V\frac{\boldsymbol{J}(\boldsymbol{r}')}{R}\mathrm{e}^{\mathrm{j}\omega\left(t-\frac{R}{v}\right)}\mathrm{d}V \tag{7.9}$$

式中 $R=|\boldsymbol{r}-\boldsymbol{r}'|$，$\boldsymbol{r}$ 和 $\boldsymbol{r}'$ 分别是场点和源点的矢径，$\rho(\boldsymbol{r}')$ 和 $\boldsymbol{J}(\boldsymbol{r}')$ 则分别表示场源电荷分布和电流分布。为了验证上式的正确性，不妨考虑静态场这个特殊情况，即在上式中令 $\omega=0$，式子将变为

$$\phi(\boldsymbol{r})=\frac{1}{4\pi\varepsilon}\int_V\frac{\rho(\boldsymbol{r}')}{R}\mathrm{d}V'$$

和

$$\boldsymbol{A}(r)=\frac{\mu}{4\pi}\int_V\frac{\boldsymbol{J}(\boldsymbol{r}')}{R}\mathrm{d}V'$$

式(7.8)和式(7.9)中的时间因子 $\mathrm{e}^{\mathrm{j}\omega\left(t-\frac{R}{v}\right)}$ 的含义是，某时刻 t 距源点距离为 R 处的 ϕ 和 $\boldsymbol{A}$ 并不是由当时(即时刻 t)的电荷或电流分布情况所决定，而是由此前 $t-\dfrac{R}{v}$ 时刻的电荷或电流分布情况所决定的。这就是说，观察点的 $\boldsymbol{A}$ 和 ϕ 的变化要滞后于场源的变化，滞后的时间 R/v 就是电磁波传播距离 R 所需要的时间，所以把标量位 ϕ 和矢量位 A 都称为滞后位。

7.2 电流元的辐射

为了分析天线的特性，往往需要研究一段长度远小于工作波长且横截面很小(直径远

小于长度)的直线电流元的辐射情况，这个直线电流元也被称为基本电振子。在分析时往往假设振子上各点高频电流的振幅相等，相位也相同，但实际上满足这些条件的独立短导线是不存在的，而电偶极子上的电流分布跟这种条件比较接近，所以有时又把这种基本电振子叫做电偶极子。这样，对任意电流分布的长导线，虽然沿线的电流分布不是均匀的，但可以将其分解为许多段长度远小于波长的基本线元，这个线元上的电流可近似为均匀的，它的辐射情况可由基本电振子得出，所以基本电振子又可称为电流元。可见如果能求得电流元在空间的电磁场分布，任意线状导体构成的天线所激发的电磁场即可求得，故分析研究电流元在空间所激发的电磁场分布，具有重要的现实意义。

设电流元的长度为 $\mathrm{d}l$，电流振幅为 I，且在球坐标下沿 z 轴放置于原点，如图 7.1 所示。

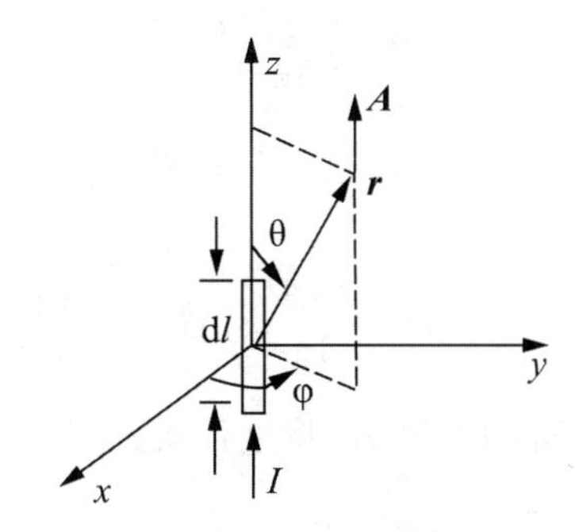

图 7.1　电流元的辐射

利用式(7.7)可得电流元在 $P(\boldsymbol{r})$点产生的矢量磁位为

$$\boldsymbol{A} = e_z \frac{\mu_0 I}{4\pi}\int_l \frac{\mathrm{e}^{-\mathrm{j}kR}}{R}\mathrm{d}l \tag{7.10}$$

由于 $\mathrm{d}l$ 很小，可看成是点源，且又置于球坐标的原点，故 $R\approx r$，上式简化为

$$\boldsymbol{A}=e_z \frac{\mu_0}{4\pi r}I\,\mathrm{d}l\mathrm{e}^{-\mathrm{j}kr} \tag{7.11}$$

它的方向是沿 z 轴的，把上式的 $\boldsymbol{A}$ 记为 $\boldsymbol{A}_z$，其在球坐标下可表示为

$$\boldsymbol{A}=e_r\boldsymbol{A}_z\cos\theta-e_\theta\boldsymbol{A}_z\sin\theta$$

代入式(7.4)，得到

$$H_r=0 \tag{7.12}$$

$$H_\theta=0 \tag{7.13}$$

$$H_\varphi=\frac{k^2 I\mathrm{d}l\mathrm{e}^{-\mathrm{j}kr}}{4\pi}\left[\frac{\mathrm{j}}{kr}+\frac{1}{(kr)^2}\right]\sin\theta \tag{7.14}$$

再利用

$$\boldsymbol{E}=\frac{1}{\mathrm{j}\omega\varepsilon_0}(\nabla\times\boldsymbol{H}) \tag{7.15}$$

解得电场各分量为

$$E_r=\frac{Idlk^3 e^{-jkr}}{2\pi\omega\varepsilon_0}\left[\frac{1}{(kr)^2}-\frac{j}{(kr)^3}\right]\cos\theta \tag{7.16}$$

$$E_\theta=\frac{Idlk^3 e^{-jkr}}{4\pi\omega\varepsilon_0}\left[\frac{j}{kr}+\frac{1}{(kr)^2}-\frac{j}{(kr)^3}\right]\sin\theta \tag{7.17}$$

$$E_\varphi=0 \tag{7.18}$$

7.2.1 电流元的近区场

把场点与源点之间的距离远小于波长 λ 的区域称为近区。在近区中，考虑到 r 很小，$kr\ll 1$，所以在场的表达式中，仅需保留 $(kr)^{-1}$ 的高次项，且 $e^{-jkr}\approx 1$。故有

$$E_r=-j\frac{Idl}{2\pi r^3}\frac{\cos\theta}{\omega\varepsilon_0} \tag{7.19}$$

$$E_\theta=-j\frac{Idl}{4\pi r^3}\frac{\sin\theta}{\omega\varepsilon} \tag{7.20}$$

$$H_\varphi=\frac{Idl}{4\pi r^2}\sin\theta \tag{7.21}$$

考虑到 $I=dq/dt$，对时谐场有 $I=j\omega q$，将之代入式(7.19)和式(7.20)中，得到

$$E_r=\frac{qdl}{2\pi\varepsilon r^3}\cos\theta \tag{7.22}$$

$$E_\theta=\frac{qdl}{4\pi\varepsilon r^3}\sin\theta \tag{7.23}$$

这和静电场中电偶极子的电场是一样的，磁场表达式则与静磁场中电流元 Idl 的磁场相同，故近区场称为准静态场。

【提示】 近区中电场与磁场有 $\frac{\pi}{2}$ 的相位差，因此平均坡印廷矢量为零，这说明近区场中没有电磁能量向外辐射，所以近区场又称为束缚场或感应场。

7.2.2 电流元的远区场

当 $kr\gg 1$ 时，$r\gg\lambda/2\pi$，即场点与源点距离远大于波长 λ，这片区域称为远区。在远区中，与近区不同的是要保留 $(kr)^{-1}$ 的低次幂项，对包含 $(kr)^{-2}$ 和 $(kr)^{-3}$ 的高次幂项一概略去不计，同时还需要考虑相位因子 e^{-jkr} 的影响。故远区电磁场为

$$E_\theta=j\frac{Idlk^2\sin\theta}{4\pi\omega\varepsilon r}e^{-jkr} \tag{7.24}$$

$$H_\varphi=j\frac{Idlk\sin\theta}{4\pi r}e^{-jkr} \tag{7.25}$$

可见，电场为 $\boldsymbol{e}_\theta$ 方向，磁场为 $\boldsymbol{e}_\varphi$ 方向，则平均坡印廷矢量为 $\boldsymbol{e}_r$ 方向，即远区场的电磁波是沿着 $\boldsymbol{e}_r$ 方向向外传播的 TEM 波；其次，电场与磁场在时间上同相，因此平均坡印廷矢量不等于零。这表明有电磁能量沿半径方向向外辐射，故称远区场为辐射场；此外远区场的大小不仅与坐标 r 成反比，而且还与坐标 θ 相关。显然，在垂直电流元的方向

(sinθ=1)，辐射场最大，沿着电流元的方向(sinθ=0)，辐射为零，这意味着电流元的辐射场具有方向性。

7.2.3 辐射功率和辐射电阻

如图 7.1 所示，假设用一个半径为 r 的球面把电流元包围起来，那么电流元总的辐射功率等于平均坡印延矢量在此球面上的积分值。其平均坡印延矢量为

$$\boldsymbol{S}_{\mathrm{av}}=\mathrm{Re}\left[\frac{1}{2}\boldsymbol{E}\times\boldsymbol{H}^{*}\right]=\mathrm{Re}\left[\boldsymbol{e}_r\frac{1}{2}E_\theta H_\varphi^{*}\right]=\boldsymbol{e}_r\frac{1}{2}\eta\left(\frac{I\mathrm{d}l}{2\lambda r}\sin\theta\right)^2 \tag{7.26}$$

因此，辐射功率为

$$P_r=\oint_S\boldsymbol{S}_{\mathrm{av}}\cdot\mathrm{d}\boldsymbol{S}=\int_0^{2\pi}\int_0^{\pi}\frac{1}{2}\eta\left(\frac{I\mathrm{d}l}{2\lambda r}\sin\theta\right)^2\cdot r^2\sin\theta\mathrm{d}\theta\mathrm{d}\varphi=\frac{\eta\pi I^2\mathrm{d}l^2}{3\lambda^2} \tag{7.27}$$

以空气中的波阻抗 $\eta=\eta_0=\sqrt{\frac{\mu_0}{\varepsilon_0}}=120\pi$ 代入，可得

$$P_{\mathrm{r}}=40\pi^2I^2\left(\frac{\mathrm{d}l}{\lambda}\right)^2 \tag{7.28}$$

式中 I 的单位为安培(A)，辐射功率 P_{r} 的单位为瓦(W)，空气中的波长 λ 的单位为米(m)。

为了描述电流元辐射电磁波功率的能力，引入一个假想的物理量——辐射电阻 R_{r}，其含义是此电阻消耗的功率等于电流元辐射出去的电磁波功率。故有

$$P_{\mathrm{r}}=\frac{1}{2}I^2R_{\mathrm{r}} \tag{7.29}$$

式中，I 为电流元上的电流振幅。联合式(7.28)和式(7.29)可得电流元的辐射电阻为

$$R_{\mathrm{r}}=80\pi^2\left(\frac{\mathrm{d}l}{\lambda}\right)^2 \tag{7.30}$$

显然，由式(7.30)可见，R_r 仅仅跟电流元的尺寸和电磁波的波长有关。

【提示】电流元的辐射电阻越大，表示它的辐射能力就越强。

7.3 天线

天线是一种能量转换器，作为无线通信不可缺少的一部分，其基本功能是辐射和接收无线电波。它的作用是将发信机输出的高频振荡信号转换为电磁波向空中辐射，另一方面，把从空中接收到的电磁波转变成高频振荡信号传输给收信机。因此，天线是一种导行波与自由空间波之间的转换器件，它起到的是换能器的作用，它也可以看成是电路与空间的一个界面器件。

为了有效地将导波能量转变为电磁波能量，天线应是一个良好的电磁开放系统，能和与之相联的电路部分实现良好匹配；应具有理想的方向性，以向预定的方向辐射或接收来自确定方向的电磁波；它不但能够发射或接收规定极化的电磁波，而且为了把信号的全部

信息有效地辐射出去，自然还应该具有足够的带宽。

7.3.1 天线的基本参数

这里引入几种参数来定量地描述天线的性能。天线的基本参数包括辐射方向图、方向系数、天线效率、极化特性、频带宽度和输入阻抗等。

1. 辐射方向图与方向性系数

天线方向图是指离天线一定距离处，辐射场的相对场强(归一化模值)随方向变化的曲线图，其中把描述电磁场强度在空间的相对分布情况的数学表达式称为天线的方向性函数，天线辐射方向图就是该数学表达式的图形表示。天线的辐射方向图通常是三维的立体图形，比如在球坐标系中，它则体现了电磁场强度随 θ 和 φ 两个坐标变量的变化情况，对电流元的辐射场而言，据式(7.24)可知它的辐射方向函数就是 $f(\theta)=\sin\theta$。为了简单起见，往往采用 E 平面和 H 平面这两个主平面上的方向图来描述天线的辐射情况。E 平面是指电场矢量所在的平面，而 H 平面是指磁场矢量所在的平面。如图 7.2 所示为电流元的 E 面方向图。

一般来说，天线的 E 面或 H 面方向图呈花瓣状，所以方向图又称波瓣图，它通常有一个主要的最大值和一些次要的更低的最大值。主瓣就是包含有最大辐射方向的波瓣，除主瓣外的其他波瓣都统称为旁瓣，位于主瓣正后方的波瓣称为后瓣。

为表征天线的最大辐射区域尖锐程度，定义主瓣宽度为主瓣两侧的两个半功率点，即场强下降为最大值的 $1/\sqrt{2}$ 的两点矢径之间的夹角。

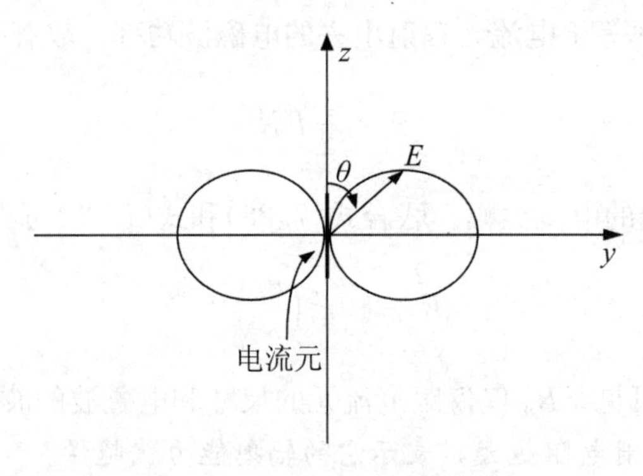

图 7.2 电流元的 E 面方向图

天线在最大辐射方向上远区某点的辐射功率密度与辐射功率相同的理想无方向性天线(点源)在同一点所产生的辐射功率密度之比，称为天线的方向性系数，用符号 D 表示。一般表达式为

$$D=\frac{4\pi}{\int_0^{2\pi}\int_0^{\pi}\mid F(\theta,\varphi)\mid^2\sin\theta\mathrm{d}\theta\mathrm{d}\varphi} \tag{7.31}$$

式中，$F(\theta,\varphi)$是天线的方向性函数。可见若天线的主瓣变宽，其辐射的电磁波能量将分布在更宽的角度范围，方向性系数将变小。对于理想的无方向性天线，显然其方向性系数 $D=1$，所以方向性系数 D 是一个大于等于 1 的值。

2. 辐射效率与增益系数

辐射效率是描述天线能量转换效率的参数，定义为天线的辐射功率与输入到天线上的功率之比，即

$$\eta_R=\frac{P_R}{P_{in}}=\frac{P_R}{P_R+P_L} \tag{7.32}$$

式中，P_R 表示天线的辐射功率，P_L 表示天线上的欧姆损耗功率，它一般由构成天线的导体、介质材料和加载元件的损耗等构成。

【小思考】 如何用辐射电阻来表示辐射效率？要提高天线辐射效率，应如何改变辐射电阻？

天线的增益系数是指在相同的输入功率时，天线在其最大辐射方向上远区某点的辐射功率密度与理想无方向性天线在同一点产生的辐射功率密度之比，用符号 G 表示。它是一个综合考量天线能量转换以及方向特性的参数，它等于天线方向性系数与天线辐射效率之积

$$G=\eta_R D \tag{7.33}$$

由此可见，只有当天线的 D 值大，辐射效率也高时，天线的增益才较高。通常用分贝来表示增益系数

$$G(\mathrm{dB})=10\lg G \tag{7.34}$$

限于篇幅的原因，以上只是简单介绍了天线几个基本的电参数，譬如天线的输入阻抗、有效长度、频带宽度和功率容量等都已略去，有关天线更详尽的内容，有兴趣的读者可参阅天线方面的专著。

7.3.2 天线的分类

天线的类型多种多样，可从不同的角度对天线进行分类，主要有以下几种。

(1)按用途可分为通信天线、广播电视天线、雷达天线等。

(2)按工作性质可分为接收天线和发射天线两大类，在不少无线电设备中天线兼有发射和接收两种功能。

(3)按其辐射方向可分为全向和定向天线。在各个方向上均匀辐射或接收电磁波的天线，称为全向天线，如小型通信机用的鞭状天线等；定向天线是指在某一个或某几个特定方向上发射及接收电磁波能力特别强，而在其他的方向上发射及接收电磁波能力则为零或极小的一种天线。采用定向发射天线的目的是增加辐射功率的有效利用率，增加保密性；采用定向接收天线的主要目的是增加抗干扰能力。

(4)按天线的使用波长可分为长波天线、中波天线、短波天线、超短波天线和微波天线。这种按使用波长来分类的方法符合天线发展的历史过程，但有许多天线可以同时应用于不同波段。从纯理论的观点来说，任何一种形式的天线都可以用到所有的波段上。只是由于电气性能或结构装置等限制，在某些波段不能使用。因此，按波长划分天线种类不够理想。

(5)按辐射元的类型来分，又可将天线分为线天线和面天线。这种分类方式便于对天

线的性能进行分析和研究，相对来说比较合理。线天线和面天线的基本辐射原理是相同的，但分析方法有所不同。

7.3.3 对称振子和天线阵

1. 对称振子天线

线天线是指载有高频电流的金属导线，且该导线的半径远小于其本身的长度及波长，亦包括金属面上线状的长槽，此长槽的横向尺寸也远小于波长及其纵向尺寸，且载有横向高频电场。线天线一般用于长、中、短波；而线状槽天线常应用于超短波和微波波段。

线天线的典型例子是对称振子(又称双极天线)，总长度为半个波长的对称振子称为半波振子。半波振子天线是一种典型的线天线，它是最基本的单元天线，广泛应用于短波和超短波波段，它不仅可作为独立天线使用，也可作为天线阵的阵元，很多复杂天线是由它组成的。由于这种天线的结构简单，因此求解过程简洁明了，从中能体会到天线的基本分析方法，下面来分析它在空间所产生的电磁场分布。

图7.3所示为一半波振子天线。它由两根粗细和长度都相同的导线构成，中间为两个馈电端。假如天线上的电流分布是已知的，则可利用叠加原理将整个天线看成是由许多电流元组成的，然后根据电流元的辐射场公式，运用积分的方法求得这些电流元在空间某点所产生的场强之矢量和，便可得到该天线的辐射场。对于如图所示的半波振子天线，它的每臂长近似为四分之一波长。理论和实践都已证明，在细的半波振子天线上，它的电流分布呈中心对称，在端点趋于零，非常接近于正弦驻波，可近似表示为

$$I=I_0\cos kz \quad \left(-\frac{\lambda}{4}\leqslant z\leqslant\frac{\lambda}{4}\right) \tag{7.35}$$

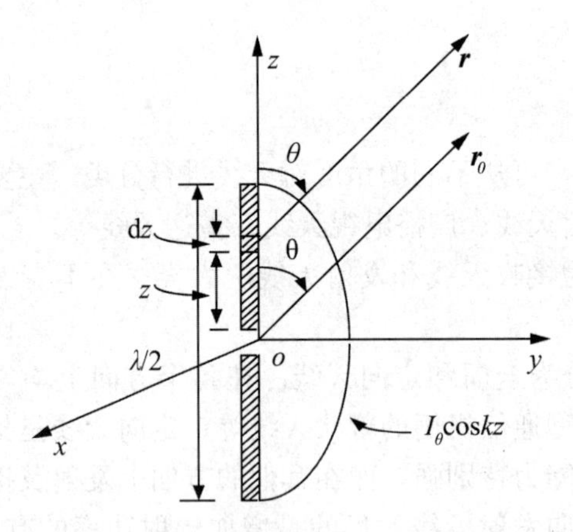

图7.3 对称半波振子天线

利用式(7.24)，且将$\omega=2\pi/T$和$\varepsilon_\theta=1/(4\pi\times9\times10^9)$代入，可得电流元$I\mathrm{d}z$在自由空间所产生的远区场电场强度

$$\mathrm{d}E_\theta=\mathrm{j}\,\frac{60\pi I}{\lambda r}\sin\theta\mathrm{e}^{-\mathrm{j}kr}\,\mathrm{d}z \tag{7.36}$$

将式(7.36)沿整个线天线积分，得到天线的远区场强

$$E_\theta=\int_{\frac{\lambda}{4}}^{\frac{\lambda}{4}}\mathrm{j}\,\frac{60\pi I_0\cos kz}{\lambda r}\sin\theta\mathrm{e}^{-\mathrm{j}kr}\,\mathrm{d}z \tag{7.37}$$

对远区场而言，在处理上述积分时，因为天线离场点的距离比天线的尺寸大得多，故可以把天线上各电流元 $I\mathrm{d}z$ 到场点的距离 r 用天线中点(坐标原点)到场点的距离 r_0 来近似，即$\frac{1}{r}\approx\frac{1}{r_0}$；但是对相位因子 $\mathrm{e}^{-\mathrm{j}kr}$ 中的 r，考虑到

$$r=(r_0^2+z^2-2r_0z\cos\theta)^{1/2}\approx(r_0^2-2r_0z\cos\theta)^{1/2}\approx r_0-z\cos\theta$$

拟用 $r_0-z\cos\theta$ 来近似，所以有

$$E_\theta=\mathrm{j}\,\frac{60\pi I_0\sin\theta}{\lambda r_0}\mathrm{e}^{-\mathrm{j}kr_0}\int_{-\frac{\lambda}{4}}^{\frac{\lambda}{4}}\cos kz\,\mathrm{e}^{\mathrm{j}kz\cos\theta}\,\mathrm{d}z=\mathrm{j}\,\frac{60I_0\cos\left(\frac{\pi}{2}\cos\theta\right)}{r_0\sin\theta}\mathrm{e}^{-\mathrm{j}kr_0} \tag{7.38}$$

这样就得到了半波振子天线的方向性函数

$$f(\theta,\varphi)=\frac{\cos\left(\frac{\pi}{2}\cos\theta\right)}{\sin\theta} \tag{7.39}$$

根据得到的方向性函数就可以画出天线的辐射方向图，如图 7.4 所示，可见在 $\theta=90^\circ$ 的方向上，天线的辐射强度是最大的，而且半波振子天线的方向图要比前面所述的电流元的方向图尖锐一些。

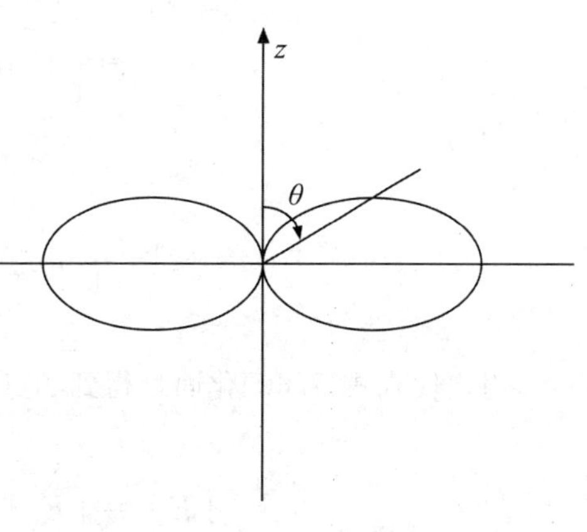

图 7.4　半波振子天线的 E 面方向图

【知识要点提醒】 其他类型线天线的分析可以按照上述方法，首先将其分割为一系列的基本单元，再依据各个单元上电流的振幅、相位和方向的分布特点(视天线的几何形状、尺寸和激励条件而定)，利用已有的基本电流元的辐射特性，最后通过积分把各个单元在空间上某相同点的电场叠加起来，便可求得天线的辐射特性。

2. 天线阵

把许多相同的简单天线按一定的规律排列在一起就构成了天线阵，其中每个简单天线称为阵元，天线阵在空间的电磁场分布情况可以由各个天线阵元在空间的辐射电磁场叠加得到。显然，天线阵的辐射与其每个阵元的类型、数目、相对位置以及电流分布等紧密相关。通过对这些参数进行设计和调整，便可以得到所需的天线辐射特性。

下面主要介绍均匀直线式天线阵。这种天线阵的每个阵元类型和取向均相同，且等间距地排列在同一条直线上，同时各阵元的电流幅度相等，相邻阵元上电流的相位均以相同值递增或递减。图 7.5 所示为一均匀直线式天线阵示意图，假设阵元 1、2、3、…、N 之间间距为 d，各阵元上电流幅度为 I，相位依次滞后 α。下面的分析仅限于考虑辐射场，可以近似地认为各个阵元在场点所产生电磁场的场强方向是相同的。以最左边的阵元 1 为基

准，阵元 2 辐射的电磁波的相位要比阵元 1 的超前 $\zeta=kd\cos\theta-\alpha$，阵元 3 辐射的电磁波的相位又要比阵元 2 的超前 $\zeta'=kd\cos\theta-\alpha=\zeta$，比阵元 1 的超前了 $\zeta+\zeta=2\zeta$，不难得知，自左向右相邻阵元辐射的电磁波到达场点的相位均依次超前 ζ。所以，天线阵在场点的合成场强为

$$E=E_1+E_2+E_3+\cdots+E_N=E_1\ (1+e^{j\zeta}+e^{j2\zeta}+\cdots+e^{j(N-1)\zeta}) \tag{7.40}$$

式中 $\zeta=kd\cos\theta-\alpha$。

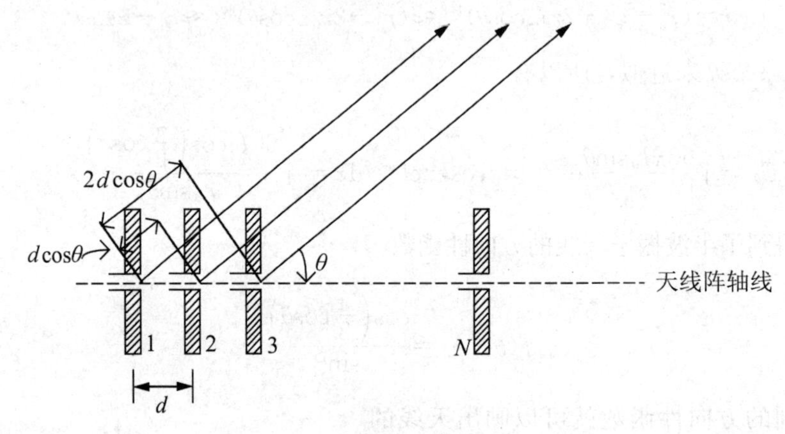

图 7.5　均匀直线式天线阵示意图

利用

$$1+e^{j\zeta}+e^{j2\zeta}+\cdots+e^{j(N-1)\zeta}=\frac{1-e^{jN\zeta}}{1-e^{j\zeta}}=\frac{\sin\left(N\dfrac{\zeta}{2}\right)}{\sin\dfrac{\zeta}{2}}e^{j(N-1)\frac{\zeta}{2}}$$

将之代入式(7.40)化简，得到场点场强的振幅为

$$|E|=|E_1|=\frac{\sin\left(N\dfrac{\zeta}{2}\right)}{\sin\dfrac{\zeta}{2}}=|E_1|f(\zeta) \tag{7.41}$$

式(7.41)中

$$f(\zeta)=\sin\left(N\frac{\zeta}{2}\right)/\sin\frac{\zeta}{2} \tag{7.42}$$

式(7.42)是一个与天线阵中阵元的数目、排列间距和相位差有关的函数，称为阵因子。

从式(7.41)可知，天线阵的方向函数由阵元的方向函数(包含在 $|E_1|$ 中)和阵因子相乘得到，这个规则称为方向图乘法规则。

阵因子取得最大值的条件可由其对 ζ 求导得到

$$\frac{d}{d\zeta}\left(\frac{\sin N\dfrac{\zeta}{2}}{\sin\dfrac{\zeta}{2}}\right)=0$$

得到

$$\tan\left(N\frac{\zeta}{2}\right)=N\tan\left(\frac{\zeta}{2}\right)$$

上式只有当 $\zeta=0$ 时成立，即

$$kd\cos\theta=\alpha \tag{7.43}$$

这说明天线阵相邻两个阵元上电流的相位差(α)与它们辐射的电磁波在场点所产生的空间相位差($kd\cos\theta$)相抵消时，各个阵元所产生的场强相位相同，总场强取得了最大值。由式(7.43)得天线阵的最大辐射方向

$$\theta_{\max}=\arccos\left(\frac{\alpha}{kd}\right) \tag{7.44}$$

由式(7.44)可见，在 d 不变的条件下，通过改变 α 就能实现天线阵最大辐射方向的改变。这就是说，连续地改变 α 就能连续地改变天线阵主瓣的辐射方向，从而无须通过机械地转动天线来实现天线阵波束在一定范围内的扫描，此即相控阵天线的基本原理。同时，各阵元上电流的相位差 α 必须满足条件 $\alpha\leqslant kd$，否则式(7.44)将无解。

如果均匀直线式天线阵的各个阵元电流不但振幅相等，而且相位也相同，此时 $\zeta=kd\cos\theta$，阵因子式(7.42)变为

$$f(\zeta)=\frac{\sin\left(\frac{N}{2}kd\cos\theta\right)}{\sin\left(\frac{1}{2}kd\cos\theta\right)} \tag{7.45}$$

不难求得 $f(\zeta)$ 取得最大值的条件为

$$\theta=\frac{\pi}{2}\text{或}\frac{3\pi}{2} \tag{7.46}$$

即如果不考虑单独每个阵元的辐射方向性的条件下，这种天线阵的最大辐射方向出现在垂直于天线阵轴线的方向上，这种天线阵称为边射式天线阵。图 7.6 所示为阵元间距等于 $\lambda/2$ 的四元边射式天线阵的方向图。

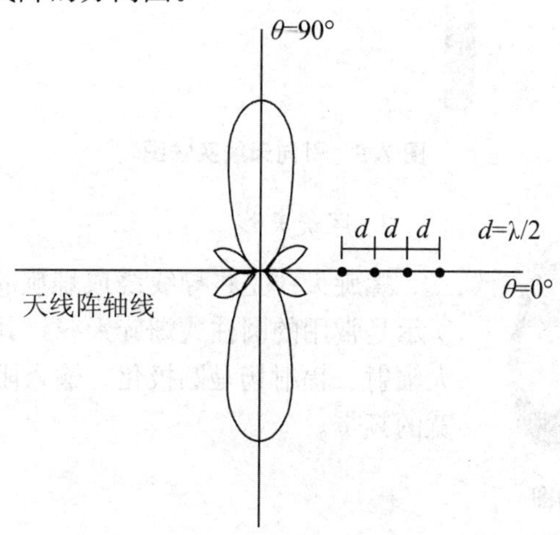

图 7.6　四元边射式天线阵的方向图

如果阵元的相位差满足

$$\alpha = kd \tag{7.47}$$

此时，由式(7.44)得

$$\theta_{\max} = 0 \tag{7.48}$$

即天线阵的最大辐射方向出现在沿天线阵轴线且指向电流相位滞后一端的方向上，这种天线阵称为端射式天线阵。图 7.7 所示为阵元间距等于 $\lambda/4$ 的八元端射式天线阵的方向图。

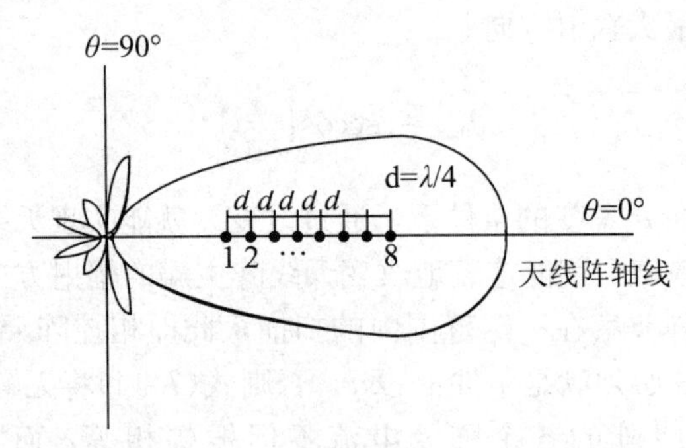

图 7.7　八元端射式天线阵的方向图

7.3.4　其他类型天线简介

1. 引向天线

引向天线又称八木天线，如图 7.8 所示，引向天线具有结构简单、轻便坚固、馈电方便、增益高，易于制作等优点，常用于米波、分米波波段的雷达、通信及其他无线电系统中。它的主要缺点是频带较窄、抗干扰性差。

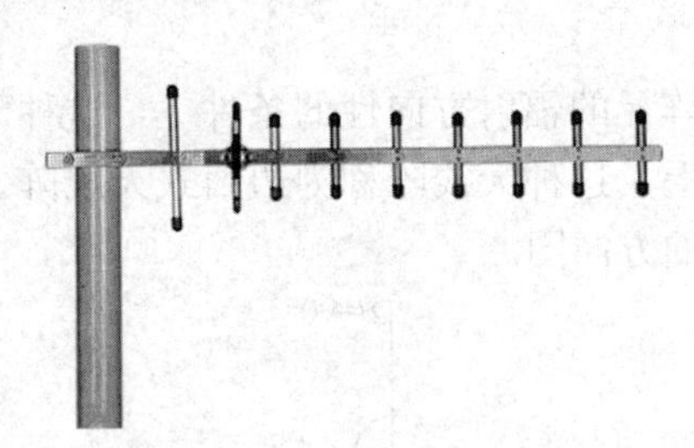

图 7.8　引向天线实物图

2. 螺旋天线

螺旋天线是将导线绕成螺旋状而构成的天线。图 7.9 所示是常用的圆柱式螺旋天线，其主要特点是沿轴线有最大辐射、辐射场是圆极化、输入阻抗近似为纯电阻、有较宽的频带。

图 7.9　螺旋天线实物图

3. 开槽天线

在一块大的金属板上开一个或几个狭窄的槽，用同轴线或波导馈电，这样构成的天线叫做开槽天线，也称裂缝天线。为了得到单向辐射，金属板的后面制成空腔，开槽直接由波导馈电。开槽天线结构简单，没有凸出部分，特别适合在高速飞机上使用。它的缺点是调谐困难。

4. 抛物面天线

抛物面天线由辐射器(或称馈源)和抛物反射面构成，如图 7.10 所示。抛物面天线具有良好的辐射特性，具有结构简单、方向性强、工作频带较宽等优点，被广泛应用于卫星地面接收、微波中继通信、遥控、遥测、雷达等领域。由于辐射器位于抛物面反射器的电场中，因而反射器对辐射器的反作用大，天线与馈线很难得到良好匹配，背面辐射较大，防护度较差，制作精度要求高。

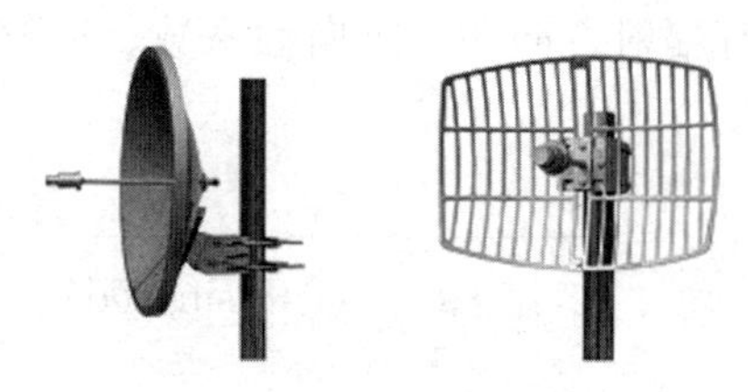

图 7.10　抛物面天线

天线种类繁多，这里不一一介绍了，有兴趣的读者可以参阅有关资料。

本章小结

本章介绍了电磁波的辐射问题。

(1)观察点的矢量位 **A** 和标量位 ϕ 的变化要滞后于场源的变化，所以都称为滞后位。**A** 和 ϕ 满足的方程为

$$\nabla^2\mathbf{A}+k^2\mathbf{A}=-\mu\boldsymbol{J}$$

$$\nabla^2\phi+k^2\phi=-\frac{\rho}{\varepsilon}$$

方程的解为

$$\phi(\boldsymbol{r})=\frac{1}{4\pi\varepsilon}\int_{V'}\frac{\rho(\boldsymbol{r}')}{R}\mathrm{d}V'$$

$$\mathbf{A}(\boldsymbol{r})=\frac{\mu}{4\pi}\int_{V'}\frac{\boldsymbol{J}(\boldsymbol{r}')}{R}\mathrm{d}V'$$

(2)电流元近区场的电磁场为

$$E_r=-\mathrm{j}\frac{I\mathrm{d}l}{2\pi r^3}\frac{\cos\theta}{\omega\varepsilon_0}$$

$$E_\theta = -\mathrm{j}\,\frac{I\mathrm{d}l}{4\pi r^3}\frac{\sin\theta}{\omega\varepsilon}$$

$$H_\varphi = \frac{I\mathrm{d}l}{4\pi r^2}\sin\theta$$

电流元远区场的电磁场为

$$E_\theta = \mathrm{j}\,\frac{I\mathrm{d}lk^2\sin\theta}{4\pi\omega\varepsilon r}\mathrm{e}^{-\mathrm{j}kr}$$

$$H_\varphi = \mathrm{j}\,\frac{I\mathrm{d}lk\sin\theta}{4\pi r}\mathrm{e}^{-\mathrm{j}kr}$$

电流元的辐射功率为 $P_\mathrm{r} = 40\pi^2 I^2\left(\frac{\mathrm{d}l}{\lambda}\right)^2$；辐射电阻为 $R_\mathrm{r} = 80\pi^2\left(\frac{\mathrm{d}l}{\lambda}\right)^2$

(3)天线的基本参数有辐射方向图、方向性系数、辐射效率和增益系数等，分别是

$$D = \frac{4\pi}{\int_0^{2\pi}\int_0^{\pi} |F(\theta,\varphi)|^2\sin\theta\mathrm{d}\theta\mathrm{d}\varphi}$$

$$\eta_\mathrm{R} = \frac{P_\mathrm{R}}{P_\mathrm{in}} = \frac{P_\mathrm{R}}{P_\mathrm{R}+P_\mathrm{L}} = \frac{R_\mathrm{r}}{R_\mathrm{r}+R_\mathrm{l}}$$

$$G = \eta_\mathrm{R} D$$

(4)许多天线放在一起组成天线阵，天线阵在空间的电磁场分布情况可以由各个天线阵元在空间的辐射电磁场叠加得到。

习 题

一、填空题

1. 判断电流元的电磁场属于近区、远区的条件是：当________时为近区；当________时为远区。

2. 电流元的方向函数为________，方向系数为________。

3. 半波振子天线横向尺寸远小于________。

4. 按辐射方向可把天线分为________和________。

5. 将导线绕成螺旋状而构成的天线称为________天线。

二、选择题

1. 在电流元的远区，电磁波是(　　)。

A. 非均匀球面波　　B. 非均匀平面波　　C. 均匀平面波

2. 电流元的远区场的电场强度 $\boldsymbol{E}$ 与观察点到电偶极子中心的距离 r 的关系是(　　)。

A. $|\boldsymbol{E}| \propto \frac{1}{r^3}$　　B. $|\boldsymbol{E}| \propto \frac{1}{r^2}$　　C. $|\boldsymbol{E}| \propto \frac{1}{r}$

3. 关于电流元的远区场下列叙述不正确的是(　　)。

A. 远区场是辐射场　　B. 远区场能量径向传播　　C. 远区场由当前源分布决定

4. 电流元的最大辐射方向与电流流向所成角度为(　　)。

A. 0°　　B. 45°　　C. 90°

5. 下列线天线中哪种方向性最好(　　)。

A. 电流元　　B. 半波对称振子　　C. 全向天线

三、分析及计算题

1. 滞后位的含义是什么？在分析电磁场问题时引入滞后位的意义何在？
2. 电流元是一种基本电振子，它的近区场和远区场有何特点？
3. 辐射电阻的含义是什么？
4. 天线的类型有哪些？各自的特点分别是什么？
5. 天线的参数有哪些？简述它们的基本含义。
6. 半波振子天线的特点是什么？它的方向性函数是什么？
7. 什么是均匀直线式天线阵？什么是阵因子？天线阵方向图乘法规则的含义是什么？
8. 半波振子天线上的电流振幅为1A，求离开天线1km处的最大电场强度。
9. 均匀直线式天线阵的各阵元之间距离 $d=\frac{\lambda}{2}$，如果要改变天线的最大辐射方向，使之位于偏离天线阵轴线±60°的方向，问各阵元之间的相位差应为多少？
10. 求波源频率为1MHz，线长为1m的长直导线段的辐射电阻。

第 8 章　静态场分析与应用

教学要求

知识要点	掌握程度	相关知识
静电场分析与应用	掌握	静电场基本方程与边界条件、电位函数的方程、电容及电场能、静电场的应用
恒定磁场分析与应用	掌握	恒定磁场基本方程与边界条件、矢量磁位和标量磁位、电感及磁场能、恒定磁场的应用
恒定电场分析与应用	掌握	恒定电场基本方程及边界条件、静电比拟法、恒定电场的应用

导入案例

丹麦物理学家、化学家汉斯·奥斯特受康德哲学思想的影响，一直坚信电和磁之间一定有某种关系，电一定可以转化为磁，问题是怎样找到实现这种转化的条件。奥斯特仔细地审查了库仑的论断，发现库仑研究的对象全是静电和静磁，确实不可能转化。他猜测非静电、非静磁可能是转化的条件，应该把注意力集中到电流和磁体有没有相互作用的课题上去，他决心用实验来进行探索。

1819 年上半年到 1820 年下半年，奥斯特一面担任电、磁学讲座的主讲，一面继续研究电、磁关系。1820 年 4 月，在一次讲演快结束的时候，奥斯特抱着试试看的心情又做了一次实验。他把一条非常细的铂导线放在一根用玻璃罩罩着的小磁针上方，接通电源的瞬间，发现磁针跳动了一下。这一跳，使有心的奥斯特喜出望外，竟激动得在讲台上摔了一跤。但是因为偏转角度很小，而且不很规则，这一跳并没有引起听众注意。以后，奥斯特花了 3 个月，做了许多次实验，发现磁针在电流周围都会偏转。在导线的上方和导线的下方，磁针偏转方向相反。在导体和磁针之间放置非磁性物质，如木头、玻璃、水、松香等，不会影响磁针的偏转。1820 年 7 月 21 日，奥斯特写成《论磁针的电流撞击实验》的论文，正式向学术界宣告发现了电流磁效应。奥斯特把数百年来人们一直认为风马牛不相及的两种现象联系起来，导致了电动机的发明，从而带来并推动了工业革命的发展。

通常情况下，电场和磁场是统一的电磁场的两个方面，是相互联系的。但是，当激发它们的场源(即电荷、电流)不随时间变化时，对应的电磁场也不随时间变化，称为静态电磁场。由第 3 章讲述的麦克斯韦方程组可知，当场量不随时间变化时，电场与磁场分别满足它们各自的实验定律和方程。这表明在静态情况下，电场和磁场是独立存在的。例如，相对于观察者为静止的电荷，在它周围只发现有电场，而没有发现磁场；而在通有恒定电流的导体以外空间中静止的观察者，也仅发现磁场而没有发现电场。因此在一些特殊情况下就有可能把电场和磁场从统一的电磁现象中划分出来分别研究。

静态场是电磁场的特殊形式，由静态电荷产生的静电场、在导电媒质中恒定运动电荷形成的恒定电场以及恒定电流产生的恒定磁场都属于静态场。

8.1 静电场的分析与应用

由矢量分析的讨论可知，一个矢量场的性质必须由它的散度和旋度来决定。静态场的基本方程就是指场量的散度与旋度应满足的方程，基本方程是麦克斯韦方程组在静态场条件下的简化。在处理实际问题时，常常需要求解基本方程在不同区域的特解，因此需要知道两种媒质分界面处电磁场应该满足的关系，即边界条件。

8.1.1 静电场的基本方程及边界条件

1. 静电场的基本方程

静电场的源是静止的量值不随时间变化的电荷，由这些电荷激发的静电场的所有场量都不随时间变化，它们只是空间坐标的函数，故麦克斯韦方程组可简化。

微分形式为

$$\nabla \times \boldsymbol{E}=0 \tag{8.1}$$

$$\nabla \times \boldsymbol{H}=0 \tag{8.2}$$

$$\nabla \cdot \boldsymbol{D}=\rho \tag{8.3}$$

$$\nabla \cdot \boldsymbol{B}=0 \tag{8.4}$$

积分形式为

$$\oint_l \boldsymbol{E} \cdot \mathrm{d}\boldsymbol{l} = 0 \tag{8.5}$$

$$\oint_l \boldsymbol{H} \cdot \mathrm{d}\boldsymbol{l} = 0 \tag{8.6}$$

$$\oint_S \boldsymbol{D} \cdot \mathrm{d}\boldsymbol{S} = \int_V \rho \mathrm{d}V \tag{8.7}$$

$$\oint_S \boldsymbol{B} \cdot \mathrm{d}\boldsymbol{S} = 0 \tag{8.8}$$

上述方程中，关于电场的方程式(8.1)、式(8.3)和式(8.5)、式(8.7)(为静电场的基本方程)中只含有电场量，而关于磁场的方程式(8.2)、式(8.4)和式(8.6)、式(8.8)中只含有磁场量，这说明了在静态场中电场和磁场是互不依存、相互独立的。它们表明静电场是有源无旋场，从力的角度又可以把静电场看成是一种保守场。因为当在场中沿任意闭合路径移动一个电荷 q 时，电场力做的功为 0，即当电荷回到出发点时，电场能量回到原来的值，这意味着当空间电荷分布一定时，空间中电场的位能分布是一定的。这样一种性质称为静电场的守恒性质。

在静电场的分析中，有时源的分布是已知的，需要分析场的分布；有时场的分布是已知的，需要分析源的分布。下面举例说明静电场中这两类问题的分析方法。

【例 8.1】某平行板电容器如图 8.1 所示，板间均匀分布电荷，已知板间的电场强度 $\boldsymbol{E}=\boldsymbol{e}_x\dfrac{E_0 a}{x}$(V/m)，求板间的电荷分布。

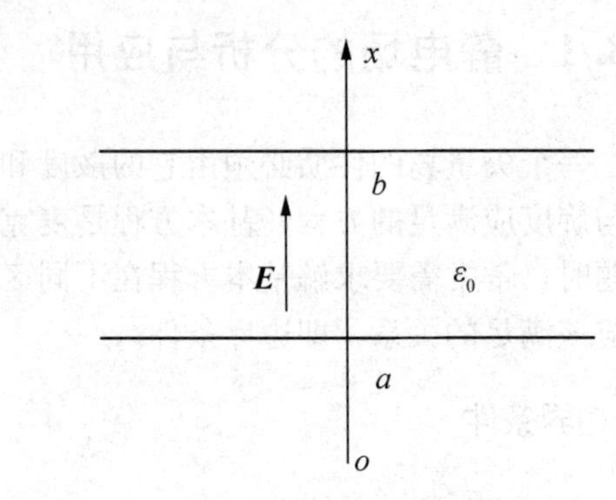

图 8.1 平行板电容器

解：由高斯定理的微分形式可得

$$\nabla\cdot\boldsymbol{E}=\frac{\partial E_x}{\partial x}+\frac{\partial E_y}{\partial y}+\frac{\partial E_z}{\partial z}=\frac{\rho}{\varepsilon_0}$$

所以

$$\frac{\partial}{\partial x}\left(\frac{E_0 a}{x}\right)=\frac{\rho}{\varepsilon_0}$$

故板间的电荷体密度为

$$\rho=-\varepsilon_0 E_0\frac{a}{x^2}(\mathrm{C/m^3})$$

本例是已知场的分布求源分布的问题，须利用高斯定理的微分形式来分析。

【例 8.2】一个半径为 a 的球体均匀分布着体电荷密度 $\rho=-\rho_0$ 的电荷，球体内外介电常数均为 ε_0，如图 8.2 所示，求球体内外的电位移矢量 $\boldsymbol{D}$。

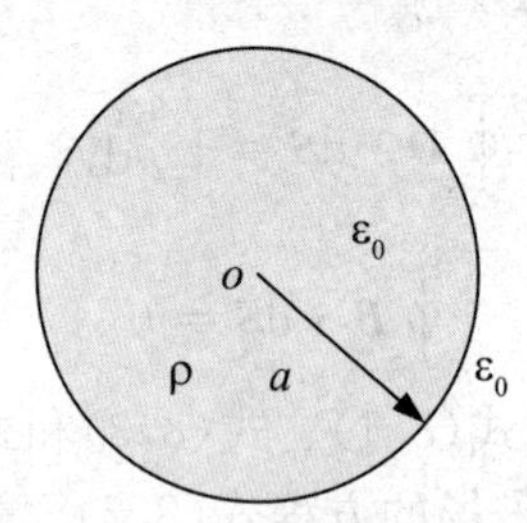

图 8.2 带电球体

解：因为电荷的分布具有球对称性，所以球体内外的场分布是球对称的，做与球心同心，半径为 r 的高斯面，应用高斯定理的积分形式可求出距球心 r 处的电位移矢量。

在 $r<a$ 的区域

$$\oint_S\boldsymbol{D}\cdot\mathrm{d}\boldsymbol{S}=4\pi r^2\boldsymbol{D}_1\boldsymbol{e}_r\cdot\boldsymbol{e}_r=-\frac{4}{3}\pi r^3\rho_0$$

所以

$$\boldsymbol{D}_{\mathrm{i}}=-\frac{r}{3}\rho_0\boldsymbol{e}_r$$

在 $r>a$ 的区域

$$\oint_S\boldsymbol{D}\cdot\mathrm{d}\boldsymbol{S}=4\pi r^2D_0e_r\cdot e_r=-\frac{4}{3}\pi a^3\rho_0$$

$$\boldsymbol{D}_0=-\frac{a^3}{3r^2}\rho_0e_{\mathrm{r}}$$

【例 8.3】半径为 r_0 的无限长导体柱面，单位长度上均匀分布的电荷密度为 ρ_1，试计算空间各点的电场强度。

解：电荷在柱面上分布，且柱面将空间分成柱形区域，因此选用柱坐标系。在柱坐标系中，将 z 轴置于导体柱面的轴线上，如图 8.3 所示。由于电荷在柱面上均匀分布，电荷和电场的分布具有轴对称性(关于 z 对称)，因此空间各点电场的方向一定在 ρ 方向上，且在任一 ρ 柱面上各点 $E\rho$ 值相等。

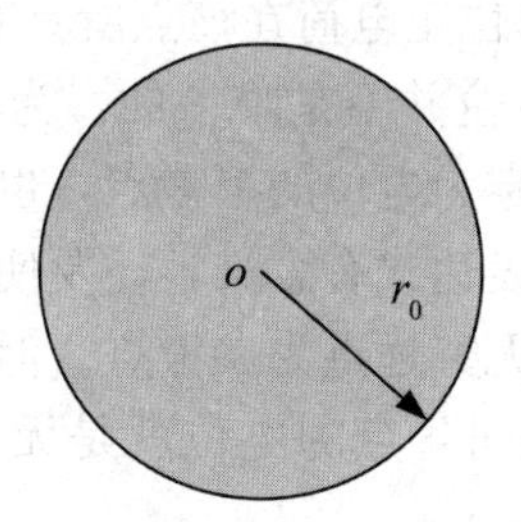

图 8.3　柱面电荷的电场强度计算

作一与导体柱面同轴、半径为 ρ、长为 l 的闭合面 $\boldsymbol{S}$，应用高斯定理计算电场强度的通量。当 $\rho<r_0$ 时，由于导体内无电荷，因此 $\oint_S\boldsymbol{E}\cdot\mathrm{d}\boldsymbol{S}=0$

故有 $E=0$，导体内无静电场，这与物理学的结论是一致的。

当 $\rho>r_0$ 时，由于电场只在 ρ 方向有分量，电场在两个底面上无通量，因此

$$\oint_S\boldsymbol{E}\cdot\mathrm{d}\boldsymbol{S}=\int_S E_\rho\boldsymbol{e}_\rho\cdot\boldsymbol{e}_\rho\mathrm{d}S_\rho=\int_S E_\rho\cdot\mathrm{d}S_\rho=E\cdot2\pi\rho l=\frac{\rho_1 l}{\varepsilon_0}$$

则

$$\boldsymbol{E}=\frac{\rho_1}{2\pi\rho\varepsilon_0}\boldsymbol{e}_{\boldsymbol{\rho}}$$

当 $r_0\to0$ 时，此导体柱面变为一无线长细导线，导线上单位长度分布的电荷仍为 ρ_1。按同样的方法可得，细导线的电场仍由 $\oint_S\boldsymbol{E}\cdot\mathrm{d}\boldsymbol{S}=\frac{\rho_1 l}{\varepsilon_0}$ 给出。这说明均匀分布在无限长柱面上电荷的电场与无限长线电荷的电场具有相同的空间分布。

以上两个例子是已知源的分布求场分布的问题，须利用高斯定理的积分形式来分析。

2. 静电场的电位函数

如果电荷分布区域是一个复杂的区域，或电荷分布不具有任何对称性，则用矢量积分的方法来计算电场分布，这在数学上将会遇到极大的困难。由于静电场是保守场，具有无旋性，因此用动态标量位的概念引入一个标量位函数来描述静电场。由矢量恒等式可知，梯度的旋度恒等于零，即

$$\nabla \times (\nabla \phi) = 0$$

而从静电场的基本方程可知

$$\nabla \times \boldsymbol{E} = 0$$

所以电场强度可表示为

$$\boldsymbol{E} = -\nabla \phi \tag{8.9}$$

式(8.9)中的 ϕ 为电位函数，通常简称为电位，电位是标量。

静电场中某一点电位的物理意义是：电场力从该点将单位正电荷移至电位参考点(通常为零电位点)所做的功，也就是单位正电荷在该点所具有的电位能。

由式(8.9)可知，场中某点的电位并不是唯一的，为了能唯一地确定场中某点的电位的值，必须将场中的某个固定点确定为电位的参考点，也就是规定该点的电位为零。

电位参考点的选取应使电位的表达式有意义，还要使表达式尽可能简单。因此，当电荷分布在有限区域内时，通常选择无穷远点为参考点。但如果电荷分布到无穷远处，则不能选择无穷远点为参考点，否则空间各点的电位就是无穷大，失去了意义。故对这种情况，应选择有限远点为参考点。

静电位具有明确的物理意义。将式(8.9)两端点乘以 $\mathrm{d}\boldsymbol{l}$ 则有

$$\boldsymbol{E} \cdot \mathrm{d}\boldsymbol{l} = -\nabla \phi \cdot \mathrm{d}\boldsymbol{l} = -\frac{\partial \phi}{\partial l}\mathrm{d}l = -\mathrm{d}\phi \tag{8.10}$$

对上式两边从点 A 到点 B 沿任意路径进行积分，则得到 A、B 两点之间的电位差为

$$\phi_{AB} = \phi(A) - \phi(B) = -\int_A^B \mathrm{d}\phi = \int_A^B \boldsymbol{E} \cdot \mathrm{d}\boldsymbol{l} \tag{8.11}$$

可见，场中两点之间电位差的物理意义为：把一个单位正电荷从一点沿任意路径移动到另一点的过程中，电场力所做的功。电位差又称为两点之间的电压，常用 U 来表示。

3. 静电位的泊松方程和拉普拉斯方程

在静电场中求电位(标量)要比求电场强度(矢量)方便，求得电位函数后求它的负梯度便是电场强度。静电场发散，即

$$\nabla \cdot \boldsymbol{E} = \frac{\rho}{\varepsilon}$$

又由于 $\boldsymbol{E} = -\nabla \phi$，则有

$$\nabla^2 \phi = -\frac{\rho}{\varepsilon} \tag{8.12}$$

这就是静电位 ϕ 满足的标量泊松方程，是动态标量位方程在静电场中的形式。

在无电荷分布的区域，由于 $\rho=0$，则电位 ϕ 满足拉普拉斯方程

$$\nabla^2\phi=0 \tag{8.13}$$

4. 静电场的边界条件

不同的电介质的极化性质一般不同，因而在不同介质的分界面上静电场的场分量一般不连续。场分量在界面上的变化规律称为边界条件。边界的存在会影响场的分布，当边界的形状和边界场的值确定了，空间各点的场和分布规律才能确定，这种实际问题称为边值问题。以下由介质中场方程的积分形式导出边界条件。

1) $\boldsymbol{E}$ 与 $\boldsymbol{D}$ 满足的边界条件

图 8.4 所示为两种不同媒质的分界面，媒质 1 的参数为 ε_1、μ_1 和 γ_1，媒质 2 的参数 ε_2、μ_2 和 γ_2，取分界面的法向单位矢量 $\boldsymbol{n}$ 由媒质 2 指向媒质 1。设分界面两侧的电场强度分别为 $\boldsymbol{E}_1$、$\boldsymbol{E}_2$，在媒质分界面上任作一个跨越分界面的狭小矩形回路，两条长边分别在分界面两侧，且都与分界面平行。其长为 Δl、宽为 Δh，并令 Δh 趋于零，得到

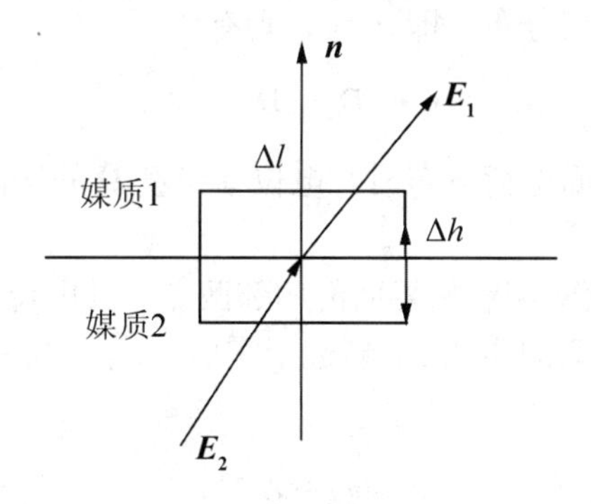

图 8.4　$\boldsymbol{E}$ 的边界条件

$$\oint_l \boldsymbol{E}\cdot \mathrm{d}\boldsymbol{l} = E_{1t}\cdot\Delta l - E_{2t}\cdot\Delta l = 0$$

于是得到

$$E_{1t}=E_{2t} \tag{8.14}$$

或

$$\boldsymbol{n}\times(\boldsymbol{E}_1-\boldsymbol{E}_2)=0 \tag{8.15}$$

这表明，电场强度在不同媒质分界面两侧的切向分量是连续的。

再推导电位移矢量的边界条件，在分界面两侧作一个扁圆柱形闭合曲面，顶面和底面分别位于分界面两侧且都与分界面平行，其面积为 ΔS，如图 8.5 所示。将介质中积分形式的高斯定理应用于这个闭合面，然后令圆柱的高度趋于零，此时在侧面的积分为零，于是有

$$\boldsymbol{D}_1\cdot\boldsymbol{n}\Delta S-\boldsymbol{D}_2\cdot\boldsymbol{n}\Delta S=\sigma$$

即

$$D_{1n}-D_{2n}=\sigma \tag{8.16}$$

或

$$\boldsymbol{n}\cdot(\boldsymbol{D}_1-\boldsymbol{D}_2)=\sigma \tag{8.17}$$

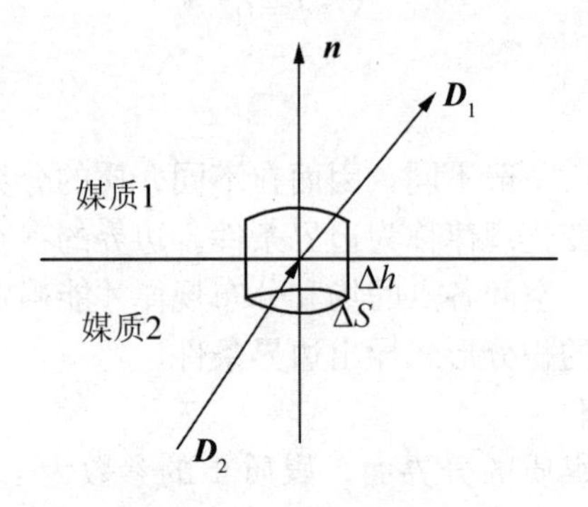

图 8.5 D 的边界条件

其中 σ 表示分界面上的自由面电荷密度。这表明，电位移矢量 $\boldsymbol{D}$ 在不同媒质分界面两侧的法向分量是不连续的，其差值恰好等于分界面上的电荷面密度 σ。

若分界面上不存在面电荷分布，即 $\sigma=0$，则有

$$\boldsymbol{n}\cdot(\boldsymbol{D}_1-\boldsymbol{D}_2)=0 \tag{8.18}$$

可见，分界面上不存在面电荷分布时，电位移矢量 $\boldsymbol{D}$ 的法向分量是连续的。

2)电位 ϕ 的边界条件

设 A 和 B 是介质分界面两侧紧贴界面的相邻两点，其电位分别为 ϕ_A 和 ϕ_B。由于界面处的电场为有限值，当两点间的距离 Δl 趋近于零时，$\phi_A-\phi_B=\boldsymbol{E}\cdot\Delta\boldsymbol{l}$ 必然趋近于零。故边界两侧的电位相等，即

$$\phi_A=\phi_B \tag{8.19}$$

由式 $\boldsymbol{n}\cdot(\boldsymbol{D}_1-\boldsymbol{D}_2)=\sigma$ 和 $\boldsymbol{D}=-\varepsilon\nabla\phi$，可得

$$\varepsilon_2\frac{\partial\phi_2}{\partial n}-\varepsilon_1\frac{\partial\phi_1}{\partial n}=\sigma \tag{8.20}$$

式(8.19)和式(8.20)就是分界上电位的边界条件。

如果分界面无面电荷，即 $\sigma=0$，则

$$\varepsilon_2\frac{\partial\phi_2}{\partial n}-\varepsilon_1\frac{\partial\phi_1}{\partial n}=0 \tag{8.21}$$

另外，在导体表面，边界条件可以简化，导体内的静电场在静电平衡时为零。设导体外部的场为 $\boldsymbol{E}$ 和 $\boldsymbol{D}$，导体的外法向为 $\boldsymbol{n}$，则导体表面的边界条件简化为 $E_t=0$ 和 $D_n=\sigma$。

【例 8.4】 一个半径为 a 的导体球的电位为 U，设无穷远处为零电位，求球内、外的电位分布。

解： 导体球是等位体，所以球内各点的电位均为 U。

球外的电位满足拉普拉斯方程

$$\nabla^2\phi=\frac{1}{r^2}\frac{\mathrm{d}}{\mathrm{d}r}\left(r^2\frac{\mathrm{d}\phi}{\mathrm{d}r}\right)=0$$

两次积分，通解为 $\phi=-\frac{A}{r}+B$

根据边界条件求常数，边界条件如下。

(1)$r=a$ 时，$\phi=U$。

(2)$r=\infty$时，$\phi=0$。

由上述边界条件，确定常数为：$A=-aU$、$B=0$，代入通解得

$$\phi=\frac{aU}{r}$$

【例 8.5】用电位微分方程求解例 8.2 中的球内、球外的电位分布和电场强度。

解：设球内、球外的电位分别为 ϕ_i 和 ϕ_o，球体内部有电荷分布，则 ϕ_i 满足泊松方程，球外是无电荷区域，则 ϕ_o 满足拉普拉斯方程。因为电荷分布均匀，场量球对称，故球内外的电位是 r 的函数。

$$\nabla^2\phi_i=\frac{1}{r^2}\frac{\partial}{\partial r}\left(r^2\frac{\partial\phi_i}{\partial r}\right)=\frac{\rho_0}{\varepsilon_0}$$

$$\nabla^2\phi_o=\frac{1}{r^2}\frac{\partial}{\partial r}\left(r^2\frac{\partial\phi_o}{\partial r}\right)=0$$

将上述两个方程分别积分两次可得通解：$\phi_i=\frac{\rho_0}{6\varepsilon_0}r^2-\frac{A}{r}+B$；$\phi_o=-\frac{C}{r}+D$

边界条件如下。

(1)$r=a$ 时，$\phi_i=\phi_o$。

(2)$r=\infty$时，$\phi_o=0$(以无限远处为参考点)。

(3)$r=a$ 时，$\varepsilon_0\frac{\partial\phi_i}{\partial r}=\varepsilon_0\frac{\partial\phi_o}{\partial r}$。

(4)$r=0$ 时，$\frac{\partial\phi_i}{\partial r}=0$。

由上述条件，确定通解中的常数：$A=0$、$B=-\frac{\rho_0 a^2}{2\varepsilon_0}$、$D=0$、$C=\frac{\rho_0 a^3}{3\varepsilon_0}$

$$\phi_o=-\frac{\rho_0 a^3}{3\varepsilon_0 r}$$

故

$$\phi_i=\frac{\rho_0 r^2}{6\varepsilon_0}-\frac{\rho_0 a^2}{2\varepsilon_0}$$

由公式 $E=-\nabla\phi$ 可求得

$$\boldsymbol{E}_i=-\frac{\partial\phi_i}{\partial r}\boldsymbol{e}_r=-\frac{\rho_0 r}{3\varepsilon_0}\boldsymbol{e}_r$$

$$\boldsymbol{E}_o=-\frac{\partial\phi_o}{\partial r}\boldsymbol{e}_r=-\frac{\rho_0 a^3}{3\varepsilon_0 r^2}\boldsymbol{e}_r$$

8.1.2 电容

静电场中的导体是等位体，导体内部没有电荷，其内部的电场强度为零，电荷只能分布在导体的表面上。假设一个孤立导体带电荷量为 Q，所产生的电位为 ϕ。若将导体上的总电荷量增加 k 倍，则导体表面上各点的电荷面密度将增加同样的倍数，显然导体的电位也将增加 k 倍，即一个孤立导体的电位与它所带的总电荷量成正比。把一个孤立导体所带的总电荷量 Q 与它的电位 ϕ 之比

$$C=\frac{Q}{\phi} \tag{8.22}$$

称为孤立导体的电容。

平行双导线、同轴线等是常见的双导体系统，通常称为电容器。双导体电容定义为二导体带有等量异性电荷时，电量与两导体间电位差之比，即

$$C=\frac{Q}{U} \tag{8.23}$$

计算双导体电容时可按下列步骤进行。

(1)设两导体上分别带有等量异号电荷，电量为 $\pm Q$。

(2)求出两导体间的电场分布。

(3)计算两导体的电位差 U。

(4)最后计算电量与电位差的比值，即为电容。

孤立导体的电容可认为是把双导体系中一个导体移至无限远处，以无限远处为参考点，则两导体间的电位差就是另一个导体的电位。它是双导体电容的一个特例。

【提示】电容是导体系统的一种物理属性，它只与导体的形状、尺寸、相对位置以及导体周围的介质有关，而与导体的电位和所带的电荷量无关。

【小知识】电容(或称电容量)是表征电容器容纳电荷本领的物理量。把电容器的两极板间的电势差增加1V所需的电量，称为电容器的电容。电容器从物理学上讲，是一种静态电荷存储介质，它的用途较广，是电子、电力领域中不可缺少的电子元件，主要用于电源滤波、信号滤波、信号耦合、谐振、隔直流等电路中。

现在以同轴线和平行双导体为例，计算它们的电容。因为传输线的长度远大于其横截面尺寸和双导体间的距离，所以它们的场是平行平面场，只需计算单位长度的电容，与传输线长度无关。

【例8.6】置于空气中(介电常数为 ε_0)的平行双线传输线如图8.6所示，导体的半径为 a，两导体的轴线相距为 D，且 $D \gg a$，试求传输线单位长度的电容。

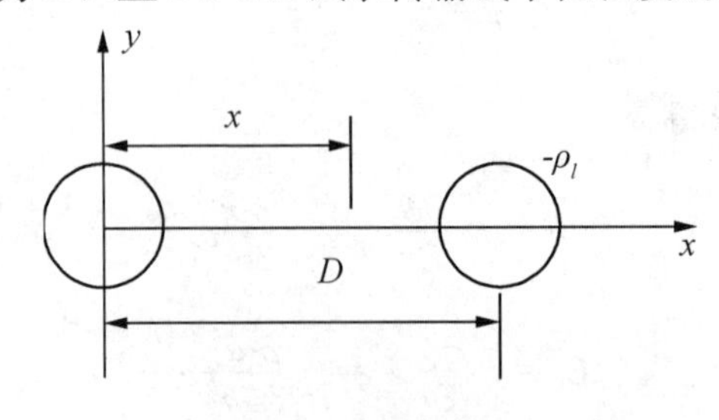

图8.6 双线传输线

解：由于 $D \gg a$，可近似地认为电荷均匀分布在导线表面上。设两导线单位长度带电量分别为 $+\rho_l$ 和 $-\rho_l$，应用高斯定理可得到两导线间的平面上任意一点的电场为

$$\boldsymbol{E}(x)=\frac{\rho_l}{2\pi\varepsilon_0}\left(\frac{1}{x}+\frac{1}{D-x}\right)\boldsymbol{e}_x$$

两导线间的电压

$$U=\int_a^{D-a}\boldsymbol{E}(x)\cdot\boldsymbol{e}_x\mathrm{d}x=\frac{\rho_l}{2\pi\varepsilon_0}\int_a^{D-a}\left(\frac{1}{x}+\frac{1}{D-x}\right)\mathrm{d}x$$

$$=\frac{\rho_l}{\pi\varepsilon_0}\ln\frac{D-a}{a}$$

于是，得到平行双线传输线单位长度的电容为

$$C=\frac{\rho_l}{U}=\frac{\pi\varepsilon_0}{\ln\dfrac{D-a}{a}}\approx\frac{\pi\varepsilon_0}{\ln\dfrac{D}{a}}$$

【**提示**】如果两导体间的距离较近，导体表面的电荷分布要受邻近导体的影响，因而失去轴对称关系，就不能用上述方法计算电容。

【**例 8.7**】同轴线内导体半径为 a，外导体的内半径为 b，内外导体间填充介电常数为 ε 的均匀电介质，计算同轴线单位长度的电容。

解：设同轴线的内、外导体单位长度带电量分别为 ρ_l 和 $-\rho_l$，用高斯定理可得到内外导体间的电场强度为

$$\boldsymbol{E}=\frac{\rho_l}{2\pi\varepsilon\rho}\boldsymbol{e}_\rho$$

则两导体间的电位差

$$U_{ab}=\int_a^b\frac{\rho_l}{2\pi\varepsilon\rho}\mathrm{d}\rho=\frac{\rho_l}{2\pi\varepsilon}\ln\frac{b}{a}$$

则同轴线单位长度电容

$$C=\frac{\rho_l}{U_{ab}}=\frac{2\pi\varepsilon}{\ln\dfrac{b}{a}}$$

这两个例子表明电容只与其本身结构(尺寸、介质、形状)有关，而与线上带电量及两导体间的电位差无关。

8.1.3 静电场的能量及能量密度

前面讲过的电容器能够储存能量，那么能量储存在哪里？把一个带电体置于静电场中，带电体会受到电场力的作用。如果没有其他外力与之平衡，电场力将使带电体移动而做功，这说明静电场中储存着能量。这些能量是在电场的建立过程中积累起来的，所以电容器能够储存能量的原因是电容器的两极板间有确定场强的静电场。将电荷由无穷远处移到静电场中，一方面外力必须反抗电场力而做功，另一方面移入新的电荷后引起电场变化，于是外力所做的功转变为电场能量储藏在静电场中。在给一个由 N 个带电导体构成的线性系统充电

时，只要带电体上开始有了电量，继续向该带电系统输送新的电量就必须做功。

点电荷 q_1 产生的电场中，将另一电荷 q_2 由无穷远移至距点电荷 q_1 为 R_{12} 处，外力反抗电场力所做的功为

$$W_2=q_2\phi_2=\frac{q_1q_2}{4\pi\varepsilon_0R_{12}} \tag{8.24}$$

式中，ϕ_2 表示由点电荷 q_2 在 q_1 处产生的电位。若点电荷 q_2 与 q_1 互换，则外力反抗电场力所做的功为

$$W_1=q_1\phi_1=\frac{q_1q_2}{4\pi\varepsilon_0R_{21}} \tag{8.25}$$

式中，ϕ_1 表示由点电荷 q_2 在 q_1 处产生的电位。在线性介质中，电位与电荷的建立方式及其过程无关，所以上面两种方式的结果完全一样。电场能量储存在由 q_1、q_2 构成的共同系统中，电场能量可以表示为

$$W=\frac{1}{2}W_1+\frac{1}{2}W_2=\frac{1}{2}(q_1\phi_1+q_2\phi_2) \tag{8.26}$$

若在此系统中另一点电荷 q_3 从无穷远处移至距离 q_1 为 R_{13}、距离 q_2 为 R_{23} 处，设 ϕ_3 为 q_1 和 q_2 在 q_3 处产生的电位，则外力所做功为

$$W_3=q_3\phi_3=q_3\left(\frac{q_1}{4\pi\varepsilon_0R_{13}}+\frac{q_2}{4\pi\varepsilon_0R_{23}}\right) \tag{8.27}$$

则系统的能量等于

$$W=\frac{q_1q_2}{4\pi\varepsilon_0R_{21}}+\frac{q_1q_3}{4\pi\varepsilon_0R_{13}}+\frac{q_2q_3}{4\pi\varepsilon_0R_{23}} \tag{8.28}$$

式(8.28)可以写成

$$\begin{aligned}W&=\frac{1}{2}\left[q_1\left(\frac{q_2}{4\pi\varepsilon_0R_{12}}+\frac{q_3}{4\pi\varepsilon_0R_{13}}\right)+q_2\left(\frac{q_1}{4\pi\varepsilon_0R_{12}}+\frac{q_3}{4\pi\varepsilon_0R_{23}}\right)+q_3\left(\frac{q_1}{4\pi\varepsilon_0R_{13}}+\frac{q_2}{4\pi\varepsilon_0R_{23}}\right)\right]\\&=\frac{1}{2}(q_1\phi_1+q_2\phi_2+q_3\phi_3)\end{aligned} \tag{8.29}$$

式中，q_1 处的电位 ϕ_1 是由点电荷 q_2 和 q_3 产生的，ϕ_2、ϕ_3 亦如此。

若系统是由 N 个点电荷构成的，则电场能量可以表示为

$$W_e=\frac{1}{2}\sum_{i=1}^{N}q_i\phi_i \tag{8.30}$$

式中，ϕ_i 为除了 q_i 外的所有点电荷在 q_i 处产生的电位。

例如，在两个导体极板构成的电容器中，经外电源充电后，最终极板上的电量分别为 $\pm Q$，对应的电位分别为 ϕ_1 和 ϕ_2，则该电容器储存的电场能量是

$$W_e=\frac{1}{2}Q\phi_1-\frac{1}{2}Q\phi_2=\frac{1}{2}Q(\phi_1-\phi_2)=\frac{1}{2}QU=\frac{1}{2}CU^2=\frac{1}{2}\frac{Q^2}{C} \tag{8.31}$$

式中，U 是两极板间的电压，C 是电容器的电容。

对电荷连续分布的情况，式(8.26)可改写为

$$W_e = \frac{1}{2}\int_{V'}\rho\phi \mathrm{d}V + \frac{1}{2}\oint_{S'}\sigma\phi \mathrm{d}S' \tag{8.32}$$

式中，ϕ 为体电荷所在点和面电荷所在点的电位，ρ、σ 分别为电荷的体密度和电荷的面密度。

以上只计算了静电场的总能量，但并没有说明能量储存在电场中的哪部分空间。但从场的观点看，凡是电场存在处，移动带电体都要做功，因此必须承认能量应储存在电场存在的空间，即有场的空间就有能量。下面就用这一观点来分析能量的分布，并引入能量密度的概念。

由高斯定理得$\nabla \cdot \boldsymbol{D}=\rho$，所以式(8.32)改写为

$$\begin{aligned}W_e &= \frac{1}{2}\int_{V'}\rho\phi \mathrm{d}V + \frac{1}{2}\oint_{S'}\sigma\phi \mathrm{d}S' \\ &= \frac{1}{2}\int_V \nabla \cdot (\phi\boldsymbol{D})\mathrm{d}V - \frac{1}{2}\int_V \boldsymbol{D}\cdot\nabla\phi \mathrm{d}V + \frac{1}{2}\sum_{i=1}^{N}\oint_{S'_i}\sigma_i\phi \mathrm{d}S' \\ &= \frac{1}{2}\oint_S \phi\boldsymbol{D}\cdot \mathrm{d}\boldsymbol{S} + \frac{1}{2}\int_V \boldsymbol{D}\cdot\boldsymbol{E}\mathrm{d}V + \frac{1}{2}\sum_{i=1}^{N}\phi\sigma_i\end{aligned} \tag{8.33}$$

而式(8.33)中第一项可改写为

$$\frac{1}{2}\oint_S \phi\boldsymbol{D}\cdot \mathrm{d}\boldsymbol{S} = \frac{1}{2}\int_{\text{球面}}\phi\boldsymbol{D}\cdot \mathrm{d}\boldsymbol{S} + \frac{1}{2}\sum_{i=1}^{N}\oint_{S'_i}\phi\boldsymbol{D}\cdot \mathrm{d}\boldsymbol{S}$$

令球面半径趋于无限大，则因为 ϕ 按$\frac{1}{R}$变化，$\boldsymbol{D}$ 按$\frac{1}{R^2}$变化，球面积按 R^2 变化，所以当 $R\to\infty$时，球面的积分为零；而包围带电体表面 S_1、S_2、…、S_n 的外法线方向与导体表面 S'_1、S'_2、…、S'_n 的外法线方向恰好相反；于是上式变为

$$\frac{1}{2}\oint_S \phi\boldsymbol{D}\cdot \mathrm{d}\boldsymbol{S} = \frac{1}{2}\sum_{i=1}^{N}\phi\oint_{S'_i}\boldsymbol{D}\cdot \mathrm{d}\boldsymbol{S} = \frac{1}{2}\sum_{i=1}^{N}\phi(-\sigma_i)$$

所以，式(8.33)中第一项与第三项互相抵消，因而得到

$$W_e = \frac{1}{2}\int_V \boldsymbol{D}\cdot\boldsymbol{E}\mathrm{d}V \tag{8.34}$$

式(8.34)中体积分的范围是整个有电场的空间；表示能量存在于电场中。被积函数是空间任意一点的能量密度，即

$$w_e = \frac{1}{2}\boldsymbol{D}\cdot\boldsymbol{E} \tag{8.35}$$

也可写成

$$w_e = \frac{1}{2}\varepsilon E^2 = \frac{1}{2}\frac{D^2}{\varepsilon} \tag{8.36}$$

【例 8.8】 带电荷量为 q 的金属球，半径为 a，求该孤立带电金属球的总电场能量 W_e。

解：电场能量分布在金属球之外的整个空间，带电球体在空间中产生的电场为

$$\boldsymbol{E}=\boldsymbol{e}_r\frac{q}{4\pi\varepsilon_0 r^2}$$

只要将$\frac{1}{2}\varepsilon E^2$对这个空间积分即可求得$W_e$

$$W_e=\int_V\frac{1}{2}\varepsilon_0E^2\mathrm{d}V=\int_a^\infty\frac{1}{2}\varepsilon_0E^2\cdot 4\pi r^2\mathrm{d}r$$
$$=\int_a^\infty\frac{1}{2}\varepsilon_0\left(\frac{q}{4\pi\varepsilon_0 r^2}\right)^2 4\pi r^2\mathrm{d}r=\frac{q^2}{8\pi\varepsilon_0}\int_a^\infty\frac{\mathrm{d}r}{r^2}=\frac{q^2}{8\pi\varepsilon_0 a}$$

8.1.4 静电场的应用

静电场在工农业生产与日常生活中有很多的应用，主要是利用静电感应、高压静电场的气体放电等效应和原理，实现多种加工工艺和加工设备。工业方面，在电力、机械、轻工、纺织、航空航天以及高技术领域有着广泛的应用；农业生产中，利用高压静电场处理植物种子或植株，可以提高产量和抗性；生活方面，静电场应用于治疗、空气除尘以及厨房抽油烟机等。

1. 静电喷涂

静电喷涂是利用静电吸附作用将聚合物涂料微粒涂敷在接地金属物体上，然后将其送入烘炉以形成厚度均匀的涂层。电晕放电电极使涂料粒子带电，在输送气力和静电力的作用下，涂料粒子飞向被涂物，粒子所带电荷与被涂物上感应电荷之间的吸附力使涂料牢固地附在被涂物上。

工作时静电喷涂的喷枪或喷盘、喷杯，涂料微粒部分接负极，工件接正极并接地，在高压电源的高电压作用下，喷枪(或喷盘、喷杯)的端部与工件之间形成一个静电场。涂料微粒所受到的电场力与静电场的电压和涂料微粒的带电量成正比，而与喷枪和工件间的距离成反比，当电压足够高时，喷枪端部附近区域形成空气电离区，空气激烈地离子化和发热，使喷枪端部锐边或极针周围形成一个暗红色的晕圈，在黑暗中能明显看见，这时空气产生强烈的电晕放电。

涂料经喷嘴雾化后喷出，被雾化的涂料微粒通过枪口的极针或喷盘、喷杯的边缘时因接触而带电，当经过电晕放电所产生的气体电离区时，将再一次增加其表面电荷密度。这些带负电荷的涂料微粒在静电场作用下向工件表面运动，并被沉积在工件表面上形成均匀的涂膜。图 8.7 所示为静电喷涂设备。

2. 静电复印

静电复印机的中心部件是一个可以旋转的接地铝质圆柱体，表面镀一层半导体硒，称为硒鼓。半导体硒有特殊的光电性质：没有光照射时是很好的绝缘体，能保持电荷；受到光的照射立即变成导体，将所带的电荷导走。复印每一页材料都要经过充电、曝光、显影、转印等几个步骤，这几个步骤是在硒鼓转动一周的过程中依次完成的。充电是指由电源使硒鼓表面带正电荷。曝光是利用光学系统将原稿上的字迹的像成在硒鼓上。硒鼓上字迹的像是没有光照射的地方，保持着正电荷，其他地方受到了光线的照射，正电荷被导

走。这样，在硒鼓上留下了字迹的“静电潜像”。显影是带负电的墨粉被带正电的“静电潜像”吸引，并吸附在“静电潜像”上，显出墨粉组成的字迹。转印是带正电的转印电极使输纸机构送来的白纸带正电。带正电的白纸与硒鼓表面墨粉组成的字迹接触，将带负电的墨粉吸到白纸上，此后吸附了墨粉的纸送入定影区，墨粉在高温下熔化，浸入纸中，形成牢固的字迹。图 8.8 所示为静电复印机。

图 8.7　静电喷涂设备

图 8.8　静电复印机

3. 静电植绒

利用静电场作用力使绒毛极化并沿电场方向排列，同时被吸附在涂有黏合剂的基底上成为绒毛制品。其装置由两个平行板电极构成，其中下电极接地，并在其上放置基底材料和短纤维；上电极板施加高压直流电，两电极间形成强电场。

4. 静电吸附

利用静电将要吸附的纸张、薄膜等带上静电平展牢固吸在金属板材上，如不锈钢、铝板、木板等，也可将纸张用静电吸附平展用于照相或其他处理。

5. 矿物分选

利用静电偏转原理来分选带异种电荷的矿物。例如，在一台矿砂分选器中，磷酸盐矿砂含有磷酸盐岩石和石英，将其送入振动的进料器中，振动使得磷酸盐岩石微粒与石英颗粒发生摩擦。在摩擦过程中，石英颗粒得到正电荷，而磷酸盐颗粒得到负电荷。带异种电荷微粒的分选由平行板电容器中的电场来完成。

静电场可以造福人类，但是也有一定的危害性。例如，静电场会影响植物的同化、异化作用，细胞的生长以及染色体的畸变。当人体穿上绝缘鞋底，在高绝缘地面上行走时可以感应产生数千伏高电压，危及生命安全。液体在流动、过滤、搅拌、喷射、灌注等剧烈晃动过程中均会产生很强的静电，不纯净的气体高速流动时，同样也会产生静电。这些静电现象有时会在工业生产过程中引起重大的工伤事故。

8.2　恒定磁场的分析与应用

恒定的磁场是由恒定电流激发的，同样是矢量场，它的分析方法和思路与静电场相似，也是从麦克斯韦方程组中简化出其基本方程，分析其边界条件。在学习中可以和静电场对比以加深理解。

8.2.1 恒定磁场的基本方程及其边界条件

1. 恒定磁场的基本方程

由于恒定磁场的场量不随时间变化，故可由麦克斯韦方程组简化得到恒定磁场的基本方程。

微分形式为

$$\nabla \times \boldsymbol{H} = \boldsymbol{J} \tag{8.37}$$

$$\nabla \cdot \boldsymbol{B} = 0 \tag{8.38}$$

积分形式为

$$\oint_l \boldsymbol{H} \cdot \mathrm{d}\boldsymbol{l} = I \tag{8.39}$$

$$\oint_S \boldsymbol{B} \cdot \mathrm{d}\boldsymbol{S} = 0 \tag{8.40}$$

恒定磁场的基本方程表明恒定磁场是无源有旋场，电流是激发它的旋涡源，是非保守场。式(8.38)和(8.40)还表明，磁感应线总是一些闭合曲线，在客观上表明自然界没有孤立的磁荷存在。

【提示】 直到目前为止，尚未发现孤立的磁荷存在。但是根据Dirac的理论，磁荷是存在的，在此理论支持下，许多物理学家正在不同的领域内探寻孤立磁荷存在的可能性。

【例 8.9】 如图 8.9 所示，无限长中空导体圆柱的内、外半径分别为 a 和 b，沿轴向通以恒定的均匀电流，电流的体密度为 J，导体的磁导率为 μ，试求空间各点的磁感应强度 $\boldsymbol{B}$。

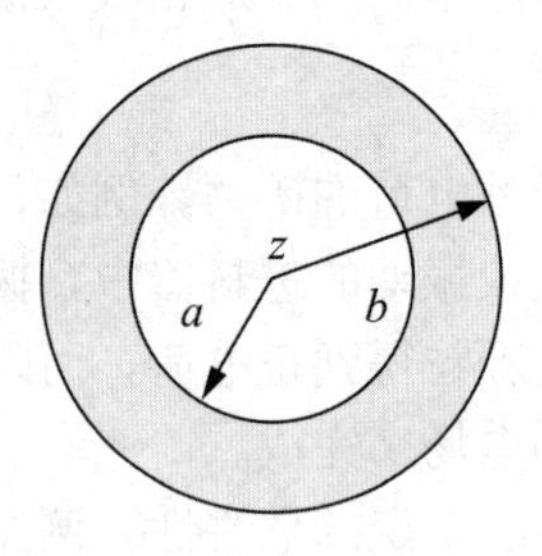

图 8.9 载流空心导体圆柱

解： 建立圆柱坐标系，设电流的方向和 $+z$ 方向一致。

根据安培环路定律，磁感应强度的方向是 φ 方向。

在 ρ 小于 a 的区域，有

$$\oint_l \boldsymbol{B}_1 \cdot \mathrm{d}\boldsymbol{l} = 2\pi\rho B_1 = 0$$

所以 $\boldsymbol{B}_1 = 0$

在 $a\leqslant\rho\leqslant b$ 的区域，有

$$\oint_l \boldsymbol{B}_2 \cdot \mathrm{d}\boldsymbol{l} = 2\pi\rho B_2 = \mu\pi(\rho^2 - a^2)J$$

所以

$$\boldsymbol{B}_2 = e_\varphi \frac{\mu(\rho^2 - a^2)}{2\rho} J$$

在 $b<\rho$ 的区域，有

$$\oint_l \boldsymbol{B}_3 \cdot \mathrm{d}\boldsymbol{l} = 2\pi\rho B_3 = \mu\pi(b^2 - a^2)J$$

所以

$$\boldsymbol{B}_3 = \boldsymbol{e}_\varphi \frac{\mu_0(b^2 - a^2)}{2\rho} J$$

2. 矢量磁位和标量磁位

第 3 章中引入了动态矢量位和标量位的概念，且磁感应强度的散度为零，即

$$\nabla \cdot \boldsymbol{B} = 0 \tag{8.41}$$

在矢量恒等式中有旋度的散度恒等于零，即

$$\nabla \cdot (\nabla \times \boldsymbol{A}) = 0 \tag{8.42}$$

于是可以用另一个矢量的旋度来描述磁感应强度 $\boldsymbol{B}$，即

$$\boldsymbol{B} = \nabla \times \boldsymbol{A} \tag{8.43}$$

式中 $\boldsymbol{A}$ 称为矢量磁位(或称磁矢位)。

通常情况下，恒定磁场可以用矢量磁位 A 来描述，但由于矢量磁位是一个矢量，分析求解很复杂。因此，在某些情况下可以考虑用标量磁位来描述磁场。

在没有传导电流的区域中，即 $J=0$ 的区域中，有 $\nabla\times\boldsymbol{H}=0$。因此在这个区域中可以把 $\boldsymbol{H}$ 用一个标量函数的梯度来表示，即

$$\boldsymbol{H} = -\nabla \phi_{\mathrm{m}} \tag{8.44}$$

式中，ϕ_{m} 称为磁场的标量位，简称为标量磁位，式中的负号是为了与静电场相对应而附加的。

在均匀介质中可得

$$\nabla \cdot \boldsymbol{B} = \nabla \cdot (\mu\boldsymbol{H}) = -\mu\nabla \cdot (\nabla \phi_{\mathrm{m}}) = 0$$

由此可以推知

$$\nabla^2 \phi_{\mathrm{m}} = 0 \tag{8.45}$$

可以看出，标量磁位在此区域中满足拉普拉斯方程。

3. 恒定磁场的边界条件

磁场经过两种介质的分界面时，磁感应强度和磁场强度会发生突变。磁场分量在不同介质分界面上的变化规律称为磁场的边界条件。这里根据恒定磁场的积分形式来导出两种介质分界面场量及矢量磁位 $\boldsymbol{A}$ 的边界条件。

1) $\boldsymbol{H}$ 和 $\boldsymbol{B}$ 的边界条件

在分界面上作一小矩形回路，回路的两边分别位于分界面两侧，令 $\boldsymbol{n}$ 表示界面上 Δl 中点处的法向单位矢量，l°表示该点的切向单位矢量，$\boldsymbol{b}$ 为垂直于 n、l°的单位矢量($\boldsymbol{b}$ 也是界面的切向单位矢量，$\boldsymbol{b}$ 和积分回路 l 垂直，而 l°位于积分回路 l 内)，如图 8.10 所示。将恒定磁场基本方程的积分形式应用于回路上，并设小回路的高度趋近于零，同样可得

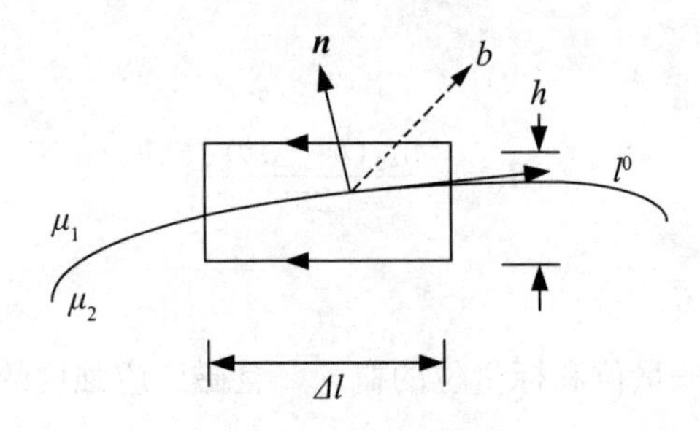

图 8.10　H 的边界条件

$$\boldsymbol{n}\times(\boldsymbol{H}_1-\boldsymbol{H}_2)=\boldsymbol{J}_S \tag{8.46}$$

或写为 $H_{1t}-H_{2t}=J_S$。

这表明，磁场强度 $\boldsymbol{H}$ 在不同媒质分界面两侧的切向分量是不连续的，其差值等于分界面上的电流面密度 $\boldsymbol{J}_S$。

若分界面上不存在面电流分布，即 $\boldsymbol{J}_S=0$，则有

$$\boldsymbol{n}\times(\boldsymbol{H}_1-\boldsymbol{H}_2)=0 \tag{8.47}$$

或写为 $H_{1t}-H_{2t}=0$。

将恒定磁场基本方程的积分形式应用于如图 8.11 所示的曲面 S 上，并令圆柱状小闭合面高度趋于零，同理可得

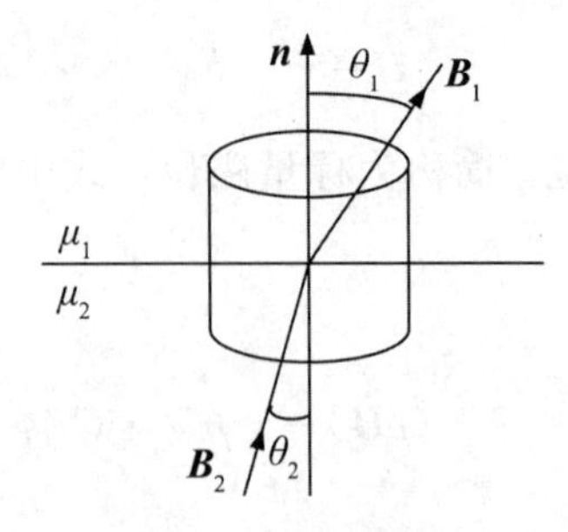

图 8.11　B 的边界条件

$$\boldsymbol{n}\times(\boldsymbol{B}_1-\boldsymbol{B}_2)=0 \tag{8.48}$$

或写为 $B_{1n}-B_{2n}=0$。

这表明，磁感应强度 $\boldsymbol{B}$ 在不同媒质的分界面两侧的法向分量是连续的。

2)矢量磁位的边界条件

结合矢量磁位的定义，利用同样的方法可导出矢量磁位 $\boldsymbol{A}$ 的边界条件。

矢量磁位 $\boldsymbol{A}$ 的定义式为

$$\nabla\times\boldsymbol{A}=\boldsymbol{B}$$

所以

$$\int_S\nabla\times\boldsymbol{A}\cdot\mathrm{d}\boldsymbol{S}=\oint_l\boldsymbol{A}\cdot\mathrm{d}\boldsymbol{l}=\int_S\boldsymbol{B}\cdot\mathrm{d}\boldsymbol{S}=\Phi \tag{8.49}$$

式中，Φ 为通过 S 面的磁通量。按照上述作矩形回路的方法，由于其宽度 Δl 足够小，高度 $\Delta h\to0$，则矩形面积$(\Delta l\Delta h)\approx0$，所通过的磁通量 Φ 为零，于是

$$\oint_l\boldsymbol{A}\cdot\mathrm{d}\boldsymbol{l}=A_{1t}-A_{2t}=0 \tag{8.50}$$

从而得到 $\boldsymbol{A}$ 的切向分量连续，即

$$A_{1t}=A_{2t} \tag{8.51}$$

又因为$\nabla\cdot\boldsymbol{A}=0$

所以

$$\int_V\nabla\cdot\boldsymbol{A}\mathrm{d}V=\oint_S\boldsymbol{A}\cdot\mathrm{d}\boldsymbol{S}=0$$

按照上述同样的方法可以得到 $\boldsymbol{A}$ 的法向分量连续，即

$$A_{1n}=A_{2n} \tag{8.52}$$

上述分析可知

$$\boldsymbol{A}_1=\boldsymbol{A}_2 \tag{8.53}$$

即在介质分界面上，矢量磁位 $\boldsymbol{A}$ 是连续的。

3)标量磁位 ϕ_{m} 的边界条件

在两种不同媒质的分界面上，由恒定磁场的磁场强度和磁感应强度的边界条件 $\boldsymbol{n}\times(\boldsymbol{H}_1-\boldsymbol{H}_2)=0$ 和 $\boldsymbol{n}\cdot(\boldsymbol{B}_1-\boldsymbol{B}_2)=0$ 可得到标量位 ϕ_{m} 的边界条件为

$$\phi_{\mathrm{m1}}=\phi_{\mathrm{m2}} \tag{8.54}$$

$$\mu_1\frac{\partial\phi_{\mathrm{m1}}}{\partial n}=\mu_2\frac{\partial\phi_{\mathrm{m2}}}{\partial n} \tag{8.55}$$

在没有传导电流的区域中解磁场问题时，可以先解标量磁位的拉普拉斯方程，求出标量磁位，然后再求磁场强度和磁感应强度。

【例 8.10】 如图 8.12 所示，磁导率分别是 μ_1 和 μ_2 的两种媒质有一个共同的边界，媒质 1 中点 P_1处的磁场强度为 $\boldsymbol{H}_1$，且与交界面的法线成 θ_1 角，求媒质 2 中点 P_2处的磁场强度 $\boldsymbol{H}_2$的大小和方向。

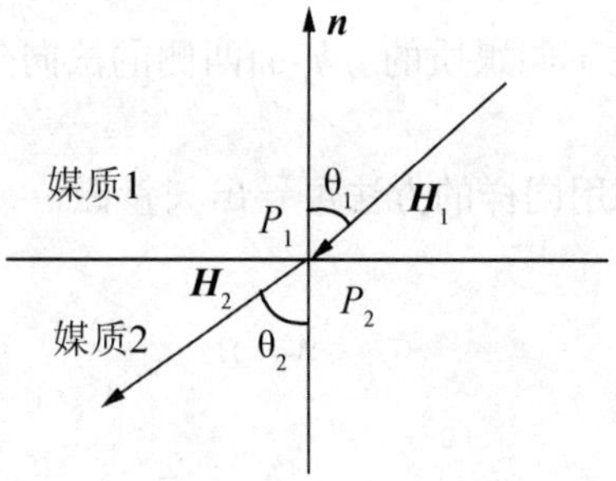

图 8.12 分界面上的磁场

解：设 $\boldsymbol{H}_2$ 与交界面的法线成 θ_2 角，根据边界条件 $\boldsymbol{B}$ 的法线分量连续，$\boldsymbol{H}$ 的切线分量连续，则

$$\mu_2 H_2 \cos\theta_2 = \mu_1 H_1 \cos\theta_1$$

$$H_2 \sin\theta_2 = H_1 \sin\theta_1$$

两式相除得

$$\frac{\tan\theta_2}{\tan\theta_1} = \frac{\mu_2}{\mu_1} \text{即} \ \theta_2 = \arctan\left(\frac{\mu_2}{\mu_1}\tan\theta_1\right)$$

$\boldsymbol{H}_2$ 的大小为

$$H_2 = \sqrt{(H_2 \sin\theta_2)^2 + (H_2 \cos\theta_2)^2}$$

$$= H_1 \left[\sin^2\theta_1 + \left(\frac{\mu_1}{\mu_2}\cos\theta_1\right)^2\right]^{\frac{1}{2}}$$

8.2.2 电感

电路的基本参量有电容、电感、电阻等。在静电场中，将导体上所带的电荷量与导体间的电位差之比定义为导体系的电容 C；在欧姆定律中，将电压与电流的比值定义为导电媒质的电阻 R；本节将在恒定磁场中定义电感 L。

在各向同性的媒质中，一个电流回路在空间激发的磁场与回路中的电流成正比，穿过回路的磁通量与磁感应强度也成正比，因此穿过回路的磁通量与回路中的电流成正比。在恒定磁场中，把这个比值称为电感，又称为电感系数。电感分为自感和互感。

1. 自感

电感是穿过回路的磁通量与回路中电流的比值，所以首先应讨论磁通量的计算。设穿过一个单匝简单线圈的磁通量为 Φ，则对于各匝线圈紧密相贴的 N 匝密绕线圈，每匝线圈交链的磁通量都是相同的。该密绕线圈的全磁通为

$$\psi = N\Phi \tag{8.56}$$

【提示】 导体中通有电流后，产生的磁通相交链的电流不是导体中的全部电流。

有时磁通量还可以用矢量磁位 $\mathbf{A}$ 来表示，于是应用斯托克斯定理，磁通 Φ 可写为

$$\Phi=\int_S \boldsymbol{B}\cdot \mathrm{d}\boldsymbol{S}=\int_S(\nabla\times\boldsymbol{A})\cdot \mathrm{d}\boldsymbol{S}=\oint_l \boldsymbol{A}\cdot \mathrm{d}\boldsymbol{l} \tag{8.57}$$

l 表示面积边缘的闭合曲线。因为磁通量的单位是 Wb，所以 $\boldsymbol{A}$ 的单位是 Wb/m。

在线性、各向同性的磁介质中，设有一闭合导线回路，在回路中通有电流 I 时，穿过回路的磁通为 ψ，定义穿过回路的磁通与该回路中的电流比值为

$$L=\frac{\psi}{I} \tag{8.58}$$

L 就是自感或自感系数，单位为亨利(H)。自感仅与回路的几何结构、尺寸及其周围媒质的磁导率有关，而与回路中电流的大小无关。

通常情况，导线的面积为有限值(即粗导体)，所以穿过导线外部的磁通称为外磁通，用 ψ_0 表示，由它计算的自感称为外自感 L_o；穿过导线内部的磁通称为内磁通，用 ψ_i 表示，由内磁通算出的自感称为内自感 L_i。回路的总自感 L 则为

$$L=L_i+L_o \tag{8.59}$$

在计算单匝线圈的外自感时，假设电流集中在导线的轴线上，把导线的内侧边线作为回路的边界。因而外磁通 ψ_0 可以等于 $\boldsymbol{B}$ 在 l 所围面积 $\boldsymbol{S}$ 上的面积分

$$\psi_0=\int_S \boldsymbol{B}\cdot \mathrm{d}\boldsymbol{S} \tag{8.60}$$

在计算单匝线圈导线回路内自感时，导线内部的磁场可近似地认为与无限长直导线内部的磁场相同。

【例 8.11】 同轴线的内导体半径为 a，外导体的内半径为 b，厚度很薄可以忽略不计，如图 8.13 所示，所有材料的磁导率均为 μ_0，计算同轴线单位长度的自感。

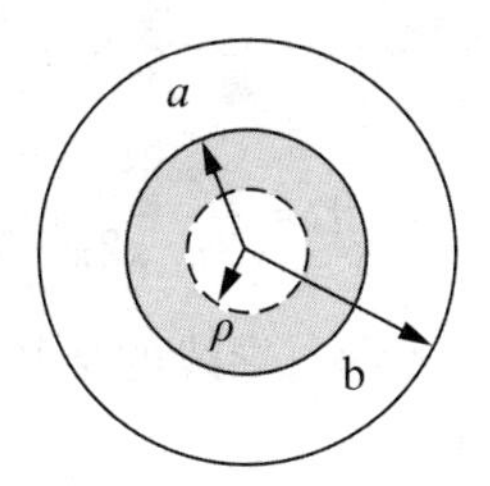

图 8.13　同轴线

解： 设同轴线中的电流为 I，根据安培环路定律可得到内导体中的磁感应强度为

$$B_i=\frac{\mu_0}{2\pi\rho}\frac{\pi\rho^2}{\pi a^2}I=\frac{\mu_0 I\rho}{2\pi a^2}\qquad(\rho<a)$$

穿过由轴向为单位长度、宽为 $\mathrm{d}\rho$ 构成的矩形面积元为 $\mathrm{d}S=1\cdot\mathrm{d}\rho$ 的磁通为

$$\mathrm{d}\psi_i=B_i\mathrm{d}S=\frac{\mu_0 I\rho}{2\pi a^2}\mathrm{d}\rho$$

由于与 $\mathrm{d}\psi_i$ 相交链的电流不是 I，而是 I 的一部分，即

$$I'=\frac{\pi\rho^2}{\pi a^2}I$$

所以，与 $d\psi_i$ 相应的磁通为

$$d\psi_i=\frac{I'}{I}d\psi_i=B\cdot dS=\frac{\mu_0 I\rho^3}{2\pi a^4}d\rho$$

内导体中单位长度的自感磁通总量为

$$\psi_i=\int d\psi_i=\int_0^a\frac{\mu_0 I\rho^3}{2\pi a^4}d\rho=\frac{\mu_0 I}{8\pi}$$

由此得到单位长度的内自感为

$$L_i=\frac{\psi_i}{I}=\frac{\mu_0}{8\pi}$$

在内外导体之间，由安培环路定律可得到磁感应强度为

$$B_0=\frac{\mu_0 I}{2\pi\rho}\qquad (a<\rho<b)$$

此时

$$d\psi_0=\frac{\mu_0 I}{2\pi\rho}d\rho$$

$$\psi_0=\int d\psi_0=\int_a^b\frac{\mu_0 I}{2\pi\rho}d\rho=\frac{\mu_0 I}{2\pi}\ln\frac{b}{a}$$

由此得到单位长度的外自感为

$$L_0=\frac{\psi_0}{I}=\frac{\mu_0}{2\pi}\ln\frac{b}{a}$$

故同轴线单位长度的自感为

$$L=L_0+L_i=\frac{\mu_0}{8\pi}+\frac{\mu_0}{2\pi}\ln\frac{b}{a}$$

【例 8.12】平行双导线如图 8.14 所示，导线的半径为 a，两导线的轴线相距为 D，且 $D\gg a$，试求双导线单位长度的外自感。

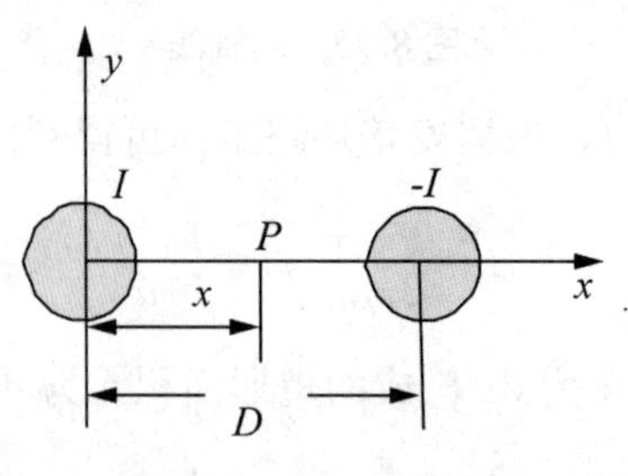

图 8.14 平行双导线

解：设两导线中分别流过大小相同、方向相反的电流 I，由于 $D\gg a$，可近似地认为电流均匀分布在导线中。应用安培环路定律可得到两导线间的平面上任意一点 P 的磁感应强度为

$$\boldsymbol{B}(x)=\frac{\mu_0 I}{2\pi}\left(\frac{1}{x}+\frac{1}{D-x}\right)\boldsymbol{e}_y$$

穿过两导线之间轴线方向为单位长度的面积的外磁通为

$$\psi=\int_a^{D-a}B(x)\mathrm{d}S=\frac{\mu_0 I}{2\pi}\int_a^{D-a}\left(\frac{1}{x}+\frac{1}{D-x}\right)\mathrm{d}x=\frac{\mu_0 I}{\pi}\ln\frac{D-a}{a}$$

于是得到平行双导线单位长度的外自感为

$$L_o=\frac{\psi}{I}=\frac{\mu_0}{\pi}\ln\frac{D-a}{a}\approx\frac{\mu_0}{\pi}\ln\frac{D}{a}$$

2. 互感

设有两个靠得很近的导线回路 l_1 和 l_2 如图 8.15 所示，回路 l_1 中通有电流 I_1 时，这一电流产生的磁感应线除了穿过本回路 l_1 外，还有一部分穿过回路 l_2。由回路电流 I_1 所产生而与回路 l_2 相交链的磁通称为互感磁通 ψ_{21}，定义 ψ_{21} 与回路电流 I_1 的比值

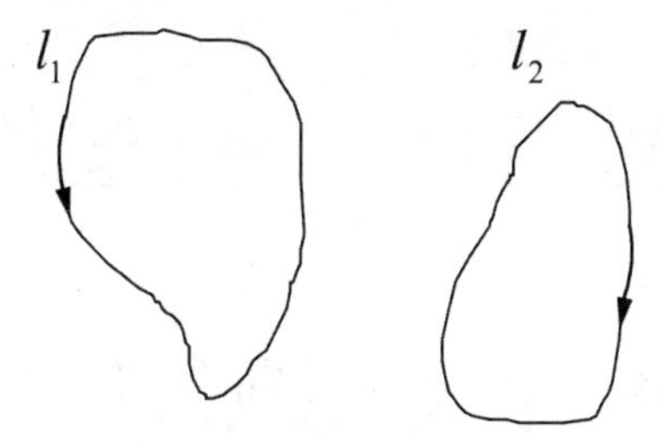

图 8.15　两个回路

$$M_{21}=\frac{\psi_{21}}{I_1} \tag{8.61}$$

为回路 l_1 对回路 l_2 的互感(或称互感系数)。同样，回路 l_2 对回路 l_1 的互感应为

$$M_{12}=\frac{\psi_{12}}{I_2} \tag{8.62}$$

互感的特点如下。

(1)互感只与回路的几何结构、尺寸、两回路的相对位置以及周围磁介质的磁导率有关，而与回路中的电流无关。

(2)互感具有互易关系，即 $M_{21}=M_{12}$，因而可略去下标，用 M 表示两回路间的互感。

(3)当与回路交链的互感磁通与自感磁通具有相同的符号时，互感系数 M 为正值；反之，互感系数 M 为负值。

【例 8.13】 如图 8.16 所示，无限长细直导线与直角三角形的导线回路在同一平面内，一边相互平行，试计算它们之间的互感。

解： 假设细长直导线中通有电流 I，先计算穿过三角形导线框的磁通，由安培环路定律求得

$$\boldsymbol{B}=\frac{\mu_0 I}{2\pi x}\boldsymbol{e}_z$$

则穿过三角形回路的磁通是

$$d\psi_{21}=\boldsymbol{B}\cdot d\boldsymbol{S}=\frac{\mu_0 I}{2\pi x}\boldsymbol{e}_z\cdot\boldsymbol{e}_z y\,dx$$

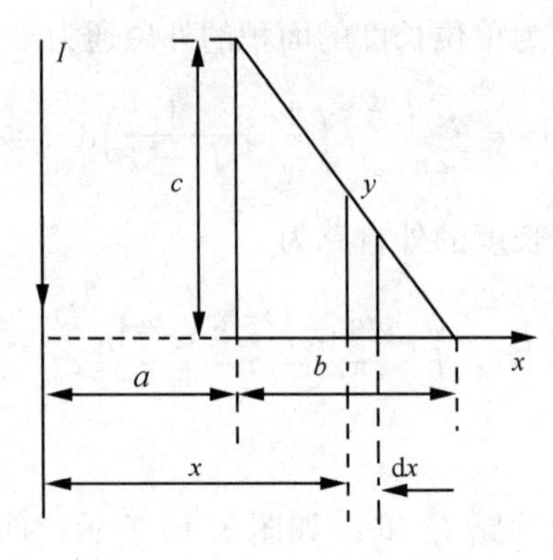

图 8.16　互感的计算

式中 $y=\frac{c}{b}(a+b-x)$

$$\psi_{21}=\int d\psi_{21}=\int_a^{a+b}\frac{\mu_0 I}{2\pi x}\cdot\frac{c}{b}(a+b-x)dx=\frac{\mu_0 Ic}{2\pi}\left(\frac{a+b}{b}\ln\frac{a+b}{a}-1\right)$$

故它们之间的互感是

$$M_{21}=\frac{\psi_{21}}{I}=\frac{\mu_0 c}{2\pi}\left(\frac{a+b}{b}\ln\frac{a+b}{a}-1\right)$$

8.2.3　磁场能量和磁能密度

前面讨论过将一群电荷组合起来需要做功，而这种功是以电场能的形式储存起来的。当然会预想到，将电流送进导体回路也需要消耗功，电流回路在恒定磁场中要受到作用力，说明磁场和电场一样储存着能量。磁场能量是在建立磁场过程中由外力或外电源提供的，其能量也分布在整个磁场空间，因为研究的是恒定磁场的能量，所以它只与电流的终值有关，而与电流的建立过程无关。首先以电流回路为例，选择任一个建立电流的过程来计算恒定电流磁场的能量。

1. 恒定磁场的能量

现在考虑两个闭合导线回路 l_1 和 l_2，如图 8.15 所示。在初始时刻，设两个回路中均没有电流，即 $i_1=i_2=0$。随着时间的增加，在外电源的作用下将 l_1 和 l_2 中的电流 i_1 和 i_2 逐渐增加至最后的恒定电流值 I_1 和 I_2，同时，空间各点的磁场也由零逐渐增加到最后的恒定值。如果导线是无耗的，根据能量守恒定律，各外电源所做的总功应等于恒定磁场的能量。假设恒定磁场的储能需要两个步骤完成，即首先保持 $i_2=0$，使 i_1 从零增加到 I_1；然后保持 I_1 恒定，使 i_2 从零增加到 I_2。首先将 l_2 暂时开路，保持 $i_2=0$，在外电源的作用下 i_1 在 dt 时间内有一个增量 di_1，因而周围磁场也随着增加，在 l_1 中产生自感电动势为 $\varepsilon_{11}=-d\psi_{11}/dt$，在 l_2 中产生互感电动势 $\varepsilon_{21}=-d\psi_{21}/dt$。为了使回路 l_1 中电流增加，外电源必须在 l_1 中外加一个 $-\varepsilon_{11}$ 的电压去抵消感应电动势 ε_{11}；为了使 l_2 回路中的电流保持为零，必须在 l_2 中加一个 $-\varepsilon_{21}$ 去抵消互感电动势 ε_{21}，于是 dt 时间内外电源所做的功是

$$dW_1 = -\varepsilon_{11} i_1 dt = \frac{d\psi_{11}}{dt} i_1 dt = i_1 d\psi_{11} \tag{8.63}$$

$$dW_2 = -\varepsilon_{21} i_2 dt = 0$$

因为 $\psi_{11} = L_1 i_1$，所以 $d\psi_{11} = L_1 di_1$。则在 dt 时间内，外电源所做的功是

$$W_1 = \int_0^{I_1} L_1 i_1 di_1 = \frac{1}{2} L_1 I_1^2 \tag{8.64}$$

再讨论回路 l_1 中电流保持 I_1 不变化而使 i_2 从零增加到 I_2 时外电源所做的功。当 i_2 在 dt 时间内有一个增量 di_2 时，在回路 l_2 中产生的自感电动势 $\varepsilon_{22} = -d\psi_{22}/dt$，在回路 l_1 中产生的互感电动势是 $\varepsilon_{12} = -d\psi_{12}/dt$。情况与上述相同，在 dt 时间内，外电源在两个回路所做的功分别是

$$dW_{12} = -\varepsilon_{12} I_1 dt = \frac{d\psi_{12}}{dt} I_1 dt = M I_1 di_2 \tag{8.65}$$

$$dW_2 = -\varepsilon_{22} i_2 dt = \frac{d\psi_{22}}{dt} i_2 dt = L_2 i_2 di_2 \tag{8.66}$$

于是外电源所做的功为

$$W_{12} + W_2 = \int dW_{12} + \int dW_2 = \int_0^{I_2} M I_1 di_2 + \int_0^{I_2} L_2 i_2 di_2 = M I_1 I_2 + \frac{1}{2} L_2 I_2^2 \tag{8.67}$$

从以上的讨论可知，在回路 l_1 和 l_2 中建立起恒定电流 I_1 和 I_2 的过程中，外电源所做的总功应转换为两个恒定电流回路系统产生磁场的能量，所以磁场储能为

$$W_m = \frac{1}{2} L_1 I_1^2 + M I_1 I_2 + \frac{1}{2} L_2 I_2^2 \tag{8.68}$$

将上式改写成下列形式

$$\begin{aligned} W_m &= \frac{1}{2} L_1 I_1^2 + \frac{1}{2} M I_1 I_2 + \frac{1}{2} L_2 I_2^2 + \frac{1}{2} M I_1 I_2 \\ &= \frac{1}{2} I_1 (L_1 I_1 + M I_2) + \frac{1}{2} I_2 (L_2 I_2 + M I_1) \\ &= \frac{1}{2} I_1 (\psi_{11} + \psi_{12}) + \frac{1}{2} I_2 (\psi_{22} + \psi_{21}) \\ &= \frac{1}{2} I_1 \psi_1 + \frac{1}{2} I_2 \psi_2 = \frac{1}{2} \sum_{k=1}^{2} I_k \psi_k \end{aligned} \tag{8.69}$$

式中，ψ_1 和 ψ_2 分别是穿过回路 l_1 和 l_2 的总磁通，即为自感磁通和互感磁通的代数和。若系统是 N 个电流回路组成的，则其磁场能量可推广为

$$W_m = \frac{1}{2} \sum_{k=1}^{2} I_k \psi_k \tag{8.70}$$

2. 磁能分布及磁场能量密度

在 N 个电流回路中，穿过第 k 个电流回路的总磁链可表示为

$$\psi_k = \int_{S_k} \boldsymbol{B} \cdot \mathrm{d}\boldsymbol{S} = \oint_k \boldsymbol{A} \cdot \mathrm{d}\boldsymbol{l} \tag{8.71}$$

式中，l_k、S_k 分别为第 k 个回路中的周长及其所围的面积，$\boldsymbol{B}$ 和 $\boldsymbol{A}$ 是所有电流(包括 l_k)所产生的场。于是磁场能量可表示为

$$W_{\mathrm{m}} = \frac{1}{2}\sum_{k=1}^{N} I_k \oint_{lk} \boldsymbol{A} \cdot \mathrm{d}\boldsymbol{l} = \frac{1}{2}\sum_{k=1}^{N} \oint_{lk} I_{lk} \boldsymbol{A} \cdot \mathrm{d}\boldsymbol{l} \tag{8.72}$$

设以体电流分布的系统分布在一个有限的体积 V 中，用 $\boldsymbol{J}\mathrm{d}V$ 来代替 $I_k\mathrm{d}\boldsymbol{l}$，因而体电流分布磁场系统的磁场能量表达式可改写为

$$W_m = \frac{1}{2}\int_{V'} \boldsymbol{A} \cdot \boldsymbol{J}\mathrm{d}V = \frac{1}{2}\int_{V} \boldsymbol{A} \cdot (\nabla \times \boldsymbol{H})\mathrm{d}V \tag{8.73}$$

式中的体积分区域可扩大到整个空间 V' 而不会影响它的值，因为在 V' 以外的区域里电流为零，这部分体积分为零。则

$$W_{\mathrm{m}} = \frac{1}{2}\int_{V'} \boldsymbol{A} \cdot (\nabla \times \boldsymbol{H})\mathrm{d}V' \tag{8.74}$$

利用矢量恒等式 $\nabla \cdot (\boldsymbol{A}\times\boldsymbol{B}) = \boldsymbol{B} \cdot (\nabla\times\boldsymbol{A}) - \boldsymbol{A} \cdot (\nabla\times\boldsymbol{B})$；又恒定磁场中 $\boldsymbol{B} = \nabla\times\boldsymbol{A}$，则

$$\begin{aligned} W_{\mathrm{m}} &= \frac{1}{2}\int_{V'} \nabla \cdot (\boldsymbol{H}\times\boldsymbol{A})\mathrm{d}V' + \frac{1}{2}\int_{V'} \boldsymbol{H} \cdot \boldsymbol{B}\mathrm{d}V' \\ &= \frac{1}{2}\oint_{S} (\boldsymbol{H}\times\boldsymbol{A}) \cdot \mathrm{d}\boldsymbol{S} + \frac{1}{2}\int_{V'} \boldsymbol{B} \cdot \boldsymbol{H}\mathrm{d}V' \end{aligned} \tag{8.75}$$

当电流分布在有限区域，在无穷远边界面 $A\propto\frac{1}{r}$、$H\propto\frac{1}{r^2}$、$S\propto r^2$。r 是分布电流的区域 V 内一点到 S 面上任意一点的距离，所以式(8.75)中第一项面积分当 r 趋于无穷大时为零，故

$$W_{\mathrm{m}} = \frac{1}{2}\int_{V'} \boldsymbol{B} \cdot \boldsymbol{H}\mathrm{d}V' \tag{8.76}$$

由此可见，磁场能量分布于全部有磁场的空间，磁场能量体密度为

$$w_{\mathrm{m}} = \frac{1}{2}\boldsymbol{B} \cdot \boldsymbol{H}(\mathrm{J/m^3}) \tag{8.77}$$

在各向同性、线性媒质中为

$$w_{\mathrm{m}} = \frac{1}{2}\mu H^2 = \frac{1}{2}\frac{B^2}{\mu}(\mathrm{J/m^3}) \tag{8.78}$$

【例 8.14】 无限长直导线的横截面如图 8.17 所示，半径为 a 并通有恒定电流 I，试求导线内部单位长度的磁场能量。

解： 由安培环路定律可得导线内部的磁场强度大小为

$$H = \frac{I}{2\pi r}\frac{r^2}{a^2} = \frac{rI}{2\pi a^2}$$

则磁场能量密度为

$$w_{\mathrm{m}}=\frac{1}{2}\mu_0 H^2=\frac{\mu_0 r^2 I^2}{8\pi^2 a^4}$$

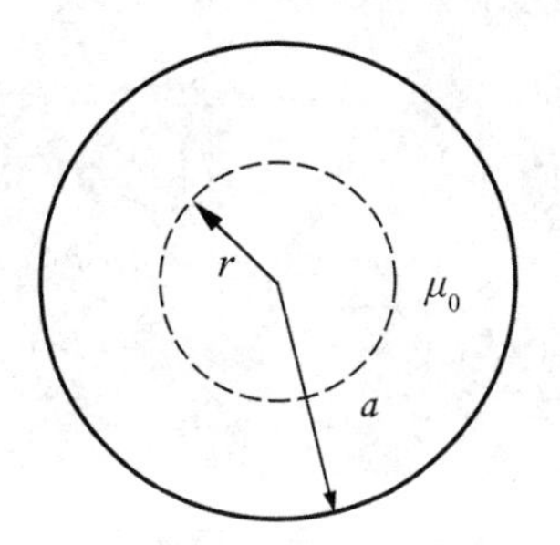

图 8.17　直导线的磁场能量

故单位长度导线内的磁场能量为

$$W_{\mathrm{m}}=\int_0^a w_{\mathrm{m}} 2\pi r \mathrm{d}r=\frac{\mu_0 I^2}{16\pi}$$

8.2.4　恒定磁场的应用

公元前 300 年我国发现了磁石吸铁的现象，公元初我国制成世界上第一个指南针。1820 年，丹麦人奥斯特发现了电流产生的磁场，同年法国科学家安培计算出两个电流之间的作用力。恒定磁场的应用范围非常广，发电机、电动机、电气仪表、电磁铁、示波管、显像管、磁控管、质谱仪、电子计算机、电子显微镜、回旋加速器以及磁悬浮技术等都离不开恒定磁场的应用。磁场还可用于污水处理，以清除水中的油污和杂质。经过磁场处理的磁化水，用于灌溉可以提高作物产量，用于发酵饲料可以促进家畜的成长，用于锅炉可以避免水垢。

1. 磁法勘探

当地壳中存在磁铁矿、赤铁矿、玄武岩、金伯利岩或金矿时，均会导致地磁的异常变化，使用对于磁场变化十分敏感的磁力计即可探测这些矿脉，这种方法称为无源磁法勘探。探测仪表可以装在飞机上，便于大面积勘探。同样的机理可以用于考古和地质的研究。

2. 螺线管的应用

载流的螺线管可以产生均匀磁场，可用于质谱仪、磁控管及回旋加速器。在很多电气设备和仪表中，广泛使用线圈产生磁场。这种线圈产生的磁场还可用于显像管中，控制电子束的扫描。质谱仪又称质谱计，分离和检测不同同位素的仪器，即根据带电粒子在电磁场中能够偏转的原理，按物质原子、分子或分子碎片的质量差异进行分离和检测物质组成的一类仪器。图 8.18 所示是美国沃特斯质谱仪。

图 8.18 沃特斯质谱仪

3. 磁性传感器

传感器是非电测量系统中的重要组成部分。线圈的电感与线圈的匝数、尺寸及线圈中的填充物有关。因此当线圈的匝数和尺寸不变时，变更线圈中的填充物即可改变线圈的电感，这就是电感传感器的基本原理。

4. 磁分离器

磁分离器又称磁选机，是恒定磁场的一个重要应用，是为分离磁性物质和非磁性物质而设计的。磁性物质和非磁性物质的混合物在传送带上均匀传输，传送带绕过由铁壳和激励线圈组成的磁性滑轮，激励线圈可产生磁场，非磁性物质会落入指定的料仓，而磁性物质被滑轮吸住直到传送带离开滑轮才落下，这样就实现了两种物质的分离。

【提示】 激励线圈有时用高性能永磁体替代，但须合理设计磁路，使磁性物质分离出来。

5. 磁悬浮技术

磁悬浮技术是利用磁场力抵消重力的影响，从而使物体悬浮。从工作原理上，可分为常导磁悬浮、超导磁悬浮和永磁体磁悬浮，其磁场分别由常导电流、超导电流和永磁体产生。超导磁悬浮又分为低温超导磁悬浮和高温超导磁悬浮，还有常导和超导，永磁和超导相结合的混合磁悬浮。图 8.19 所示是上海的磁悬浮列车。

图 8.19 上海磁悬浮列车

与电场一样，磁场可以造福人类，同时对于人体也有一定的危害。人体的感官对于磁场均有反应，长期处在强磁场中的人们会感到疲劳，手脚发麻。大型电力变压器应该远离人群居住地。

8.3 恒定电场分析与应用

如果将一块导体与电源的两个极板相连，由于两个电极之间始终存在一定的电位差，在导体中形成电场，迫使自由电子维持连续不断地定向运动，从而形成电流，或者说，导体中出现了电流场。若外加电压与时间无关，导体中的电流强度恒定，这种电流场称为恒定电流场。为了维持这种恒定电流，导体中的电场也必须是恒定的，这种电场称为恒定电场，它也是时变场的一种特殊情况。在静电场的条件下，导体内不存在电场，而在外电源的作用下，导体内部不再是等位体，导体的表面也不再是等位面，导体内部存在着恒定电场。

8.3.1 恒定电场的基本方程及边界条件

1. 恒定电场的基本方程

恒定电场的源是不随时间变化的恒定电流，因而场量也不随时间变化，所以麦克斯韦方程组中电场的方程可写为

$$\nabla \cdot \boldsymbol{D}=\rho \tag{8.79}$$

$$\nabla \times \boldsymbol{E}=0 \tag{8.80}$$

不难发现，这两个方程与静电场的方程完全相同，因而恒定电场具有与静电场相同的性质，它也是有源无旋保守场。然而由于导体内部通以恒定电流，所以恒定电场既存在于导体外部的区域，也存在于恒定电流通过的导体内部区域。

由恒定电流的定义可知，形成恒定电流的电荷虽然在运动，但其分布却不随时间变化。因此在恒定电场中，得到恒定电流的连续性方程为

$$\nabla \cdot \boldsymbol{J}=0 \tag{8.81}$$

由欧姆定律的微分形式可知，导电媒质中任意一点的电流密度 $\boldsymbol{J}$ 与该点的电场强度 $\boldsymbol{E}$ 之间满足

$$\boldsymbol{J}=\gamma \boldsymbol{E} \tag{8.82}$$

通常情况下，在导电媒质中电荷分布是未知的，很难用式(8.79)来求解导电媒质中的恒定电场。而导电媒质中的电流分布却比较容易求得，所以通常将式(8.80)和式(8.81)作为导电媒质中恒定电场的基本方程，它们的积分形式为

$$\oint_l \boldsymbol{E} \cdot \mathrm{d}\boldsymbol{l}=0 \tag{8.83}$$

$$\oint_S \boldsymbol{J} \cdot \mathrm{d}\boldsymbol{S}=0 \tag{8.84}$$

由于 $\nabla \times \boldsymbol{E}=0$，故仍然有 $\boldsymbol{E}=-\nabla \phi$ 存在，在导体的内部有

$$\nabla \cdot \boldsymbol{J}=\nabla \cdot (\gamma \boldsymbol{E})=0$$

即

$$\nabla \cdot (\gamma \nabla \phi)=0 \tag{8.85}$$

若 $\gamma=$ 常数(如均匀的导电媒质)，则有

$$\nabla^2 \phi=0 \tag{8.86}$$

由此可见，在电源以外的导体内，电位函数也满足拉普拉斯方程。

2. 恒定电场的边界条件

当恒定电流通过两种导电媒质的分界面时，分界面上的电流密度和电场强度满足的关系称为恒定电场的边界条件。

与静电场中边界条件的推导方法相同，可得在两种不同导电媒质分界面上，恒定电场的边界条件为

$$\boldsymbol{n}\times(\boldsymbol{E}_1-\boldsymbol{E}_2)=0 \tag{8.87}$$

$$\boldsymbol{n}\cdot(\boldsymbol{J}_1-\boldsymbol{J}_2)=0 \tag{8.88}$$

也可写为

$$E_{1t}=E_{2t}$$

$$J_{1n}=J_{2n}$$

以上讨论说明，在两种导电媒质的交界面上，电场强度的切线分量连续，电流密度的法线分量连续。

由于 $J_n=\gamma E_n$ 及 $\boldsymbol{E}=-\nabla \phi$，则有

$$\gamma_1 E_{1n}=\gamma_2 E_{2n} \text{或} \gamma_1 \frac{\partial \phi_1}{\partial n}=\gamma_2 \frac{\partial \phi_2}{\partial n} \tag{8.89}$$

由于 $J_t=\gamma E_t$，应用推导电位边界条件的方法可得

$$\phi_1=\phi_2 \tag{8.90}$$

应注意，由于导体内存在恒定电场，根据边界条件可知，在导体表面上的电场既有法向分量又有切向分量。电场不垂直于导体表面，因而导体表面不是等位面。由边界条件 $E_{1t}=E_{2t}$ 和 $\gamma_1 E_{1n}=\gamma_2 E_{2n}$ 可导出矢量在分界面上的折射关系

$$E_1 \sin\theta_1=E_2 \sin\theta_2$$

$$\gamma_1 E_1 \cos\theta_1=\gamma_2 E_2 \cos\theta_2$$

以上两式相除得

$$\frac{\tan\theta_1}{\tan\theta_2}=\frac{\gamma_1}{\gamma_2} \tag{8.91}$$

式中 $\tan\theta_1=\dfrac{E_{1t}}{E_{1n}}$、$\tan\theta_2=\dfrac{E_{2t}}{E_{2n}}$，如图 8.20 所示。

若媒质 2 是良导体，媒质 1 是不良导电媒质，即 $\gamma_2 \geqslant \gamma_1$。则除 $\theta_2=90°$外，$\theta_1 \approx 0$。也就是说，在靠近分界面上，不良导电媒质内电力线近似与良导体表面垂直，因而可把良导体表面近似为等位面。

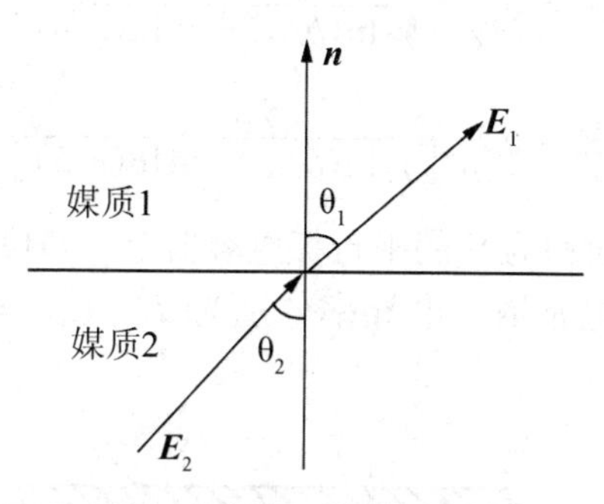

图 8.20　恒定电场的折射

若媒质 2 是导体，媒质 1 是理想介质，即 $\gamma_1=0$，则由于理想介质中不存在恒定电流，即 $J_1=0$，可知 $J_{1n}=J_{2n}=0$ 且 $E_{2n}=J_{2n}/\gamma_2=0$。这表明，在导体一侧只能存在沿切向的电流和切向的电场强度。

【例 8.15】某同轴电缆填充有两层介质，内导体半径为 a，外导体半径为 c，介质的分界面半径为 b。两层介质的介电常数和电导率分别为 ε_1、γ_1 和 ε_2、γ_2。设内、外导体加电压 U，求两导体之间的电流密度和电场强度的分布。

解：由外加电压导致电流由内导体流向外导体，在分界面上只有法向分量，所以电流密度成轴对称分布。

假设内外导体间电流为 $\boldsymbol{I}$，则由 $\int_S \boldsymbol{J}\cdot\mathrm{d}\boldsymbol{S}=I$ 及电流密度在介质分界面法线方向连续可得内外导体间的电流密度为

$$\boldsymbol{J}=\boldsymbol{e}_\rho \frac{I}{2\pi\rho} \qquad (a<\rho<c)$$

介质中的电场在法线方向不连续，则

$$\boldsymbol{E}_1=\frac{\boldsymbol{J}}{\gamma_1}=\boldsymbol{e}_\rho \frac{I}{2\pi\gamma_1\rho}$$

$$\boldsymbol{E}_2=\frac{\boldsymbol{J}}{\gamma_2}=\boldsymbol{e}_\rho \frac{I}{2\pi\gamma_2\rho} \qquad (a<\rho<b)$$

由于

$$U=\int_a^b \boldsymbol{E}_1\cdot\mathrm{d}\boldsymbol{\rho}+\int_b^c \boldsymbol{E}_2\cdot\mathrm{d}\boldsymbol{\rho}=\frac{I}{2\pi\gamma_1}\ln\frac{b}{a}+\frac{I}{2\pi\gamma_2}\ln\frac{c}{b}$$

得到

$$I=\frac{2\pi\gamma_1\gamma_2 U}{\gamma_1\ln(b/a)+\gamma_2\ln(c/b)}$$

于是得到介质中的电流密度和电场强度分别为

$$\boldsymbol{J}=\boldsymbol{e}_\rho\frac{\gamma_1\gamma_2 U}{\rho\left[\gamma_1\ln(b/a)+\gamma_2\ln(c/b)\right]}\qquad(a<\rho<c)$$

$$\boldsymbol{E}_1=\boldsymbol{e}_\rho\frac{\gamma_2 U}{\rho\left[\gamma_2\ln(b/a)+\gamma_1\ln(c/b)\right]}\qquad(a<\rho<b)$$

$$\boldsymbol{E}_2=\boldsymbol{e}_\rho\frac{\gamma_1 U}{\rho\left[\gamma_2\ln(b/a)+\gamma_1\ln(c/b)\right]}\qquad(b<\rho<c)$$

【例 8.16】 电压U加于面积为S的平行板电容器上，两块极板之间的空间填充两种有损电介质，它们的厚度、介电常数、电导率分别为d_1、d_2、ε_1、ε_2、γ_1和γ_2，如图 8.21 所示。

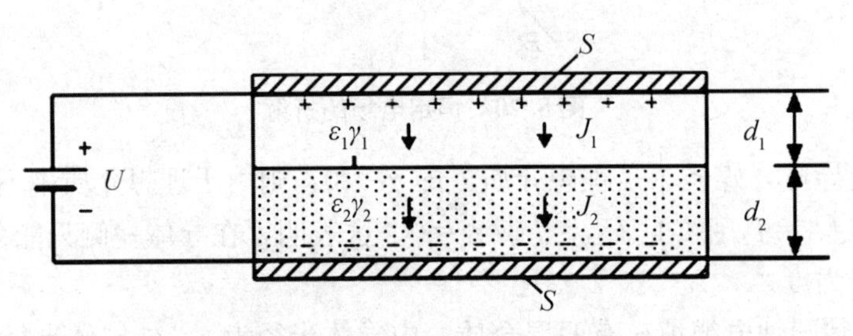

图 8.21 填充两种介质的电容器

(1)求极板间的电流密度J。

(2)求在两种电介质中的电场强度E_1和E_2。

(3)求极板上和介质分界面的面电荷密度。

解：(1)设通过电容器的电流为I；极板的电导率远大于有损介质的电导率，故介质中的电流应垂直于极板面，又由J的法向分量连续性保证了两种媒质中电流密度相同，即

$$J_1=J_2=\frac{I}{S}=J$$

由$J=\gamma E$得

$$E_1=\frac{J}{\gamma_1},\ E_2=\frac{J}{\gamma_2}$$

因为

$$U=E_1 d_1+E_2 d_2=\left(\frac{d_1}{\gamma_1}+\frac{d_2}{\gamma_2}\right)J$$

故

$$J=\frac{U\gamma_1\gamma_2}{d_1\gamma_2+d_2\gamma_1}$$

(2)两种电介质中的电场强度分别为

$$E_1=\frac{J}{\gamma_1}=\frac{U\gamma_2}{d_1\gamma_2+d_2\gamma_1},\ E_2=\frac{J}{\gamma_2}=\frac{U\gamma_1}{d_1\gamma_2+d_2\gamma_1}$$

(3)上下极板的面电荷密度$\sigma_{上}$、$\sigma_{下}$分别为

$$\sigma_{上}=\varepsilon_1 E_{1n}=\frac{\varepsilon_1\gamma_2 U}{d_1\gamma_2+d_2\gamma_1},\quad \sigma_{下}=-\varepsilon_2 E_{2n}=-\frac{\varepsilon_2\gamma_1 U}{d_1\gamma_2+d_2\gamma_1}$$

介质分界面上的 σ 为

$$\sigma=\left(\frac{\varepsilon_2}{\gamma_2}-\frac{\varepsilon_1}{\gamma_1}\right)J=\frac{-\varepsilon_1\gamma_2+\varepsilon_2\gamma_1}{d_1\gamma_2+d_2\gamma_1}U$$

从这些结果可以看出，$\sigma_{上}\neq\sigma_{下}$，但 $\sigma_{上}+\sigma_{下}+\sigma=0$。

8.3.2 静电场与恒定电场的比拟

通过前面的讨论，将电源外导电媒质中的恒定电场 $\boldsymbol{E}$ 及恒定电流密度 $\boldsymbol{J}$ 所满足的基本方程与电介质中无体电荷区域的静电场 $\boldsymbol{E}$ 及电位移矢量 $\boldsymbol{D}$ 所满足的基本方程进行比较，容易看出它们之间在很多方面有相似之处，各量之间也有对应关系(见表 8-1)。

由表中可以看出，只要把静电场中的 $\boldsymbol{D}$ 和 ε 相对应地换成 $\boldsymbol{J}$ 和 γ，静电场的基本方程及关系式就变成恒定电场的方程。反之亦然，两种场中的电位函数也有相同的意义。由于静电场与恒定电场的电位都满足拉普拉斯方程，因此，在相同的边界条件下，如果一种场的解已经得到，则另一种场的解不必重新再求，只要把两种场相对应的量置换一下即可，这种方法叫静电比拟法。

场量的对应关系也导致了参量的对应关系。$\boldsymbol{D}$ 与 $\boldsymbol{J}$ 的对应，导致 q 与 I 对应，而 q 与 I 对应，导致电容 $C\left(=\frac{q}{U}\right)$ 与恒定电流电场中的电导 $G\left(=\frac{I}{U}\right)$ 相对应。对于同一个系统，只要把电容公式中的 ε 换成 γ，电容就变成了电导，反之亦然。

表 8-1 恒定电场与静电场的比较

对比内容	电介质中的静电场	导电媒质中恒定电场	对应量
基本方程	$\nabla\times\boldsymbol{E}=0$ $\nabla\cdot\boldsymbol{D}=0$ $\boldsymbol{E}=-\nabla\phi$	$\nabla\times\boldsymbol{E}=0$ $\nabla\cdot\boldsymbol{J}=0$ $\boldsymbol{E}=-\nabla\phi$	$\boldsymbol{D}\Leftrightarrow\boldsymbol{J}$
边界条件	$E_{1t}=E_{2t}$ $D_{1n}=D_{2n}$ $\phi_1=\phi_2$	$E_{1t}=E_{2t}$ $J_{1n}=J_{2n}$ $\phi_1=\phi_2$	$\boldsymbol{D}\Leftrightarrow\boldsymbol{J}$
电位方程	$\nabla^2\phi=0$	$\nabla^2\phi=0$	
$\boldsymbol{D}$、$\boldsymbol{J}$ q、I C、G	$\int_S\boldsymbol{D}\cdot d\boldsymbol{S}=\int_S\sigma\cdot d\boldsymbol{S}=q$ $C=\frac{q}{U}$	$\int_S\boldsymbol{J}\cdot d\boldsymbol{S}=I$ $G=\frac{I}{U}$	$q\Leftrightarrow I$ $C\Leftrightarrow G$
场与介质	$\boldsymbol{D}=\varepsilon\boldsymbol{E}$	$\boldsymbol{J}=\gamma\boldsymbol{E}$	$\varepsilon\Leftrightarrow\gamma$

【例 8.17】 已知双导线半径为 a，两轴线距离为 d，周围的介质电导率为 γ，求单位长度双导线的漏电导。

解：例 8.6 已经计算了当 $D\gg a$ 时，平行双导线单位长度的电容 C 为

$$C=\frac{\pi\varepsilon}{\ln\left(\frac{D}{a}\right)}$$

由于电导与电容以及介电常数和电导率的对应关系，通过参量置换便可得到双导线的漏电导为

$$G=\frac{\pi\gamma}{\ln\left(\frac{D}{a}\right)}$$

【小思考】总结一下，计算电导有哪些方法？

8.3.3 恒定电场的应用

电镀工艺、电焊工艺、电力工程、地质勘探、油井测量以及超导技术中广泛应用了恒定电场的特性。

1. 位场应用

电力工程中，通常需要获悉电气设备周围的电场分布，但在设备运行时进行现场测量是很不安全的。此时可将设备放入电流场中，只要保证电流场的形状及其边界条件与电气设备所在的电场形状及边界条件相同，那么通过测量该电流场的分布即可获知原先电场的分布，这种方法称为位场模拟。例如，对于高压套管、电缆头及绝缘子等，即可采用这种位场模拟方法获得其周围的电场分布特性，甚至高压变电站地面上跨步电压的预测也可利用这种方法。

人体的心脏组织产生的微弱电流流遍全身，导致人体的各个部位具有不同的电位，测量这些电位差即可诊断心脏、动脉以及心室的状态，这就是心电图仪的工作原理。警方在审讯犯罪嫌疑人时使用的测谎仪也是基于同一机理。图 8.22 所示是用于心脏病诊断的心电图仪。

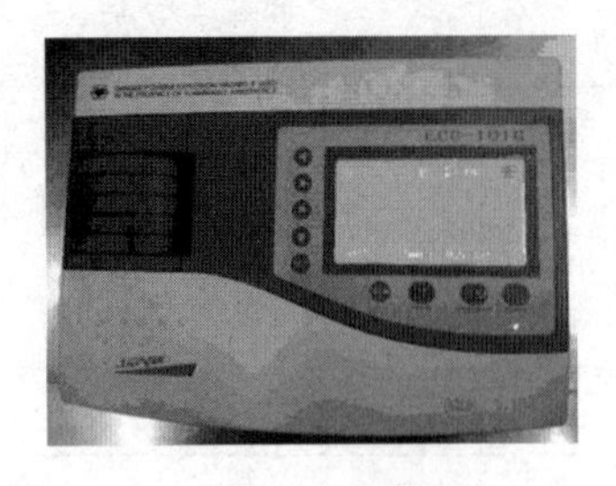

图 8.22 心电图仪

2. 电导率的应用

利用导电材料的电导率不同，可以制作各种电阻元件，例如，碳质电阻、碳膜电阻和线绕电阻。调节碳棒的尺寸、碳膜的厚度以及电阻丝的粗细即可获得不同阻值的电阻元件。这些电阻元件各具特色，分别用于不同场合。图 8.23 所示是碳膜电阻。

当地层中含有水分、矿物或油气时，土壤的电导率将有所不同。如果将两个电极垂直或水平放入地中，通过测量两个电极之间的电流及电位分布，即可判断电流通过区域中地

层状况，这就是电法勘探的基本原理。经验表明，地震前夕地壳的电导率通常也要发生变化，因此上述方法也可用于地震预报。

图 8.23 碳膜电阻

本章小结

本章主要讨论了静电场、恒定电场以及恒定磁场的分析及应用。

1. 静电场基本方程和边界条件

微分形式：$\nabla\times\boldsymbol{E}=0$；$\nabla\cdot\boldsymbol{D}=\rho$

积分形式：$\oint_l \boldsymbol{E}\cdot \mathrm{d}\boldsymbol{l}=0$；$\oint_S \boldsymbol{D}\cdot \mathrm{d}\boldsymbol{S}=\int_V \rho \mathrm{d}V$

边界条件：$\boldsymbol{n}\times(\boldsymbol{E}_1-\boldsymbol{E}_2)=0$；$\boldsymbol{n}\cdot(\boldsymbol{D}_1-\boldsymbol{D}_2)=\sigma$

2. 电位函数和边界条件

电场强度：$\boldsymbol{E}=-\nabla\phi$，$\phi$ 称为静电场电位函数，通常简称为电位，电位是标量

边界条件：$\phi_A=\phi_B$；$\varepsilon_2\dfrac{\partial\phi_2}{\partial n}-\varepsilon_1\dfrac{\partial\phi_1}{\partial n}=\sigma$

3. 静电位的泊松方程和拉普拉斯方程

泊松方程：$\nabla^2\phi=-\dfrac{\rho}{\varepsilon}$

拉普拉斯方程：$\nabla^2\phi=0$

4. 恒定磁场的基本方程及边界条件

微分形式：$\nabla\times\boldsymbol{H}=\boldsymbol{J}$；$\nabla\cdot\boldsymbol{B}=0$

积分形式：$\oint_l \boldsymbol{H}\cdot \mathrm{d}\boldsymbol{l}=I$；$\oint_S \boldsymbol{B}\cdot \mathrm{d}\boldsymbol{S}=0$

边界条件：$\boldsymbol{n}\cdot(\boldsymbol{B}_1-\boldsymbol{B}_2)=0$；$\boldsymbol{n}\times(\boldsymbol{H}_1-\boldsymbol{H}_2)=\boldsymbol{J}_S$

5. 电容

在线性介质中，一个导体上的电量与导体上的电位成正比，它们的比值称为电容，孤立导体的电容：$C=\dfrac{Q}{\phi}$。

6. 电场能量

电场能量存在于场中，可用体积分计算电场能量：$W_e=\dfrac{1}{2}\int_V \boldsymbol{D}\cdot\boldsymbol{E}\mathrm{d}V=\int_V w_e \mathrm{d}V$

其中 $w_e=\frac{1}{2}\varepsilon E^2=\frac{1}{2}\frac{D^2}{\varepsilon}$ 为电场能量密度。

7. 矢量磁位和标题磁位

矢量磁位 $\boldsymbol{A}$：$\nabla\times\boldsymbol{A}=\boldsymbol{B}$；边界条件：$\boldsymbol{A}_1=\boldsymbol{A}_2$

标量磁位 ϕ_m：$\boldsymbol{H}=-\nabla\phi_m$，在均匀介质中 $\nabla^2\phi_m=0$

边界条件：$\phi_{m1}=\phi_{m2}$、$\mu_1\frac{\partial\phi_{m1}}{\partial n}=\mu_2\frac{\partial\phi_{m2}}{\partial n}$

8. 电感

在各向同性的媒质中，穿过回路的磁通量与回路中的电流成正比，把这个比值称为电感，分为自感和互感。自感：$L=\frac{\psi}{I}$；互感：$M_{12}=\frac{\psi_{12}}{I_2}$。

9. 磁场能量

磁场能量存在于场中，可用体积分计算磁场能量：$W_m=\frac{1}{2}\int_{V'}\boldsymbol{B}\cdot\boldsymbol{H}\mathrm{d}V'=\int_V w_m\mathrm{d}V$，式中 $w_m=\frac{1}{2}\boldsymbol{B}\cdot\boldsymbol{H}$ 或 $w_m=\frac{1}{2}\mu H^2=\frac{1}{2}\frac{B^2}{\mu}$ 称为磁场能量密度。

10. 恒定电场的基本方程和边界条件

微分形式：$\nabla\times E=0$；$\nabla\cdot\boldsymbol{J}=0$

积分形式：$\oint_l\boldsymbol{E}\cdot\mathrm{d}\boldsymbol{l}=0$；$\oint_S\boldsymbol{J}\cdot\mathrm{d}\boldsymbol{S}=0$

边界条件：$\boldsymbol{n}\times(\boldsymbol{E}_1-\boldsymbol{E}_2)=0$；$\boldsymbol{n}\cdot(\boldsymbol{J}_1-\boldsymbol{J}_2)=0$

习　题

一、填空题

1. 导体表面静电场的边界条件为________。
2. ________产生的磁场称为恒定磁场。
3. 在恒定电场中，导体内的电场强度为________。
4. 恒定电场中，体电流密度的散度为________。
5. 矢量磁位的________称为磁感应强度。

二、选择题

1. 具有均匀密度的无限长直线电荷的电场随距离变化的规律为(　　)。

A. $\frac{1}{r}$　　B. $\frac{1}{r^2}$　　C. $\ln\frac{1}{r}$

2. 应用高斯定理求解静电场要求电场具有(　　)。

A. 线性　　B. 对称性　　C. 任意

3. 如果某一点的电场强度为零，则该点的电位(　　)。

A. 一定为零　　B. 不一定为零　　C. 为无穷大

4. 在不同电介质交界面上，电场强度的(　　)。

A. 法向分量和切向分量均连续　　B. 法向分量连续

C. 切向分量连续　　D. 法向分量与切向分量均不连续

5. 静电场是(　　)。

A. 无旋场　　B. 无散场　　C. 等电位场　　D. 均匀场

三、分析计算题

1. 平行板电容器如图 8.24 所示，已知两极板相距 d，极板间的电位分布为 $\phi=\frac{U_0}{d}x$ $(0\leqslant x\leqslant d)$，求电容器中的电场强度。

2. 已知空间中某一区域内的电位分布为 $\phi=ax^2\sin(2y)\mathrm{ch}(3z)$，求此空间中的体电荷分布。

3. 已知内外半径分别为 a 和 b 的同心导体球壳，内外导体间的电压为 U，求两球壳间的电场分布与电位分布。

4. 图 8.25 所示为两块无限大平行板电极，相距 d，极板上的电位分别为 0 和 U_0，板间充满体电荷密度为 $\rho=\frac{\rho_0 x}{d}$ 的电荷，求板间的电位分布。

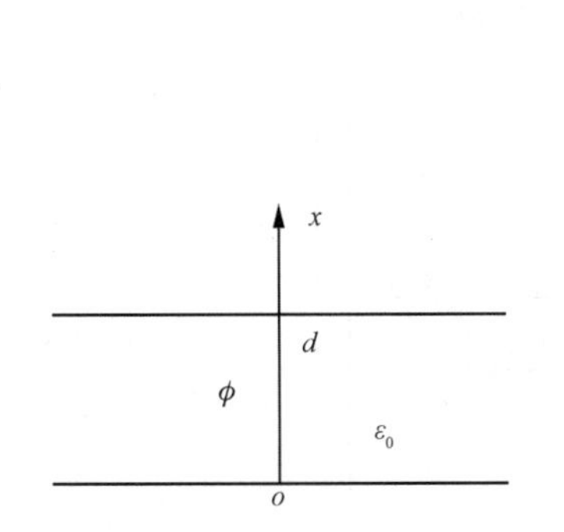

图 8.24　平板电容器

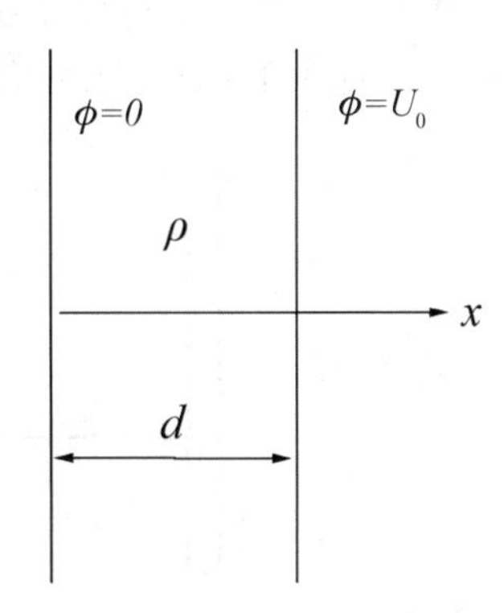

图 8.25　平行板电极

5. 球型电容器由一个半径为 a 的内导体球和一个内壁半径为 b 的外导体组成，两导体之间充以介电常数为 ε 的电介质，求电容器的电容。

6. 同轴电容器内外导体的半径为 a 和 c，在内外导体之间部分填充介电常数为 ε 的电介质，填充的区域为大于 a 小于 b，如图 8.26 所示，求单位长度的电容。

7. 内外半径分别为 a 和 b 的球型电容器，上半部分填充介电常数为 ε_1 的介质，下半部分填充介电常数为 ε_2 的另一种介质，如图 8.27 所示，求电容器的电容。

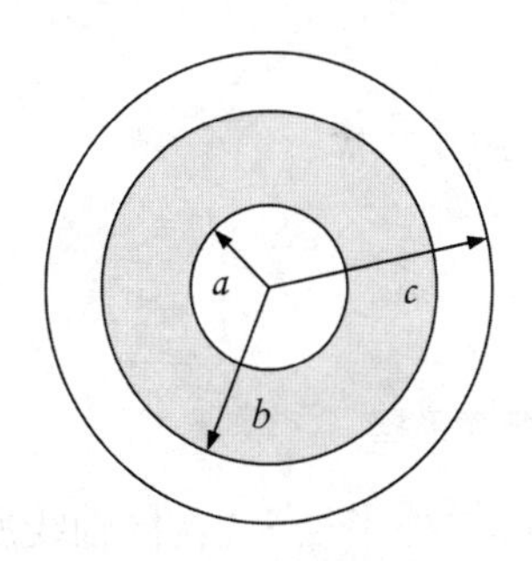

图 8.26　同轴电容器

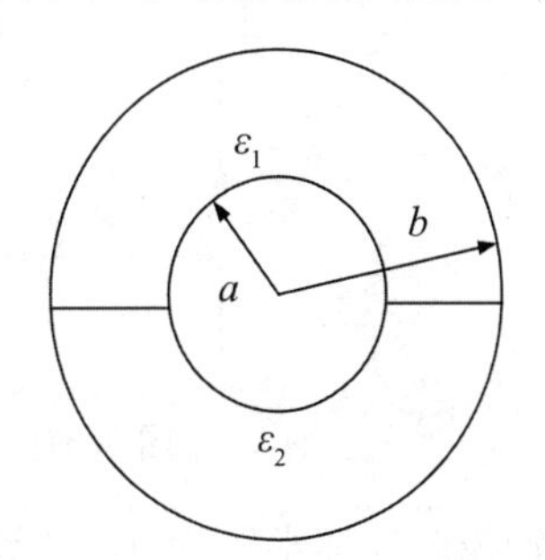

图 8.27　球型电容器

8. 两根距离为 d 的无限长平行细导线，通有大小相等、方向相反的电流 I，如图 8.28 所示，试计算双导线所在平面内任意点的磁感应强度。

9. 半径为 R 的无限长圆柱体内部有一个半径为 a 且轴线与圆柱体轴线平行的无限长圆洞，两者轴线相距 b，如图 8.29 所示。设圆柱上有电流 I，横截面上电流密度是均匀的，求圆洞中的磁感应强度。

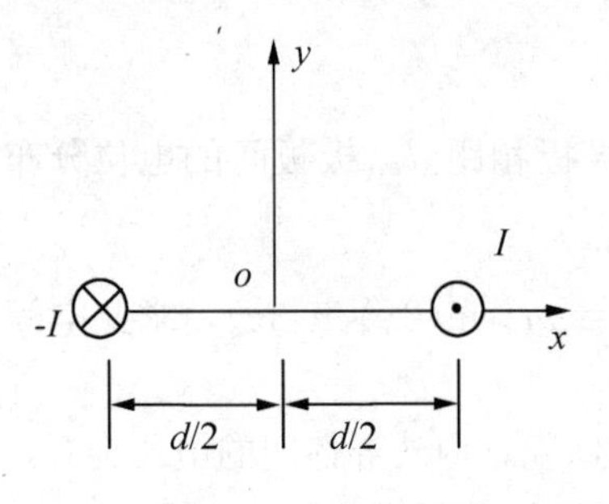

图 8.28 平行细导线

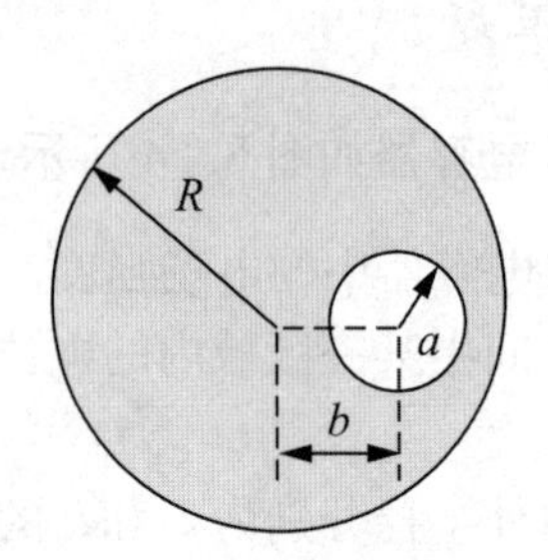

图 8.29 无限长圆柱体

10. 无限长沿 z 轴放置的圆柱导体，半径为 a，沿 z 方向通以电流，电流密度为 $\boldsymbol{J}$。已知电流是均匀分布的，求空间任意一点的磁感应强度。

11. 如图 8.30 所示，两根平行直导线在远处相交成回路，在双导线平面上放一个矩形框，直导线的半径 r_0 远小于 a，试求两者之间的互感。

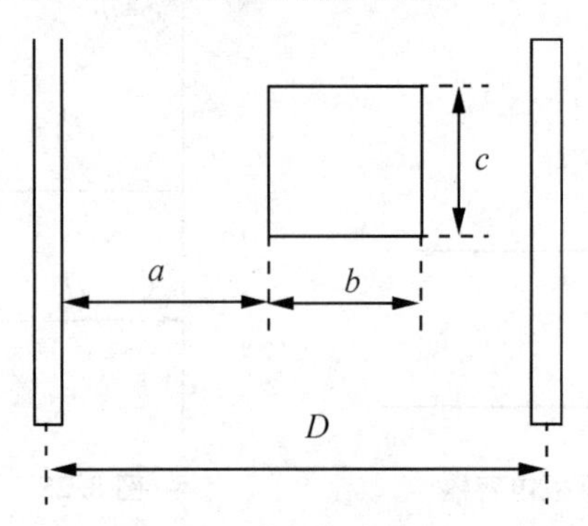

图 8.30 双导线与导线框

12. 一根通有电流 I 的无限长细直导线与一个等边三角形导线框在同一平面内，等边三角形的高为 a，三角形平行于直导线的边至直导线的距离为 b，如图 8.31 所示，试求直导线与三角形导线框间的互感。

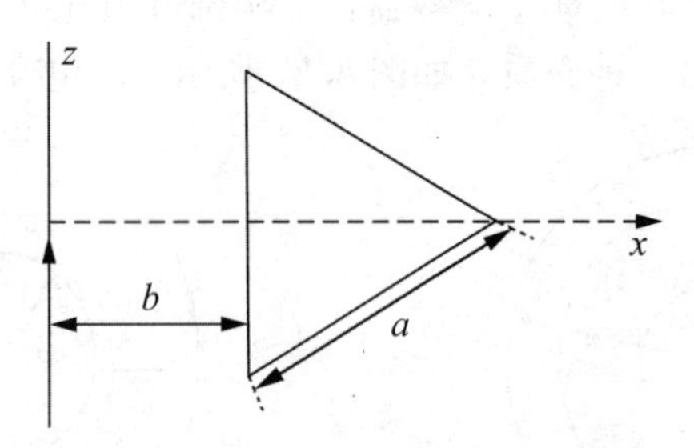

图 8.31 直导线与等边三角形框

13. 设同轴线内导体半径为 a，外导体内半径为 b；外半径为 c，同轴线所用材料磁导

率均为 μ_0，试计算同轴线单位长度的外自感。

14. 同心导体球壳的半径分别为 a 和 b，球壳间填充两种导电媒质，上半部的电导率为 γ_1，下半部的电导率为 γ_2，如图 8.32 所示，内外球壳间外加电压 U。

(1)球壳间的电场强度。

(2)导电媒质中的电流。

(3)内外球壳间电阻。

15. 同心导体球壳的半径分别为 a 和 b，球壳间填充两种导电媒质，内层的电导率为 γ_1，外层的电导率为 γ_2，如图 8.33 所示。内外球壳间外加电压 U，试用电位微分方程求两区域中的电位分布。

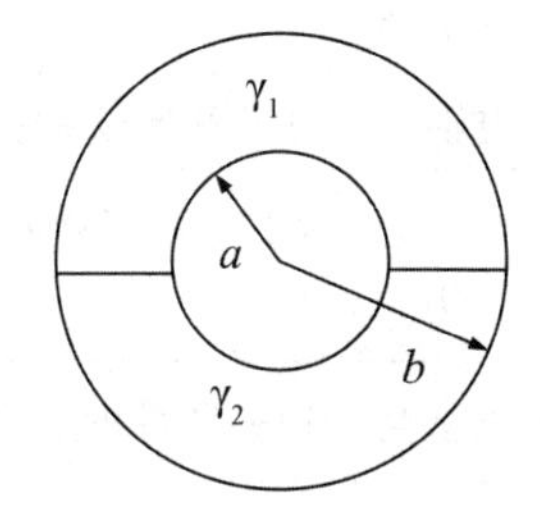

图 8.32　同心导体球壳

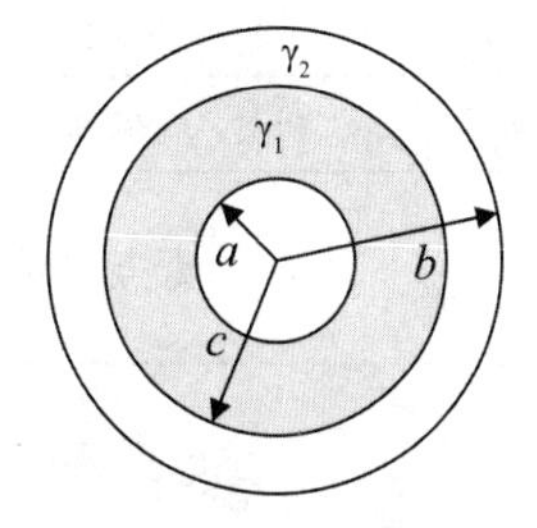

图 8.33　同心导体球壳

第9章　静态场的解

教学要求

知识要点	掌握程度	相关知识
概述	熟悉	边值问题分类、唯一性定理
镜像法	掌握	静电场中的镜像法、电轴法、恒定磁场的镜像法
分离变量法	重点掌握	直角坐标系中的分离变量法、圆柱坐标系中的分离变量法、球坐标系中的分离变量法
有限差分法	熟悉	二维泊松方程的差分离散化、边界条件的离散化、差分方程组的求解

静态场是一类常见的场，可以看作时变场的特殊情形，包括通常见到的静电场、恒定电场和恒定磁场。特殊静态场的求解可使用定义或者高斯定理、安培环路定理来求解，而更多时候静态场的分析可归结为求解场的边值问题，即求满足给定边界条件的泊松方程或拉普拉斯方程的解的问题。边值问题按已知边界条件的差异分为三类，这三类边值问题的求解方法基本相同。

实际工程中，静态场多为二维场，故本章主要以二维场为例来说明各种条件下静态场的边值问题的求解方法。重点介绍镜像法、分离变量法和有限差分法。镜像法适合求直线边界和圆形边界的特殊边值问题；分离变量法是求解二维偏微分方程的基本解析方法；有限差分法则适用于利用计算机求解边值问题。

9.1　概　述

简单静态场问题的共同特征是电荷或电流分布具有特殊性，其场矢量(或位函数)只是一个空间坐标的函数，使用高斯定理或安培环路定律就可以很方便地求出场矢量。而实际工程中遇到的问题要复杂得多，场矢量可能是两个甚至3个空间坐标的函数，这时使用高斯定理和安培环路定律就无能为力了，必须采用其他的求解方法。

9.1.1　边值问题及分类

静态场即静电场、恒定电流的电场和没有传导电流的空间的磁场都是位场，这类场的求解问题可总结为在给定边界条件下标量位函数和矢量位函数所满足的泊松方程或拉普拉斯方程的求解问题，即边值问题。

根据边界的已知条件，通常把边值问题分为三类。

(1)给定整个场域边界上的位函数值，即

$$\phi=f(s) \tag{9.1}$$

$f(s)$为边界点 s 的位函数，不同的点 s 可以有不同或相同的 $f(s)$值。这类问题称为第一类边值问题，也称狄利赫利问题。

(2)给定待求位函数在整个场域边界上的法向导数值，即

$$\frac{\partial\phi}{\partial n}=f(s) \tag{9.2}$$

$f(s)$的意义同前。例如，静电场中，若已知带电导体的电荷密度 σ，则

$$\sigma=D_n=-\varepsilon\frac{\partial\phi}{\partial n}$$

这类问题称为第二类边值问题或称诺依曼问题。

(3)给定待求位函数部分场域边界上的位函数值和其余场域边界上的位函数的法向导数值，即

$$\phi+f_1(s)\frac{\partial\phi}{\partial n}=f_2(s) \tag{9.3}$$

这类问题称为第三类边值问题或称混合边值问题。

根据已知的边界条件即可确定边值问题的类型。所以确定边值问题类型的关键在于正确提出场域的边界条件。实际工程中遇到的大多是第一类边值问题，所以主要研究第一类边值问题的求解方法，其他类型的边值问题，只是介绍给大家做一般性了解。

各类边值问题的分析方法有很多，大致可分为理论计算与实验研究两个方面。表 9－1 列出了常用的求解方法。

表 9－1　边值问题的常用求解方法

理论计算方法	直接求解法	直接积分法
		分离变量法
		格林函数法
	间接求解法	复变函数法
		保角变换法
		镜像法
	数值计算法	有限差分法
		有限元法
		矩量法
		模拟电荷法
实验研究方法	数学模拟法	

严格来说，所有的电磁场都属于三维场，对应的泊松方程和拉普拉斯方程是三维空间的偏微分方程，不仅计算量大，而且很难获得精确解。

【提示】 在实际工程中，很多场量沿某一方向的变化很小，可以忽略，从而使很多三

维问题可以理想化为二维问题，这样不仅简化了求解过程，而且具有实际应用价值。

9.1.2 唯一性定理

在静电场的很多求解方法中，有一些间接的方法用于求解非常方便。相同的场使用不同的分析方法，其解的形式可能也不相同，但根据唯一性定理，只要它们满足相同的边界条件，这些不同形式的解就是有效的，而且彼此相等。在说明唯一性定理之前，先讨论一下格林定理。

1. 格林定理

唯一性定理的证明需要借助场理论中的一个重要定理——格林定理，格林定理可由散度定理得出。

令 $\boldsymbol{F}$ 等于一个标量 Φ 和一个矢量 $\nabla\psi$ 的乘积，即 $\boldsymbol{F}=\Phi\cdot\nabla\psi$，代入 $\int_V \nabla\cdot\boldsymbol{F}\mathrm{d}V=\oint_S \boldsymbol{F}\cdot\mathrm{d}\boldsymbol{S}$，则

$$\int_V (\Phi\nabla^2\psi+\nabla\Phi\cdot\nabla\psi)\mathrm{d}V=\oint_S \Phi\cdot\frac{\partial\psi}{\partial n}\mathrm{d}S \tag{9.4}$$

式(9.4)称为格林第一定理，或格林第一恒等式，其中 $\boldsymbol{n}$ 是面元 $\mathrm{d}\boldsymbol{S}$ 的正法线。由于 Φ 和 ψ 均为标量，所以将式(9.4)中的 Φ 和 ψ 互换等式仍然成立，即

$$\int_V (\psi\nabla^2\Phi+\nabla\psi\cdot\nabla\Phi)\mathrm{d}V=\oint_S \psi\frac{\partial\Phi}{\partial n}\mathrm{d}S \tag{9.5}$$

将式(9.4)与式(9.5)相减，可得

$$\int_V (\Phi\nabla^2\psi-\psi\cdot\nabla^2\Phi)\mathrm{d}V=\oint_{\mathrm{S}} \left(\Phi\frac{\partial\psi}{\partial n}-\psi\frac{\partial\Phi}{\partial n}\right)\mathrm{d}S \tag{9.6}$$

式(9.6)称为格林第二定理，或是格林第二恒等式。

【知识要点提醒】 格林定理是场理论中的一个重要定理，利用格林定理可以推导出求解边值问题的一个方法——格林函数法。

2. 唯一性定理

唯一性定理是多种方法求解场边值问题的理论依据。定理表明对于任意静电场，当整个边界上的边界条件如位函数(或边界上位函数的法向导数)已知时，空间各部分的场就被唯一地确定了，与求解它的方法无关，即拉普拉斯方程有唯一的解。下面用反证法证明第一类边值问题的解具有唯一性。

设体积 V 内电荷分布密度为 ρ，其边界面 S 上的位函数为 ϕ。现有两个解 ϕ_1 和 ϕ_2 同时满足该给定边界的泊松方程，即

$$\nabla^2\phi_1=-\frac{\rho}{\varepsilon} \tag{9.7}$$

$$\nabla^2\phi_2=-\frac{\rho}{\varepsilon} \tag{9.8}$$

且在边界面 S 上满足 $\phi_1|_S=\phi_0$、$\phi_2|_S=\phi_0$。令 $\phi'=\phi_1-\phi_2$，则 ϕ' 在 V 内也应满足泊

松方程。

$$\nabla^2 \phi' = 0$$

且在边界面上有 $\phi'|_S = 0$。利用格林第一恒等式，令 $\Phi = \psi = \phi'$，则有

$$\int_V (\phi' \cdot \nabla^2 \phi' + \nabla \phi \cdot \nabla \phi') \mathrm{d}V = \oint_S \phi' \frac{\partial \phi'}{\partial n} \mathrm{d}S \tag{9.9}$$

由于 $\phi'|_S = 0$、$\nabla^2 \phi' = 0$，所以上式变为

$$\int_V (\nabla \phi' \cdot \nabla \phi') \mathrm{d}V = \int_V |\nabla \phi'|^2 \mathrm{d}V = 0 \tag{9.10}$$

对于任意函数 $|\nabla \phi'| \geqslant 0$，所以 $\nabla \phi' = 0$，$\phi' = C$（C 为常数）。

又由于 $\phi'|_S = 0$，则有 $C = 0$，即 $\phi' = 0$，那么 $\phi' = \phi_1 - \phi_2 = 0$，即 $\phi_1 = \phi_2$。

这说明满足场域边界条件的拉氏方程的解是唯一的。

利用唯一性定理，在求解一些较难的场解时，可以采用灵活的方法，甚至猜测解的形式，只要该解能够满足给定边界条件的泊松方程或拉普拉斯方程，这个解就是正确的。

【小思考】如何证明第二类、第三类边值问题的唯一性定理？

9.2 镜像法

镜像法用于求解某些涉及直线边界或圆形边界的重要问题，它无须正规地求解泊松方程或拉普拉斯方程，而是以非常简单的形式代替了看似棘手的问题，是唯一性定理的典型运用。

镜像法是指在实际应用中，把分区均匀媒质看成是完全均匀的，对于所研究的场域，用闭合边界外虚设的较简单的场源分布代替实际边界上复杂的场源分布来进行计算，根据唯一性定理，只要虚设的场源与边界内的实际场源一起产生的场能满足给定的边界条件，这个结果就是正确的。通常称虚设的场源为镜像源，如镜像电荷。镜像源的大小和位置就像人照镜子时看到的自己一样，镜子的形状不同，像也不同。在有源场域中，镜像法不仅可用于计算场强和电位，也可用于计算静电力及感应电荷的分布等。

9.2.1 静电场中的镜像法

在实际工程中，许多问题可近似为无限大导体平面、导体球、无限长导体等静电场的边值问题，这类问题由于分界面电荷分布比较复杂，直接求解比较困难，此时使用镜像法就简单明了，但它只能用于相当狭窄的一类问题，并且使用时应该注意应用区域。下面以实例来说明镜像法的应用。

1. 导体平面镜像法

【例 9.1】如图 9.1 所示，距一接地无限大导体平面 h 远处有点电荷 q，周围介质的介电常数为 ε，求介质中任意一点的电位和导体平面感应电荷的面密度。

解：先来分析边界条件，由于点电荷 q 产生的电场会在导体表面感应出电荷，所以介质中的电场除了由点电荷 q 引起外，还有由感应电荷引起的电场，而感应电荷在整个导体

平面分布不均匀，电荷密度不容易确定。在介质中，除点电荷所在处外，电位应满足拉普拉斯方程；在导体平面上电位 $\phi=0$，以无穷远处为参考点，即在无穷远处，电位 $\phi=0$。

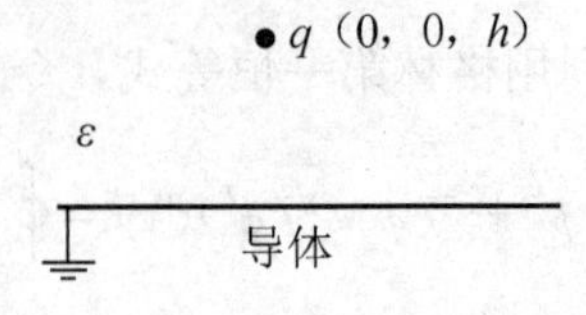

图 9.1　接地导体上方有点电荷 q

利用镜像法，设想将无限大导体平面撤去，整个空间充满介电常数为 ε 的介质，且在 q 的镜像位置处放置一点电荷 $-q$，如图 9.2 所示，则在上半区域，除点电荷所在位置，其余各处电位均满足拉普拉斯方程，且原分界面处的电位还是零，即由电荷 q 和镜像电荷 $-q$ 在上半区域形成的电场与点电荷 q 和无限大导体平面在上半区域形成的电场是相同的，也就是说 $-q$ 可以等效导体表面的感应电荷，称为镜像电荷。根据唯一性定理，因为边界条件没有发生变化，所以用镜像电荷 $-q$ 代替感应电荷分析的结果是相同的。

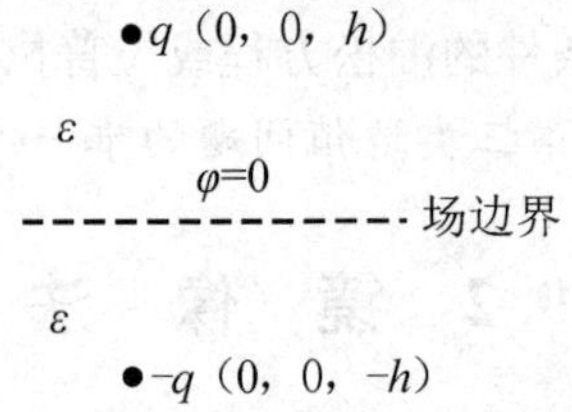

●q (0, 0, h)

ε

φ=0

-------------- 场边界

ε

●-q (0, 0, -h)

图 9.2　撤去导体后的等效图

在上半区域，原点电荷和镜像电荷共同作用产生的电位

$$\phi=\phi_q+\phi_{-q}=\frac{1}{4\pi\varepsilon}\left(\frac{q}{R_1}-\frac{q}{R_2}\right)$$

其中

$$R_1=\left[x^2+y^2+(z-h)^2\right]^{\frac{1}{2}},\ R_2=\left[x^2+y^2+(z+h)^2\right]^{\frac{1}{2}}$$

相应地可求出介质中的电场强度为

$$E=E_q+E_{-q}=-\nabla\phi_q-\nabla\phi_{-q}$$

由运算过程可见，在不确定导体平面感应电荷的情况下，可以很方便地求出所需的场量。反过来可由电场强度得到导体表面的感应电荷面密度为

$$\sigma=D_n=\varepsilon E_n=\varepsilon\left(-\frac{\partial\phi}{\partial n}\right)=-\varepsilon\frac{\partial\phi}{\partial z}\Big|_{z=0}=\frac{-qh}{2\pi(x^2+y^2+h^2)^{\frac{3}{2}}}\tag{9.11}$$

由式(9.11)可知，导体表面的电荷分布是不均匀的，靠近点电荷的位置感应电荷的密度大，远离点电荷的位置感应电荷的密度小，且感应电荷与点电荷极性相反。

【知识要点提醒】 在此问题中，适用区域是导体平面以上的电介质内，而在下半区域，因无电荷分布，所以不存在电场。

【即学即用】 ①无限长线电荷平行于无限大导体平面时，导体上方介质中的场可采用相同的思路，撤去导体平面，在镜像位置设置镜像线电荷即可求解；

②两个相交成 $180°/n$ 的接地导体平面（n＝2、3、4…）间有点电荷时，可用有限个镜像电荷的作用来满足所有的边界条件，尝试自己动手画出这类问题的镜像电荷。

2. 导体球面镜像法

如果点电荷位于球形导体附近，导体球面同样会出现分布不均匀的感应电荷。在导体球外的区域内，也可用镜像法求解。

【例 9.2】设在真空中有一半径为 a 的接地导体球，点电荷 $+q$ 在距球心 $d(d>a)$ 处，如图 9.3 所示，求空间的电位分布。

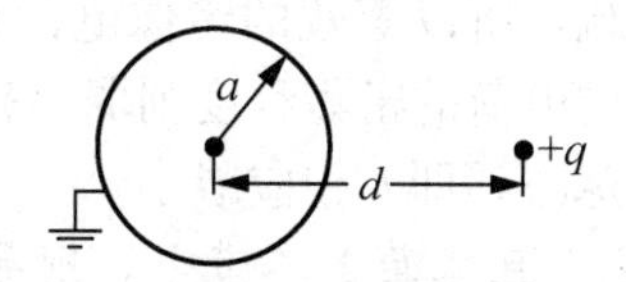

图 9.3　接地导体球外有点电荷 q

解：由于点电荷的作用，导体球面出现不均匀的感应电荷，由电场分布特点可知，感应电荷的分布关于点电荷与球心的连线轴对称，根据镜像法，用球内一镜像电荷 q' 来等效球面上的感应电荷，考虑到感应电荷的分布情况，q' 应在 q 与球心的连线上，如图 9.4 所示。设 q' 与球心距离为 b，那么 q 与 q' 构成的系统应使球面保持零电位，则在球面任意一点 p 点处，满足

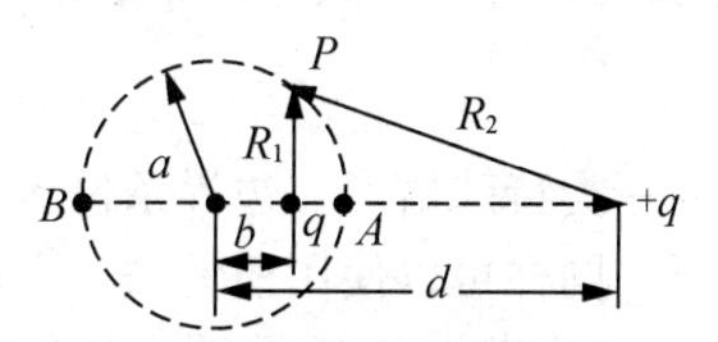

图 9.4　球面镜像图

$$\phi=\frac{q}{4\pi\varepsilon_0 R_2}+\frac{q'}{4\pi\varepsilon_0 R_1}=0$$

可得

$$\frac{q}{q'}=-\frac{R_2}{R_1}$$

为方便计算，在球面上取两个特殊点 A 和 B，则在 A 点时 $R_2=d-a$、$R_1=a-b$；在 B 点时 $R_2=d+a$、$R_1=a+b$，于是

$$\frac{q}{4\pi\varepsilon_0 (d-a)}+\frac{q'}{4\pi\varepsilon_0 (a-b)}=0 \tag{9.12}$$

$$\frac{q}{4\pi\varepsilon_0 (d+a)}+\frac{q'}{4\pi\varepsilon_0 (a+b)}=0 \tag{9.13}$$

解得

$$q'=-\frac{a}{d}q,\ b=\frac{a^2}{d}$$

可以验证，在点电荷 q 和 q' 的共同作用下，原导体球面上任意一点处的电位均为零。由此可推得空间任意点的电位

$$\phi=\frac{q}{4\pi\varepsilon_0 R_2}-\frac{1}{4\pi\varepsilon_0 R_1}\frac{a}{d}q \tag{9.14}$$

由以上结果可以看出，当距离 d 一定时，导体球的半径越大则镜像电荷 q' 亦越大。这是因为半径越大，球面离点电荷 q 就越近，所受的电场力也会增大，所以球面上的感应电荷就越多。另外，导体球半径越大，靠近点电荷 q 一侧的导体球面的感应电荷越密集，远离点电荷 q 一侧的感应电荷越稀疏，所以等效的镜像电荷越靠近 q，即 b 越大；相应地当点电荷 q 远离导体球时，球面感应电荷的密集程度削弱，整个球面上感应电荷的面密度越来越均匀，镜像电荷越靠近导体球心，即 b 相应减小。

【即学即用】若导体球不接地，且球面上不带电，则导体球表面的电位不为零。q' 表示导体表面是等位面且携带有电荷，为了满足导体表面净电荷为零的边界条件，需再加入一个镜像电荷 q''；其大小应等于 $-q'$；为保证球面为等位面，q'' 只能放在球心，则球外任意点的电位为 $\phi=\phi_q+\phi_{q'}+\phi_{q''}$。

若导体球不接地，且球面带电荷 $+Q$，在上述情况的基础上，为保证球面是等位面，另一个镜像电荷 q'' 仍须在球心，大小应为 $q''=Q-q'$。此时球外任意点的电位仍可表示为 $\phi=\phi_q+\phi_{q'}+\phi_{q''}$。

【小思考】如果在圆柱导体面之外存在一点电荷 q，试用镜像法分析之。

3. 介质平面镜像法

导体表面只是镜像问题中的一类特殊情形，边界条件容易给出，分析也比较简单。若是介质平面附近有点电荷的情形，同样可以使用镜像法。下面用一个例子来说明。

【例 9.3】如图 9.5(a)所示，点电荷 q 位于距两种电介质分界面 d 处，两种电介质的介电常数分别为 ε_1、ε_2，求空间任意点的电位。

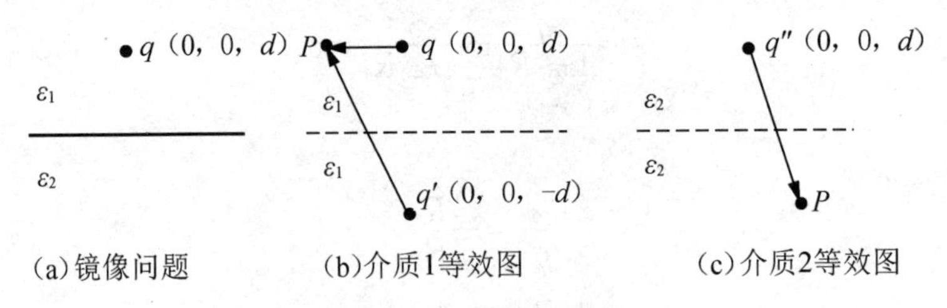

图 9.5 介质平面镜像

解：虽然点电荷 q 只存在于介质 1 中，但在 q 的电场作用下，电介质会被极化，在介质中和分界面上形成极化电荷，则空间电位由点电荷与极化电荷共同产生。

利用镜像法求介质 1 中的电位时，把整个空间看作均匀介质 1，用镜像电荷 q' 来代替极化电荷，为便于分析，使 q' 与 q 按分界面对称分布，如图 9.5(b)所示。则介质 1 中任意一点的电位可表示为

$$\phi_1=\frac{1}{4\pi\varepsilon_1}\left[\frac{q}{R_1}+\frac{q'}{R_2}\right] \tag{9.15}$$

其中，R_1 与 R_2 分别为 q 和 q' 与场点 P 之间的距离。

求介质 2 中的电位时，把整个空间看作均匀介质 2，镜像电荷应位于介质 1 所在区域，用镜像电荷 q''代替极化电荷与原电荷 q，设位置与 q 所在的位置相同，如图 9.5(c)所示。则介质 2 中的电位为

$$\phi_2=\frac{q''}{4\pi\varepsilon_2 R} \tag{9.16}$$

式中 R 为 q''与场点 P 之间的距离。要求解空间任意一点的电位，需要先确定 q'和 q''的大小。

在介质分界面(即 $z=0$)处应满足边界条件 $E_{1t}=E_{2t}$和 $D_{1n}=D_{2n}$，即在分界面($z=0$)处满足

$$\phi_1=\phi_2,\ \varepsilon_1\frac{\partial\phi_1}{\partial z}=\varepsilon_2\frac{\partial\phi_2}{\partial z}$$

将 ϕ_1、ϕ_2 的表达式代入边界条件，可得

$$\frac{1}{\varepsilon_1}(q+q')=\frac{1}{\varepsilon_2}q'';\ q-q'=q''$$

由此可解得

$$q'=\frac{\varepsilon_1-\varepsilon_2}{\varepsilon_1+\varepsilon_2}q \tag{9.17}$$

$$q''=\frac{2\varepsilon_2}{\varepsilon_1+\varepsilon_2}q \tag{9.18}$$

利用求得的镜像电荷即可解得整个空间的电场。

利用上述的分析方法，借助叠加定理可以研究电荷作任意分布时的介质平面镜像问题。

【小思考】用相同的思路分析无限长线电荷与平行介质分界面的情况。

【知识要点提醒】镜像法的特点是镜像电荷必须在所研究的场域之外，镜像电荷所带的电量与边界面原来所具有的电荷总量相等，包括符号与数量，且只对被研究的场域有效，而对被研究场域以外的其他场域是无效的。使用镜像法必须先确定镜像源的大小和位置。

9.2.2 电轴法

电轴法属于镜像法，电轴即为镜像源，是工程中常用的一种间接方法。平行双传输线是两平行带电圆柱导体，在电力工程中经常遇到，分析它的电场具有实际意义。如果运用直接方法分析有困难，可以使用间接方法加以解决。

实际工程中，双传输线的导线很长，在导线的中间部分，可以忽略其边缘效应，认为其每单位长度上的电荷分布是均匀的，即将有限长的带电双传输线理想化为无限长均匀带电的双传输线。虽然导线横截面圆周上的电荷不均匀，但在与横截面平行的各个平面上，电场的分布应该是相同的，这类电场称为平行平面电场。下面通过讨论两根等量异号线电荷的电场来分析平行平面场。

设真空中两根平行的无限长直线电荷相距为 $2b$，电荷密度分别为 $+\rho_l$ 和 $-\rho_l$，

如图 9.6 所示。

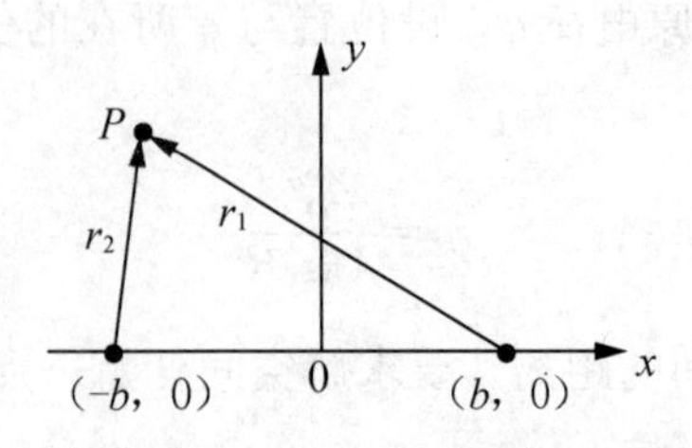

图 9.6 两平行传输线

根据高斯定理，两根线电荷在场点 P 处引起的电场强度分别为

$$\boldsymbol{E}_1=\frac{\rho_l}{2\pi\varepsilon_0 r_1}\boldsymbol{e}_{r1}$$

$$\boldsymbol{E}_2=\frac{-\rho_l}{2\pi\varepsilon_0 r_2}\boldsymbol{e}_{r2}$$

若选取坐标原点为零电位点，则正负线电荷在场点 P 引起的电位可分别表示为

$$\phi_+=\int_{r1}^{b}\boldsymbol{E}_1\cdot\mathrm{d}\boldsymbol{r}_1=\frac{\rho_l}{2\pi\varepsilon_0}\ln\frac{b}{r_1}$$

$$\phi_-=\int_{r_2}^{b}\boldsymbol{E}_2\cdot\mathrm{d}\boldsymbol{r}_2=\frac{-\rho_l}{2\pi\varepsilon_0}\ln\frac{b}{r_2}=\frac{\rho_l}{2\pi\varepsilon_0}\ln\frac{r_2}{b}$$

利用叠加原理，空间 P 点的电位为

$$\phi=\phi_++\phi_-=\frac{\rho_l}{2\pi\varepsilon_0}\ln\frac{r_2}{r_1}=\frac{\rho_l}{2\pi\varepsilon_0}\ln\left[\frac{(x+b)^2+y^2}{(x-b)^2+y^2}\right]^{\frac{1}{2}} \tag{9.19}$$

由式(9.19)可知，若令等位面方程 $\phi=k'$、$\frac{r_2}{r_1}=k$，即

$$\frac{(x+b)^2+y^2}{(x-b)^2+y^2}=\left(\frac{r_2}{r_1}\right)^2=k^2 \tag{9.20}$$

整理上式，可得

$$\left(x-\frac{k^2+1}{k^2-1}b\right)^2+y^2=\left(\frac{2kb}{k^2-1}\right)^2 \tag{9.21}$$

这是圆的方程，表明在 xoy 平面上等位线是一簇圆，圆心在 x 轴线上，如图 9.7 所示。

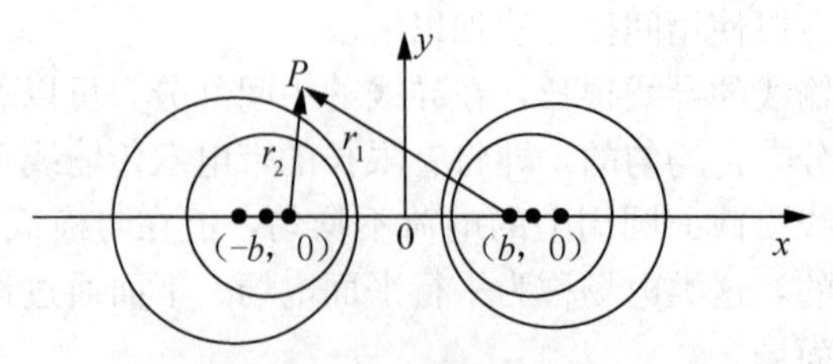

图 9.7 两平行传输线的等位面图

根据 $\boldsymbol{E}=\nabla\phi$，可求得电场强度

$$\boldsymbol{E}=\frac{\rho_l}{2\pi\varepsilon_0}\frac{-4bxy\boldsymbol{e}_y+2b(y^2+b^2-x^2)\boldsymbol{e}_x}{[y^2+(x+b^2)][y^2+(x-b^2)]} \tag{9.22}$$

对应的矢量线是圆弧，圆心在 y 轴上。

设等位圆圆心到原点的距离为 h，圆心半径为 a，则

$$h=\frac{k^2+1}{k^2-1}b \tag{9.23}$$

$$a=\left|\frac{2bk}{k^2-1}\right| \tag{9.24}$$

式(9.23)和式(9.24)表明等位圆的半径及圆心的位置都随 k 而变，等位线是一簇偏心圆。当 $k>1$ 时，等位圆在 y 轴右侧，圆上各点电位均为正；当 $k<1$ 时，等位圆在 y 轴左侧，圆上各点电位均为负；当 $k=1$ 时，等位圆圆心在无穷远处，等位圆扩展成一条直线，直线上各点电位均为零，所以在双电轴的电场中，等位面是一簇偏心的圆柱面。通常称包含零等位线的等位面为零电位面或中性面。

对式(9.23)和式(9.24)进一步分析会发现，等位圆的半径 a、圆心到原点的距离 h 与导线所在位置 b 之间的关系为 $a^2+b^2=h^2$，即

$$a^2=h^2-b^2=(h+b)(h-b) \tag{9.25}$$

在工程应用中，通常利用式(9.25)来确定 h、a、b 中的一个，更多的是确定等效电轴的位置，即求 b。

【提示】 对于相互平行但半径不同的带电圆柱导体或偏心圆柱套筒的电场，可以按照相同的思路进行研究。

【例 9.4】 如图 9.8 所示，两根相互平行、轴线距离为 d 的长直圆柱导体带等量异号电荷，半径分别为 a_1 和 a_2，试确定其等效电轴的位置。

解：建立如图 9.8 所示的坐标系，根据式(9.25)，要确定等效电轴的位置，应先确定圆柱轴心到坐标原点的距离 h，设两轴心到坐标原点的距离分别为 h_1 和 h_2，等效电轴到坐标原点的距离均为 b，则有

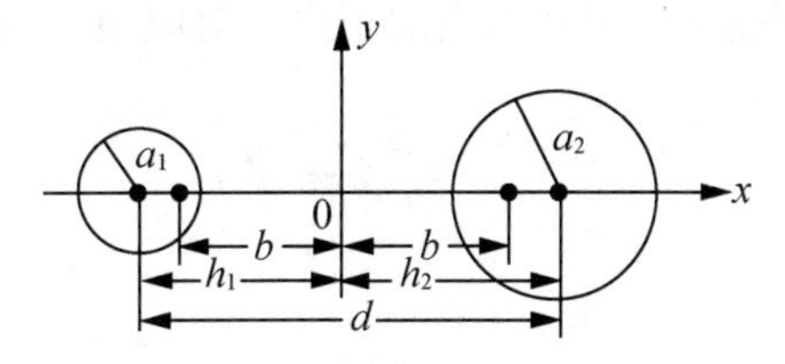

图 9.8 两半径不同的平行圆柱的电轴

$$b^2=h_1^2-a_1^2=h_2^2-a_2^2 \text{ 且 } h_1+h_2=d$$

由以上两式可解得

$$h_1=\frac{d^2+a_1^2-a_2^2}{2d}$$

$$h_2=\frac{d^2+a_2^2-a_1^2}{2d}$$

将上述结果代入式(9.25)可解出 b，即可确定等效电轴的位置。

若有两平行的同半径且带等值异号电荷的长圆柱导线，则导体内无电场，导线表面上的电荷分布不均匀，但沿轴向每单位长度上的电荷仍相等，导体表面仍是一个等位面。这样，对于导线以外区域中的电场来说，如果将圆柱导线撤去，用两根带电细直线代替，所带电荷与原圆柱线相等，线电荷所在位置如满足式(9.25)所示关系，则原来的边界条件不变，根据唯一性定理，该区域的电场应不变。所以，可以把带电细线理解成原来圆柱导线表面电荷的对外作用中心线，即等效电轴。如果能够确定等效电轴的位置，就可确定两带电的平行圆柱导线的电场，这种方法即称为电轴法。

【例 9.5】 设两根无限长平行圆柱导体的半径均为 a，轴线间距离为 $2d$，求两导体间单位长度的电容。

解： 建立如图 9.9 所示的坐标系，两圆柱的轴心坐标分别为$(d, 0)$和$(-d, 0)$，设其表面分别携带$\pm\rho_l$ 的电荷。

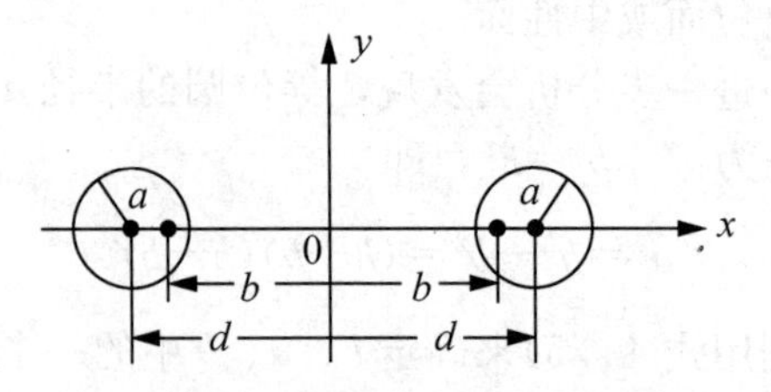

图 9.9 两半径相等的平行圆柱的电轴

将两圆柱用等效电轴代替，两等效电轴所在位置的坐标$(b, 0)$和$(-b, 0)$可以由式(9.25)推出

$$b=\sqrt{d^2-a^2}$$

根据式(9.20)，携带$+\rho_l$ 电荷圆柱表面的电位

$$\phi_1=\frac{\rho_l}{2\pi\varepsilon_0}\ln\frac{r_2}{r_1}$$

r_1 和 r_2 分别为两等效电轴到一圆柱表面的距离。对应地，另一个圆柱表面的电位为

$$\phi_2=-\phi_1=\frac{-\rho_l}{2\pi\varepsilon_0}\ln\frac{r_2}{r_1}$$

则两导体间的电压为

$$U=\phi_1-\phi_2=\frac{\rho_l}{\pi\varepsilon_0}\ln\frac{r_2}{r_1}$$

因为圆柱表面为等位面，所以可取圆柱表面内侧与坐标轴相交的特殊点来计算电位。在该点处

$$r_1=b-(d-a),\quad r_2=b+(d-a)$$

从而得到两圆柱导体间单位长度的电容

$$C=\frac{\rho_l}{U}=\frac{\pi\varepsilon_0}{\ln\frac{r_2}{r_1}}=\frac{\pi\varepsilon_0}{\ln\frac{d+\sqrt{d^2-a^2}}{a}}$$

由于平行圆柱导线表面的电荷分布不均匀，根据上面的分析结果，等效电轴位于两导体圆柱的内侧，由于在电场力的作用下，导体圆柱表面的电荷分布不均匀，在两导体圆柱的内侧电荷分布较多，而外侧电荷分布较少，所以等效电轴应向电荷密度较大的一侧偏移，相应的最大场强也出现在两导体相距最近处，即两导体内侧表面处。当两导体半径不相同时，半径较小的导体表面电荷密度大，所以其内侧表面处电场强度也最大。

【知识要点提醒】电轴法广泛运用于求解双传输线的电容及偏心圆柱套筒的电容问题，使用时应该注意其有效区域是导体表面以外的区域，求解的关键在于确定等效电轴的几何位置。

【提示】利用恒定磁场与静电场的比拟，可以将静电场中镜像法所求得的有关问题的结果进行相应量的替换，即将$\frac{1}{\varepsilon_1}$换作μ_1、$\frac{1}{\varepsilon_2}$换作μ_2、q换作I，就可得到恒定磁场镜像法相应问题的求解。

9.3　分离变量法

分离变量法是直接求解偏微分方程的一种方法，适用于无源空间的求解，在解决电磁场实际工程问题时被更多采用。分离变量法就是把一个多变量的函数表示成几个单变量函数的乘积，使该函数的偏微分方程可分解为几个单变量常微分方程的方法。使用分离变量法的条件是首先场域边界面能够与一个适当的坐标系统的坐标面结合，或者分段地与坐标面结合；其次在此坐标系中，所求的偏微分方程的解可以表示为3个函数的乘积，且每个函数分别仅是一个坐标的函数。利用分离变量法的一般步骤如下。

(1)按照边界面的形状，选择适合的坐标系。

(2)将待求位函数用3个仅含一个坐标变量的函数的乘积表示，即将偏微分方程分离为几个常微分方程。

(3)求出常微分方程的通解，然后根据给定的边界条件选择通解的形式，并确定通解中的待定系数。

实际工程中的位函数大多是二维场或近似二维场。下面讨论二维场的分离变量法。

9.3.1　直角坐标系中的分离变量法

在直角坐标系中，电场位函数的拉普拉斯方程可表示为

$$\frac{\partial^2\phi}{\partial x^2}+\frac{\partial^2\phi}{\partial y^2}+\frac{\partial^2\phi}{\partial z^2}=0 \tag{9.26}$$

令

$$\phi(x, y, z)=X(x)\cdot Y(y)\cdot Z(z) \tag{9.27}$$

其中，$X(x)$仅是x的函数，$Y(y)$仅是y的函数，$Z(z)$仅是z的函数，下面将它们分别简写为X、Y、Z，把式(9.27)代入式(9.26)，得

$$YZX''+XZY''+XYZ''=0 \tag{9.28}$$

再将式(9.28)两边同除以 XYZ，得

$$\frac{X''}{X}+\frac{Y''}{Y}+\frac{Z''}{Z}=0 \tag{9.29}$$

令$\frac{X''}{X}=-K_x^2$、$\frac{Y''}{Y}=-K_y^2$、$\frac{Z''}{Z}=-K_z^2$，则 $K_x^2+K_y^2+K_z^2=0$，K_x、K_y 称为分离常数，K_x、K_y、K_z 的取值不同，方程的解也不同。一般有 3 种情况，以 K_x 为例。

(1)若 $K_x^2=0$，则 X 的解为：$X=A_1x+B_1$。

(2)若 $K_x^2>0$，则 X 的解为：$X=A_2\sin(K_xx)+B_2\cos(K_xx)$。

(3)若 $K_x^2<0$，则 X 的解为：$X=A_3\text{sh}(|K_x|x)+B_3\text{ch}(|K_x|x)$。

由式(9.29)可知，Y 和 Z 的解同样有这 3 种形式。

由于拉普拉斯方程是线性的，满足条件的分离常数有无穷多个，记为 K_n，因此解中的相应系数也有无穷多个，利用叠加原理，可用上述 X、Y、Z 的解的线性组合来作为式(9.26)的解。因为在二维场中，位函数可看成是 x、y 的函数，而与变量 z 无关，即 $K_z=0$、$K_x^2+K_y^2=0$，此时位函数 ϕ 的通解可表示为

$$\begin{aligned}\phi = &\sum_{n=1}^{\infty}(A_n\sin K_{xn}x + B_n\cos K_{xn}x)(C_n\text{sh}K_{xn}y + D_n\text{ch}K_{xn}y)\\&+\sum_{n=1}^{\infty}(A'_n\text{sh}K_{xn}x + B'_n\text{ch}K_{xn}x)(C_n'\sin K_{xn}y + D'_n\cos K_{xn}y)\\&+(A_0x+B)(C_0y+D_0)\end{aligned} \tag{9.30}$$

由于第(2)和第(3)种情况只能出现一种，所以式(9.30)中的第一项和第二项只能取一项。选择的方法是：如果某一坐标对应的边界条件具有周期性，则该坐标的分离常数一定是实数，其解只能具有三角函数形式，而不可能是双曲函数。

【知识要点提醒】 确定解的通式后，再根据给定的边界条件，通过确定系数和取舍函数，便可得到位函数的准确解答。

【例 9.6】 横截面为矩形的长直接地导体槽，顶盖电位 $\phi=u_0$，求槽内的电位分布。

解： 设导体槽的长度远大于横截面尺寸，则中间区域的电场可近似为一个二维场，即电位大小与 z 无关。建立如图 9.10 所示坐标系，可得如下边界条件。

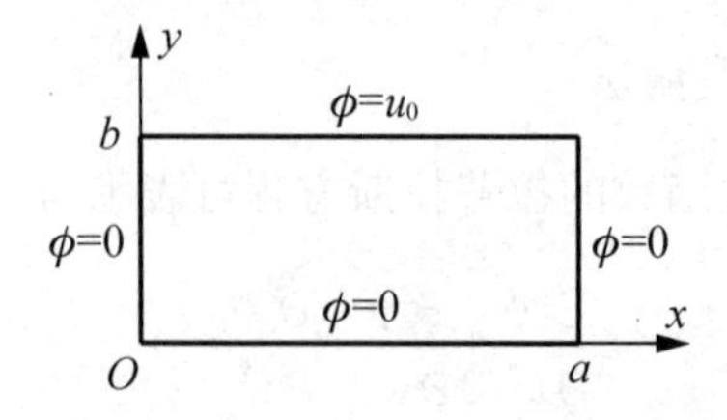

图 9.10 矩形截面长直导体槽

(1)$\phi(x, 0)=0(0\leqslant x\leqslant a)$。

(2)$\phi(0, y)=0(0\leqslant y\leqslant b)$。

(3)$\phi(a, y)=0(0\leqslant y\leqslant b)$。

(4)$\phi(x, b)=u_0(0\leqslant x\leqslant a)$。

根据边界条件，在 $x=0$ 和 $x=a$ 处，电位相同，分离变量 K_x^2 应大于 0，由式(9.30)可知通解形式为

$$\phi=\sum_{n=1}^{\infty}(A_n\sin K_{xn}x+B_n\cos K_{xn}x)(C_n\mathrm{sh}K_{xn}y+D_n\mathrm{ch}K_{xn}y)+(A_0x+B)(C_0y+D_0)$$

下面根据边界条件来确定通解中的系数和分离常数。

由边界条件(1)可知 $D_0=0$，$D_n=0$；由边界条件(2)可知 $B_0=0$、$B_n=0$；则上式可简化为

$$\phi=\sum_{n=1}^{\infty}A_n\sin K_{xn}x\cdot C_n\mathrm{sh}K_{xn}y+A_0x\cdot C_oy$$

由边界条件(3)可得 $A_0C_0=0$，$K_{xn}a=n\pi$，即 $K_{xn}=\frac{n\pi}{a}$，所以

$$\phi=\sum_{n=1}^{\infty}A_n\sin\frac{n\pi}{a}x\cdot C_n\mathrm{sh}\frac{n\pi}{a}y \tag{9.31}$$

这时，如果能求出系数 A_nC_n，即得解。

由边界条件(4)得

$$u_0=\sum_{n=1}^{\infty}A_n\sin\frac{n\pi}{a}x\cdot C_n\mathrm{sh}\frac{n\pi}{a}b=\sum_{n=1}^{\infty}G_n\sin\frac{n\pi}{a}x \tag{9.32}$$

其中，$G_n=A_nC_n\mathrm{sh}\frac{n\pi}{a}b$。

下面使用三角函数的正交归一性来解 G_n，在式(9.32)两边同乘以 $\sin\frac{m\pi}{a}x$，然后从 $x=0$到 $x=a$ 进行积分，得

$$\int_0^a u_0\sin\frac{m\pi}{a}x\,\mathrm{d}x=\int_0^a\sum_{n=1}^{\infty}G_n\sin\frac{n\pi x}{a}\sin\frac{m\pi x}{a}\mathrm{d}x \tag{9.33}$$

左边积分的结果为

$$\begin{cases}\frac{2au_0}{m\pi}(m\text{ 为奇数})\\0\quad(m\text{ 为偶数})\end{cases}$$

而右边积分的结果为

$$\begin{cases}\frac{a}{2}G_n\ (m=n)\\0\quad(m\neq n)\end{cases}$$

由左右两边相等，可得

$$G_n=\begin{cases}\frac{4u_0}{n\pi}(n\text{ 为奇数})\\0\ \ (n\text{ 为偶数})\end{cases}$$

那么，A_nC_n 的解即为

$$A_nC_n=\frac{G_n}{\mathrm{sh}\,\frac{n\pi}{a}b}=\frac{4u_0}{n\pi}\frac{1}{\mathrm{sh}\,\frac{n\pi}{a}b}\ (n\text{ 为奇数})$$

n 为偶数时，$A_nC_n=0$。

由此可得到 ϕ 的最终解为

$$\phi=\sum_{n=1}^{\infty}\frac{4u_0}{(2n+1)\pi}\frac{1}{\mathrm{sh}\,\frac{(2n+1)\pi}{a}b}\sin\frac{(2n+1)\pi x}{a}\mathrm{sh}\frac{(2n+1)\pi y}{a} \tag{9.34}$$

式(9.34)表明该例的解是一无穷级数，要想得到精确解，n 需取到无穷大，这显然是不可能的，不过，从式中可以发现，n 的取值越大，第 n 项的值就越小，通常认为取前 2～4 项的和就能达到足够的精确度。

9.3.2 圆柱坐标系中的分离变量法*

在圆柱坐标系中，位函数的拉普拉斯方程可表示为

$$\frac{1}{\rho}\frac{\partial\phi}{\partial\rho}\left(\rho\frac{\partial\phi}{\partial\rho}\right)+\frac{1}{\rho^2}\frac{\partial^2\phi}{\partial\varphi^2}+\frac{\partial^2\phi}{\partial z^2}=0 \tag{9.35}$$

设 $\phi=R(\rho)\Phi(\varphi)Z(z)$，代入式(9.35)得

$$\Phi Z\frac{1}{\rho}\frac{\mathrm{d}}{\mathrm{d}\rho}\left(\rho\frac{\mathrm{d}R}{\mathrm{d}\rho}\right)+\frac{RZ}{\rho^2}\frac{\mathrm{d}^2\Phi}{\mathrm{d}\varphi^2}+R\Phi\frac{\mathrm{d}^2Z}{\mathrm{d}z^2}=0$$

用$\frac{\rho^2}{R\Phi Z}$乘以上式得

$$\frac{\rho}{R}\frac{\mathrm{d}}{\mathrm{d}\rho}\left(\rho\frac{\mathrm{d}R}{\mathrm{d}\rho}\right)+\frac{1}{\Phi}\frac{\mathrm{d}^2\Phi}{\mathrm{d}\varphi^2}+\rho^2\frac{1}{z}\frac{\mathrm{d}^2Z}{\mathrm{d}z^2}=0 \tag{9.36}$$

现在依次分析一下式(9.36)中的三项，首先看第二项，显然它仅是 φ 的函数，要使所有的 ρ、φ、z 都满足上式，第二项只能等于一个常数，不妨设$\frac{\Phi''}{\Phi}=-K_\varphi^2$；即

$$\frac{\mathrm{d}^2\Phi}{\mathrm{d}\varphi^2}+K_\varphi^2\Phi=0$$

K_φ 为分离常数。上式的解为

$$\Phi=B_1\sin K_\varphi\varphi+B_2\cos K_\varphi\varphi$$

其中 φ 的取值范围为 [0，2π]，而 Φ 取值为单值，需满足 $\Phi(\varphi+2\pi)=\Phi(\varphi)$，即

$$\Phi=A\sin(K_\varphi\varphi+2K_\varphi\pi)+B\cos(K_\varphi\varphi+2K_\varphi\pi)=A\sin K_\varphi\varphi+B\cos K_\varphi\varphi$$

所以 K_φ 只能为整数，令 $K_\varphi=n$ 则

$$\Phi=B_1\sin n\varphi+B_2\cos n\varphi \tag{9.37}$$

将$\dfrac{\Phi''}{\Phi}=-n^2$代入式(9.36)，并将式(9.36)除以$\rho^2$可得

$$\left[\frac{1}{\rho R}\frac{\mathrm{d}}{\mathrm{d}\rho}\left(\rho\frac{\mathrm{d}R}{\mathrm{d}\rho}\right)-\frac{n^2}{\rho^2}\right]+\frac{1}{z}\frac{d^2Z}{\mathrm{d}z^2}=0 \tag{9.38}$$

同理，式(9.38)中的两项各自都只是一个变量的函数，要使其对任意ρ和z都成立的条件是每项只能等于一个常量。

令$\dfrac{Z''}{Z}=-K_z^2$，即有$\dfrac{\mathrm{d}^2Z}{\mathrm{d}z^2}+K_z^2Z=0$，那么

当$K_z^2>0$时，$Z=C\sin K_zz+D\cos K_zz$；

当$K_z^2<0$时，$Z=C'\mathrm{sh}K_zz+D'\mathrm{ch}K_zz$。

最后，由$\dfrac{1}{\rho R}\dfrac{\mathrm{d}}{\mathrm{d}\rho}\left(\rho\dfrac{\mathrm{d}R}{\mathrm{d}\rho}\right)-\dfrac{n^2}{\rho^2}=-\dfrac{z''}{z}=K_z^2$，得

$$\frac{1}{\rho}\frac{\mathrm{d}}{\mathrm{d}\rho}\left(\rho\frac{\mathrm{d}R}{\mathrm{d}\rho}\right)-\left(\frac{n^2}{\rho^2}+K_z^2\right)R=0 \tag{9.39}$$

式(9.39)所示为贝塞尔方程，方程的解为n阶第一类和第二类贝塞尔函数。

由于实际工程中大多是二维场，不妨令位函数与坐标z无关，即有$K_z=0$，则式(9.39)可简化为

$$\frac{1}{\rho}\frac{\mathrm{d}}{\mathrm{d}\rho}\left(\rho\frac{\mathrm{d}R}{\mathrm{d}\rho}\right)-\frac{n^2}{\rho^2}R=0$$

即

$$\frac{\mathrm{d}^2R}{\mathrm{d}\rho}+\frac{1}{\rho}\frac{\mathrm{d}R}{\mathrm{d}\rho}-\frac{n^2}{\rho^2}R=0 \tag{9.40}$$

设$R=\rho^\alpha$，代入式(9.40)得

$$\alpha(\alpha-1)\rho^{\alpha-2}+\alpha\rho^{\alpha-2}-n^2\rho^{\alpha-2}=(\alpha^2-n^2)\rho^{\alpha-2}=0$$

所以$\alpha=\pm n$，即

$$R=A_1\rho^n+A_2\rho^{-n} \tag{9.41}$$

同直角坐标系一样，分离常数也有无穷多个，同时考虑到分离常数也可以为零的特殊情形，最终圆柱坐标系中位函数的通解为

$$\phi=R\Phi=\sum_{n=1}^{\infty}(A_{1n}\rho^n+A_{2n}\rho^{-n})(B_{1n}\sin n\varphi+B_{2n}\cos n\varphi)+(A_{10}+B_{20}\ln\rho) \tag{9.42}$$

式中的所有系数由边界条件决定。

【提示】 实际工程中的同轴线、圆波导等具有圆柱形边界，对应场域也具有圆柱形边界，都适合应用圆柱坐标系。

【例 9.7】 一无限长直介质圆柱体半径为a，介电常数为ε_1，放置于均匀电场$\boldsymbol{E}_0$中，圆柱体轴向与$\boldsymbol{E}_0$方向垂直，如图 9.11 所示。圆柱体外介质的介电常数为ε_2，求空间的电位及电场强度。

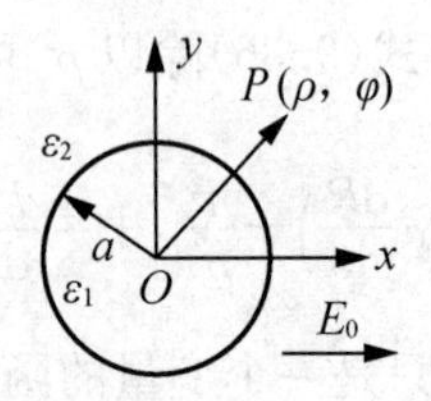

图 9.11 介质柱在均匀场中

解：若直圆柱体的长度远大于其横截面半径，对于中间区段，可以认为是二维场，场的大小只与 ρ、φ 有关，而与 z 无关。

因为在圆柱内、外均无自由电荷分布，所以柱内外电位均满足拉普拉斯方程，即

$$\nabla^2\phi=\frac{1}{\rho}\frac{\partial}{\partial\rho}\left(\rho\frac{\partial\phi}{\partial\rho}\right)+\frac{1}{\rho^2}\frac{\partial^2\phi}{\partial\varphi^2}=0$$

所以电位函数应具有式(9.42)所示的通解形式。设圆柱体内外的电位分别为 ϕ_2 和 ϕ_1，电场强度分别为 E_2 和 E_1。取坐标原点为电位参考点。

下面首先来分析圆柱体外的电位。介质圆柱体表面的电荷会使原来的场发生畸变，但在无穷远处仍是均匀的，即在无限远处电场满足

$$-\frac{\partial\phi_1}{\partial x}\mid_{\rho\to a}=E_0$$

则在无限远处 $\phi_1=-E_0x=-E_0\rho\cdot\cos\varphi$。与式(9.45)相比，$n$ 只能取 1，且 $B_{1n}=0$，则式(9.42)可简化为

$$\phi_1=(A_1\rho+A_2\rho^{-1})\ \cos\varphi$$

对应边界条件 $\phi_1=-E_0x=-E_0\rho\cdot\cos\varphi$，可知 $A_1=-E_0$，所以圆柱体外的电位为

$$\phi_1=(-E_0\rho+A_2\rho^{-1})\cos\varphi \tag{9.43}$$

再来讨论圆柱体内电位。在圆柱体表面，即 $\rho=a$ 处，应满足分界面的边界条件

$$\phi_1=\phi_2\quad(\rho=a)$$

可得，$\rho=a$ 时

$$\phi_1=\phi_2=\left(-E_0a+\frac{A_2}{a}\right)\cos\varphi$$

所以，ϕ_2 也仅含 $n=1$ 项且 $B_{1n}=0$，即

$$\phi_2=\left(A'_1\rho+\frac{A'_2}{\rho}\right)\cos\varphi$$

由于在 $\rho=0$ 处，ϕ_2 不可能为无穷大，所以 $A'_2=0$，得

$$\phi_2=A'_1\rho\cos\varphi \tag{9.44}$$

则在 $\rho=a$ 处

$$\phi_1=\phi_2=\left(-E_0a+\frac{A_2}{a}\right)\cos\varphi=A'_1a\cos\varphi \tag{9.45}$$

再根据分界面边界条件，$\rho=a$ 处

$$\varepsilon_1 \frac{\partial \phi_2}{\partial \rho}=\varepsilon_2 \frac{\partial \phi_1}{\partial \rho}$$

即

$$\varepsilon_1 A'_1 \cos\varphi=\varepsilon_2 \cos\varphi\left(-E_0-\frac{A_2}{\rho^2}\right) \tag{9.46}$$

可得

$$A_2-A'_1 a^2=E_0 a^2$$

$$A_2\varepsilon_2+A'_1\varepsilon_1 a^2=-\varepsilon_2 a^2 E_0$$

解得

$$A_2=\frac{\varepsilon_1-\varepsilon_2}{\varepsilon_1+\varepsilon_2}a^2 E_0 \tag{9.47}$$

$$A'_1=-\frac{2\varepsilon_2}{\varepsilon_1+\varepsilon_2}E_0$$

将上述结果分别代入式(9.45)和式(9.47)，得到

$$\phi_1=(-\rho+\frac{\varepsilon_1-\varepsilon_2}{\varepsilon_1+\varepsilon_2}a^2\rho^{-1})E_0\cos\varphi$$

$$\phi_2=-\frac{2\varepsilon_2}{\varepsilon_1+\varepsilon_2}E_0\rho\cos\varphi \tag{9.48}$$

进而

$$\boldsymbol{E}_1=\left(1+\frac{\varepsilon_1-\varepsilon_2}{\varepsilon_1+\varepsilon_2}\frac{a^2}{\rho^2}\right)E_0\cos\varphi\boldsymbol{e}_\rho-\left(1-\frac{\varepsilon_1-\varepsilon_2}{\varepsilon_1+\varepsilon_2}\frac{a^2}{\rho^2}\right)E_0\sin\varphi\boldsymbol{e}_\varphi$$

$$\boldsymbol{E}_2=\frac{2\varepsilon_2}{\varepsilon_1+\varepsilon_2}E_0(\cos\varphi\boldsymbol{e}_\rho-\sin\varphi\boldsymbol{e}_\varphi) \tag{9.49}$$

由上述结果可知：$E_2=\frac{2\varepsilon_2}{\varepsilon_1+\varepsilon_2}E_0$，说明圆柱体内的电场是均匀场，场强的大小受到极化电荷的影响。当 $\varepsilon_2<\varepsilon_1$ 时，$E_2<E_0$，圆柱体内的电场会被削弱，如图 9.12 所示。

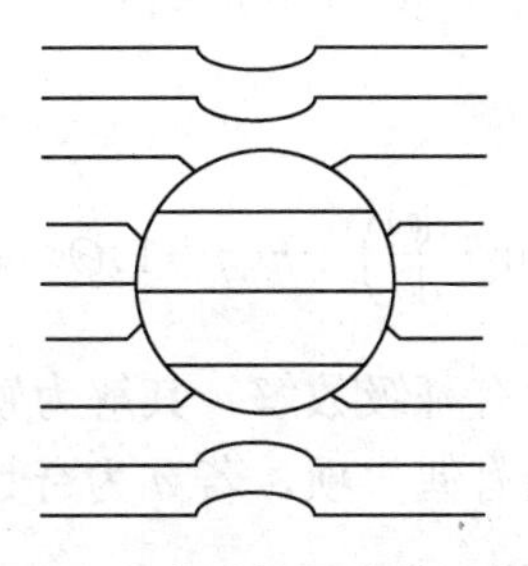

图 9.12　介质柱周围的场分布

【小应用】实际工程中，使用上述原理用铁磁材料制成外壳来进行磁屏蔽，μ 越大，屏蔽腔越厚，屏蔽效果越好。常采用多层铁壳把进入腔内的残余磁场多次屏蔽。

9.3.3 球坐标系中的分离变量法*

在求解空间场时，如果场域为球形空间或边界为球面，最好采用球坐标。球坐标中电位的拉普拉斯方程为

$$\nabla^2\phi=\frac{1}{r^2}\frac{\partial}{\partial r}\left(r^2\frac{\partial\phi}{\partial r}\right)+\frac{1}{r^2\sin\theta}\frac{\partial}{\partial\theta}\left(\sin\theta\frac{\partial\phi}{\partial\theta}\right)+\frac{1}{r^2\sin^2\theta}\frac{\partial^2\phi}{\partial\varphi^2}=0 \tag{9.50}$$

同样设 $\phi=R(r)\Theta(\theta)\Phi(\varphi)$，将式(9.54)乘以 $r^2\sin^2\theta$，再除以 $R\Theta\Phi$，得

$$\frac{\sin^2\theta}{R}\frac{\partial}{\partial r}\left(r^2\frac{\partial R}{\partial r}\right)+\frac{\sin\theta}{\Theta}\frac{\partial}{\partial\theta}\left(\sin\theta\frac{\partial\Theta}{\partial\theta}\right)+\frac{1}{\Phi}\frac{\partial^2\Phi}{\partial\varphi^2}=0 \tag{9.51}$$

对于式(9.51)中的第三项，要使所有的 r、θ 都满足上式，必有

$$\frac{\Phi''}{\Phi}=-n^2$$

即

$$\Phi=C_{1n}\sin n\varphi+C_{2n}\cos n\varphi(n\ 为整数) \tag{9.52}$$

将 $\frac{\Phi''}{\Phi}=-n^2$ 代入式(9.51)，并除以 $\sin^2\theta$，得

$$\frac{1}{R}\frac{\partial}{\partial r}\left(r^2\frac{\partial R}{\partial r}\right)+\left[\frac{1}{\Theta\sin\theta}\frac{\partial}{\partial\theta}\left(\sin\theta\frac{\partial\Theta}{\partial\theta}\right)-n^2\right]=0 \tag{9.53}$$

该式成立的条件是两项均等于常数。

实际工程中，电场多是与 φ 无关的二维场，即 $n^2=0$，则令

$$\frac{1}{\Theta\sin\theta}\frac{\partial}{\partial\theta}\left(\sin\theta\frac{\partial\Theta}{\partial\theta}\right)=-K^2$$

改写为

$$\frac{\mathrm{d}}{\mathrm{d}\theta}\left(\sin\theta\frac{\mathrm{d}\Theta}{\mathrm{d}\theta}\right)+K^2\Theta\sin\theta=0 \tag{9.54}$$

其解在 $0\leqslant\theta\leqslant\pi$ 的条件下为有界函数的条件是

$$K^2=n(n+1)$$

式(9.54)可记为

$$\frac{\mathrm{d}}{\mathrm{d}\theta}\left(\sin\theta\frac{\mathrm{d}\Theta}{\mathrm{d}\theta}\right)+n(n+1)\Theta\sin\theta=0 \tag{9.55}$$

式(9.55)称为勒让德方程，具有幂级数解，其解为勒让德多项式，记为 $P_n(\cos\theta)$。

若 n 为偶数，勒让德多项式只有偶次项，若 n 为奇数，勒让德多项式只有奇次项。前几个勒让德多项式的值为

$$P_0(\cos\theta)=1$$

$$P_0(\cos\theta)=\cos\theta$$

$$P_2(\cos\theta)=\frac{1}{2}(3\cos^2\theta-1)$$

$$P_3(\cos\theta)=\frac{1}{2}(5\cos^3\theta-3\cos\theta)$$

所以

$$\Theta(\theta)=B_nP_n(\cos\theta) \tag{9.56}$$

最后由式(9.53)得出

$$\frac{1}{R}\frac{\mathrm{d}}{\mathrm{d}r}\left(r^2\frac{\mathrm{d}R}{\mathrm{d}r}\right)=K^2=n(n+1) \tag{9.57}$$

利用圆柱坐标系分离变量法的结论，R 的解为

$$R=A_{1n}r^n+A_{2n}r^{-(n+1)} \tag{9.58}$$

所以，在二维场中，电位函数的通解为

$$\phi=R\Theta=\sum[A_{1n}r^n+A_{2n}r^{-(n+1)}]P_n(\cos\theta) \tag{9.59}$$

【例 9.8】 在均匀电场 $\boldsymbol{E}_0$ 中，放置一半径为 a 的介质球，其介电常数为 ε，球外为空气，求空间各处的电位。

解： 如图 9.13 所示，介质球的球心与坐标原点重合，使用球坐标系。空间各点的电位均满足

$$\nabla^2\phi=0$$

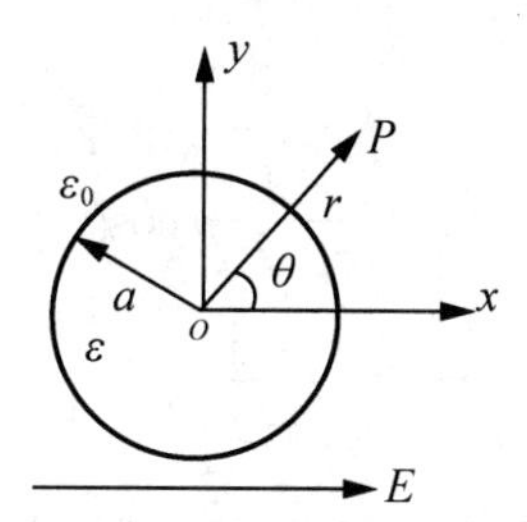

图 9.13　均匀场中的介质球

由于 $\boldsymbol{E}_0$ 均匀分布，所以 ϕ 与 φ 无关，ϕ 应有式(9.59)所示的通解形式。设球内外的电位分别为 ϕ_1 和 ϕ_2。

当 $r\to\infty$ 时

$$\phi_2=-Er\cos\theta=\sum_{n=1}^{\infty}[(A_{1n}r^n+A_{2n}r^{-(n+1)})P_n(\cos\theta)]_{r\to\infty}$$

$$=\sum_{n=1}^{\infty}A_{1n}r^nP_n(\cos\theta)=-E_0rP_1(\cos\theta)$$

可推出 $n=1$，且 $A_{11}=-E_0$，则

$$\phi_2=(A_{11}r+A_{21}r^{-2})\cos\theta=(-E_0r+A_{21}r^{-2})\cos\theta \tag{9.60}$$

在球面上，即 $r=a$ 时，一方面 $\phi_1=\phi_2$，所以两电位的形式应相同，即

$$\phi_1=(B_{11}r+B_{21}r^{-2})\cos\theta$$

由于 $r=0$ 时，球内电位为有限值，所以 $B_{21}=0$，即

$$\phi_1=B_{11}r\cos\theta \tag{9.61}$$

在球面上，式(9.60)与式(9.61)相等，即

$$B_{11}r\cos\theta\,|_{r=a}=(-E_0r+A_{21}r^{-2})\cos\theta\,|_{r=a}$$

得

$$B_{11}a=-E_0a+A_{21}a^{-2} \tag{9.62}$$

另一方面，$\varepsilon\frac{\partial\phi_2}{\partial r}=\varepsilon_0\frac{\partial\phi_1}{\partial r}$，即

$$\varepsilon B_{11}\cos\theta=-\varepsilon_0E_0\cos\theta-2\varepsilon_0A_{21}a^{-3}\cos\theta$$

得

$$\varepsilon B_{11}=-\varepsilon_0E_0-2\varepsilon_0A_{21}a^{-3} \tag{9.63}$$

将式(9.62)和式(9.63)联立，解得

$$A_{21}=\frac{\varepsilon-\varepsilon_0}{\varepsilon+2\varepsilon_0}E_0a^3$$

$$B_{11}=\frac{-3\varepsilon_0}{\varepsilon+2\varepsilon_0}E_0$$

由此得到空间各点电位

$$\phi_1=\frac{-3\varepsilon_0}{\varepsilon+2\varepsilon_0}r\cos\theta$$

$$\phi_2=(-E_0r+\frac{\varepsilon-\varepsilon_0}{\varepsilon+2\varepsilon_0}a^3E_0r^{-2})\cos\theta$$

【小思考】球内、球外的电场强度如何求解？哪个大一些？为什么会产生这种情况？

【例 9.9】如果将例 9.8 中的介质球换成一个携带电荷 Q 的导体球，求球内外的电位。

解：因为无穷远处的电位不为零，而导体球内部无电荷，所以 $E_1=0$、$\phi_1=0$。

对于导体球外部，即 $r\to\infty$ 时

$$\phi_2=-E_0r\cos\theta=\sum_{n=0}^{\infty}A_nr^nP_n(\cos\theta)=-E_0rP_1(\cos\theta)$$

可得 $A_1=-E_0$，即

$$\phi_2=-E_0r\cos\theta+\sum_{n=0}^{\infty}A_{2n}r^{-(n+1)}P_n(\cos\theta) \tag{9.64}$$

在球面上，即 $r=a$ 时，球面为等位面，设球面上的电位为 ϕ_0，则根据边界条件，一方面 $\phi_2\,|_{r=a}=\phi_0$，即

$$\begin{aligned}\phi_2 &= -E_0 a\cos\theta + \sum_{n=0}^{\infty} A_{2n} a^{-(n+1)} P_n(\cos\theta)\\ &= -E_0 a\cos\theta + \frac{A_{20}}{a} P_0(\cos\theta) + \frac{A_{21}}{a^2} P_1(\cos\theta) + \cdots\\ &= \frac{A_{20}}{a} + \left(\frac{A_{21}}{a^2} - E_0 a\right)\cos\theta + \cdots\\ &= \phi_0\end{aligned}$$

所以，$\frac{A_{20}}{a}=\phi_0$，即 $A_{20}=a\phi_0$；$\frac{A_{21}}{a^2}-E_0 a=0$，即 $A_{21}=E_0 a^3$；$A_{2n}=0(n\geqslant 2)$。则

$$\phi_2 = -E_0 r\cos\theta + \frac{E_0 a^3}{r^2}\cos\theta + \frac{\phi_0 a}{r} \tag{9.65}$$

另一方面，根据高斯定理有 $-\int_S \varepsilon_0 \frac{\partial\phi}{\partial n}\mathrm{d}S = Q$，则在球面上可求得 $\phi_0 = \frac{Q}{4\pi\varepsilon_0 a}$，代入式(9.65)，得到球外的电位：

$$\phi_2 = -E_0 r\cos\theta + \frac{Q}{4\pi\varepsilon_0 r} + \frac{E_0 a^3}{r^2}\cos\theta \tag{9.66}$$

【知识要点提醒】使用分离变量法的前提是场域的边界形状能与坐标曲面相吻合，否则问题会变得很复杂，所以在运用分离变量法时，应注意观察场的边界形状，选取适当的坐标系。坐标系确定后即可确定通解并根据边界条件求出系数。

9.4 有限差分法*

前面讨论的几种方法都可以得到精确解，但需满足一定的边界条件才能使用。而许多实际问题的情况并不都是那么理想或者符合规则，所以往往并不能得到问题之精确解。但可以利用其他的方法得到其近似解，有限差分法便是应用最早的一种数值计算方法，适合求解那些具有比较复杂几何边界形状的场域情形，其特点是概念清晰，方法简单直观。

9.4.1 有限差分法概述

设函数 $f(x)$，当其独立变量 x 有一个很小的增量 h 时，相应的函数 $f(x)$的增量为

$$\Delta f(x) = f(x+h) - f(x)$$

称为函数 $f(x)$的一阶差分。因为差分是有限量的差，所以通常被称为有限差分。

有限差分法是基于差分原理的应用，将所求场域离散化为网格离散节点的集合，以各离散点上函数的差商近似代替该点的偏导数，将偏微分方程的求解问题转化为相应差分方程组的求解问题。应用有限差分法的一般步骤如下。

(1)将场域按一定方式离散化，即确定离散点的分布方式，也称场域的网格剖分方式。为简化所得差分方程，一般离散点分布采用完全有规则的网格节点，以便在每个离散点上可以得到相同形式的差分方程。其中，正方形网格剖分是最常用的剖分方法，如图 9.14 所示。根据实际问题，也可以采用矩形、正三角形等网格形式。网格线的交点称为网格节

点，网格线间的距离 h 称为步距。

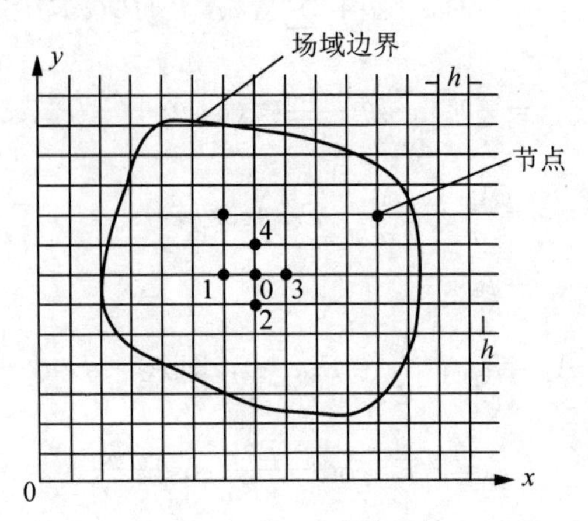

图 9.14　场域的网格剖分

(2)构造差分方程，即根据差分原理，对场域内的偏微分方程和定解条件进行差分离散化。

(3)根据差分方程，选择合适的代数方程的解法，求得离散解，更多的是通过编制程序由计算机来完成。

9.4.2　二维泊松方程的差分离散化

泊松方程实际上就是偏微分方程，边值问题的实质是偏微分方程的定解问题。实际工程中的场域大多为二维场域。下面根据正方形网格剖分方法说明二维泊松方程的离散化方法，即与二维泊松方程和拉普拉斯方程对应差分方程的建立过程。

1. 有限差分法的实质

对于函数 $f(x)$ 的一阶差分

$$\Delta f(x)=f(x+h)-f(x)$$

当 h 足够小时

$$\frac{\Delta f(x)}{\Delta x}=\frac{f(x+h)-f(x)}{h}\approx\frac{\mathrm{d}f(x)}{\mathrm{d}x} \tag{9.67}$$

$\frac{\Delta f(x)}{\Delta x}$ 称为一阶向前差商。可见一阶差商与一阶微分近似相等，也可将一阶微分表示为

$$\frac{\mathrm{d}f(x)}{\mathrm{d}x}\approx\frac{\Delta f(x)}{\Delta x}=\frac{f(x)-f(x-h)}{h} \tag{9.68}$$

称为一阶向后差商，或表示为

$$\frac{\mathrm{d}f(x)}{\mathrm{d}x}\approx\frac{\Delta f(x)}{\Delta x}=\frac{f(x+h)-f(x-h)}{2h} \tag{9.69}$$

称为一阶中心差商。相应地二阶导数可用二阶差商表示为

$$\frac{\mathrm{d}^2 f(x)}{\mathrm{d}x^2}=\frac{\Delta^2 f(x)}{(\Delta x)^2}=\frac{\Delta f(x+h)-\Delta f(x)}{h^2}$$
$$=\frac{[f(x+h)-f(x)]-[f(x)-f(x-h)]}{h^2}$$
$$=\frac{f(x+h)-2f(x)+f(x+h)}{h^2} \tag{9.70}$$

对应地，偏导数也可用相同的方式表示。这样，给定的偏微分方程就可以转化为差分方程，这就是有限差分法的实质。显然，步距越小，用差商替代偏导数的准确度就越高。

2. 偏微分方程离散化

下面以二维静态场第一类边值问题为例来说明有限差分法的应用过程。

设在以正方形网格剖分的二维场域内，如图 9.14 所示，电位函数 ϕ 满足拉普拉斯方程，各边界上的电位已知。由图可知，除场域边界附近的节点外，位于场域内的其他正方形网格的节点对于与其相邻的节点都具有相同的特征，这种特征称为对称星形。设在对称星形节点 0 上的位函数为 $\phi_0=\phi(x_i, y_j)$，则周围相邻节点 1、2、3、4 的位函数可表示为

$$\phi_1=\phi(x_{i-1}, y),\ \phi_2=\phi(x_i, y_{j-1}),\ \phi_3=\phi(x_{i+1}, y),\ \phi_4=\phi(x, y_{j+1})$$

则

$$\frac{\partial^2\phi}{\partial x^2}=\frac{\phi_1-2\phi_0+\phi_3}{h^2},\ \frac{\partial^2\phi}{\partial y^2}=\frac{\phi_2-2\phi_0+\phi_4}{h^2}$$

场域内的二维拉普拉斯方程可近似离散化为

$$\nabla^2\phi=\frac{\partial^2\phi}{\partial x^2}+\frac{\partial^2\phi}{\partial y^2}=\frac{1}{h^2}(\phi_1-2\phi_0+\phi_3)+\frac{1}{h^2}(\phi_2-2\phi_0+\phi_4)=0$$

即

$$\phi_1+\phi_2+\phi_3+\phi_4=4\phi_0 \tag{9.71}$$

也就是说，节点 0 处的位函数值等于它周围 4 个相邻节点的位函数值的平均值，常称为五点差分格式。

若二维泊松方程表示为

$$\nabla^2\phi=F,\ F=-\frac{\rho(x, y)}{\varepsilon}$$

即

$$\nabla^2\phi=\frac{\partial^2\phi}{\partial x^2}+\frac{\partial^2\phi}{\partial y^2}=\frac{1}{h^2}\ (\phi_1-2\phi_0+\phi_3)+\frac{1}{h^2}\ (\phi_2-2\phi_0+\phi_4)=F$$

可得二维泊松方程的差分离散化结果

$$\phi_1+\phi_2+\phi_3+\phi_4-4\phi_0=h^2F \tag{9.72}$$

9.4.3 边界条件的离散化

求解边值问题，除了对泊松方程离散差分化外，还需要对边界条件进行差分离散化处理。

1. 第一类边值问题的边界条件差分离散化

第一类边值问题给出的边界条件是所有场域边界的位函数值，即 $\phi(s)=f(s)$。具体可分两种情况。

(1)网格节点落在边界上。若划分网格时有网格节点正好落在边界上，即图 9.15 所示的节点 4，则只须把已知的位函数赋值给相应的边界节点，即 $\phi_4=\phi_4(s)=f_4(s)$，满足

$$-\phi_4=-\phi_4(s)=-f_4(s)=\phi_1+\phi_2+\phi_3-4\phi_0 \tag{9.73}$$

这是最简单的情形。

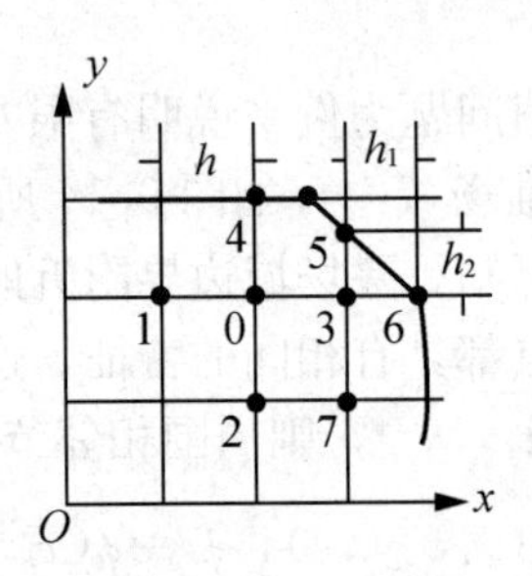

图 9.15 场域边界上的节点

(2)网格节点不落在边界上。若场域边界不规则，大部分边界与网格线的交点不在网格节点上，即图 9.15 所示的节点 5 和节点 6，对于相邻的典型节点 3，由于 $h_1\neq h_2\neq h$，节点 0、5、6、7 构成一个不对称的星形。此时，可采用泰勒公式进行差分离散化，精确导出节点 3 的的差分计算格式。

根据二元函数的泰勒公式，节点 0 的电位

$$\phi_0=\phi_3-h\left(\frac{\partial\phi}{\partial x}\right)_3+\frac{1}{2!}h^2\left(\frac{\partial^2\phi}{\partial x^2}\right)_3-\frac{1}{3!}h^3\left(\frac{\partial^3\phi}{\partial x^3}\right)_3+\frac{1}{4!}h^2\left(\frac{\partial^4\phi}{\partial x^4}\right)_3+\cdots$$

节点 6 的电位

$$\phi_6=\phi_3-h_1\left(\frac{\partial\phi}{\partial x}\right)_3+\frac{1}{2!}h_1^2\left(\frac{\partial^2\phi}{\partial x^2}\right)_3+\frac{1}{3!}h_1^3\left(\frac{\partial^3\phi}{\partial x^3}\right)_3+\frac{1}{4!}h_1^2\left(\frac{\partial^4\phi}{\partial x^4}\right)_3+\cdots$$

分别用 h_1 和 h 与以上两式相乘，再相加，去掉其二次以上的高次项，整理得

$$hh_1\left(\frac{\partial^2\phi}{\partial x^2}\right)_3\approx\frac{2h}{h+h_1}\phi_6+\frac{2h_1}{h+h_1}\phi_0-2\phi_3 \tag{9.74}$$

同理可得

$$hh_2\left(\frac{\partial^2\phi}{\partial y^2}\right)_3\approx\frac{2h}{h+h_2}\phi_5+\frac{2h_2}{h+h_2}\phi_7-2\phi_3 \tag{9.75}$$

令 $h_1=ah$、$h_2=bh$，代入式(9.74)和式(9.75)，得

$$ah^2\left(\frac{\partial^2\phi}{\partial x^2}\right)_3\approx\frac{2}{1+a}\phi_6+\frac{2a}{1+a}\phi_0-2\phi_3 \tag{9.76}$$

$$bh^2\left(\frac{\partial^2\phi}{\partial y^2}\right)_3\approx\frac{2}{1+b}\phi_5+\frac{2b}{1+b}\phi_7-2\phi_3 \tag{9.77}$$

将式(9.76)和式(9.77)整理后代入泊松方程，在节点3处

$$\nabla^2\phi=\frac{\partial^2\phi}{\partial x^2}+\frac{\partial^2\phi}{\partial y^2}$$
$$\approx\frac{1}{1+a}\phi_0+\frac{1}{1+b}\phi_5+\frac{1}{a(1+a)}\phi_6+\frac{1}{b(1+b)}\phi_7-\left(\frac{1}{a}+\frac{1}{b}\right)\phi_3=\frac{1}{2}h^2F \qquad (9.78)$$

再稍作整理，即得节点3的差分格式。

2. 第二类边值问题的边界条件的差分离散化

第二类边值问题给出的边界条件是所有场域边界的位函数的法向导数值，即$\frac{\partial\phi}{\partial n}=f(s)$。同样可分两种情况进行讨论。

(1)网格节点落在边界上。若网格节点正好落在边界上，差分离散化结果与边界在该节点的外法线方向和网格线是否重合有关。

若边界在节点处的外法线与网格线重合，如图9.16所示，法向导数$\frac{\partial\phi}{\partial n}$可用差商来近似表示，即

$$\frac{\phi_0-\phi_1}{h}=f(s) \qquad (9.79)$$

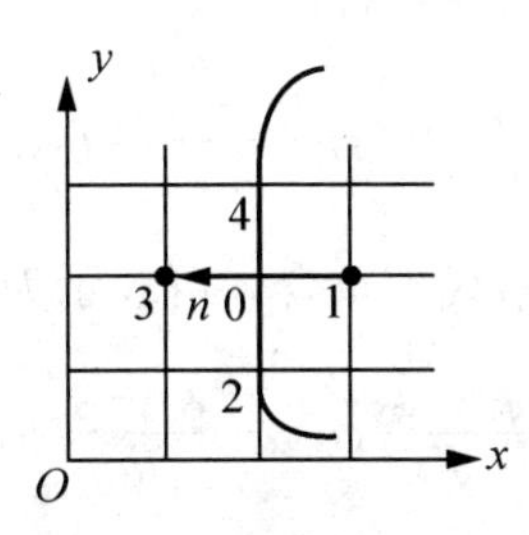

图9.16　外法向与网格线重合

借助虚设节点3，相同的思路可以确定节点0的差分格式

$$\frac{\phi_3-\phi_1}{2h}=f(s)$$

即

$$\phi_3=\phi_1+2hf(s) \qquad (9.80)$$

根据$4\phi_0=\phi_1+\phi_2+\phi_3+\phi_4$，节点0的差分格式为

$$\phi_0=\frac{1}{4}(\phi_1+\phi_2+\phi_3+\phi_4)=\frac{1}{4}\left[2\phi_1+\phi_2+\phi_4+2hf(s)\right] \qquad (9.81)$$

若边界在节点处的外法线与网格线不重合，如图9.17(a)所示，则有

$$\left(\frac{\partial\phi}{\partial n}\right)_0=\left[\frac{\partial\phi}{\partial x}\cos(n,\ \boldsymbol{e}_x)+\frac{\partial\phi}{\partial y}\cos(n,\ \boldsymbol{e}_y)\right]_0$$
$$=\frac{\phi_1-\phi_0}{h}\cos(\pi+\alpha)+\frac{\phi_2-\phi_0}{h}\cos(\pi-\beta)$$
$$=f(s) \qquad (9.82)$$

由此可建立边界节点 0 与相邻节点 1、2 之间的差分格式。

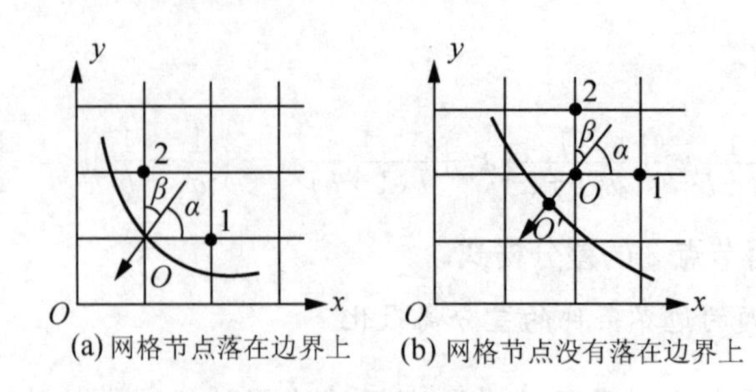

(a) 网格节点落在边界上 (b) 网格节点没有落在边界上

图 9.17 外法向与网格线不重合

(2)网格节点不落在边界上。若网格节点没有落在边界上，如图 9.17(b)所示。对于边界节点 0′可以用与其邻近的节点 0 来近似表示，取节点 0′处的外法向作为节点 0 处的外法向，节点 0 仍按上式所示的方法列出差分格式即可。

3. 第三类边值问题的边界条件的差分离散化

第三类边值问题给出的边界条件是部分场域边界的位函数和其余场域边界位函数的法向导数值，即 $\phi+f_1(s)\dfrac{\partial\phi}{\partial n}=f_2(s)$。可直接参照第二类边值问题得到边界节点的差分格式。

(1)若边界节点的外法向与网格线重合，可表示为

$$\phi_0+f_1(s)\frac{\phi_0-\phi_1}{h}=f_2(s) \tag{9.83}$$

(2)若边界节点的外法向与网格线不重合，可表示为

$$\phi_0+f_1(s)\left[\frac{\phi_0-\phi_1}{h}\cos\alpha+\frac{\phi_0-\phi_2}{h}\cos\beta\right]=f_2(s) \tag{9.84}$$

4. 不同媒质分界面上边界条件的差分离散化

在实际工程中，还会出现不同媒质分界面上的边界条件等问题，不同媒质分界面的边界条件离散化是边界条件差分离散化的一个重要部分。这里仍然以二维场的情况说明其差分格式的构造。

1)媒质分界面与网格线相重合

若媒质分界面与网格线重合，如图 9.18 所示。设节点 0、2、4 位于介电常数分别为 ε_1 和 ε_2 两种媒质分界面上，两种媒质中的电位分别用 ϕ_a、ϕ_b 表示，且在媒质 1 中均匀分布有密度为 ρ 的电荷，令 $F=-\dfrac{\rho}{\varepsilon_1}$，即

$$\nabla^2\phi_a=F,\ \nabla^2\phi_b=0$$

为了便于分析，若将媒质 ε_2 换作媒质 ε_1，则 0 点的位函数 ϕ_{a0} 可表示为

$$\phi_{a0}=\frac{1}{4}(\phi_{a1}+\phi_{a2}+\phi_{a3}+\phi_{a4}-h^2F) \tag{9.85}$$

同理，若将媒质 ε_1 换作媒质 ε_2，则 0 点的位函数 ϕ_{b0} 可表示为

$$\phi_{b0}=\frac{1}{4}(\phi_{b1}+\phi_{b2}+\phi_{b3}+\phi_{b4}) \tag{9.86}$$

这里的两个 0 点的位函数并不是实际的电位，而是为了便于分析虚设的，利用分界面上的边界条件可以将两者消去。

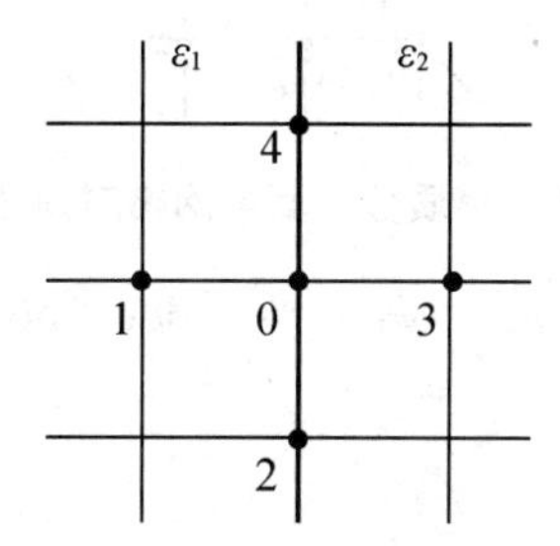

图 9.18 媒质分界面与网格线重合

根据边界条件，一方面分界面上的电位是连续的，即

$$\phi_{an}=\phi_{bn}=\phi_n(n=0,\ 2,\ 4) \tag{9.87}$$

另一方面，设分界面上无电荷，电场强度的法线分量是连续的，即

$$\varepsilon_1\frac{\partial\phi_a}{\partial x}=\varepsilon_2\frac{\partial\phi_b}{\partial x}$$

用差分格式可表示为

$$\varepsilon_1(\phi_{a1}-\phi_{a3})=\varepsilon_2(\phi_{b1}-\phi_{b3})$$

或记为

$$\varepsilon_1\phi_{a1}+\varepsilon_2\phi_{b3}=\varepsilon_2\phi_{b1}+\varepsilon_1\beta\phi_{a3} \tag{9.88}$$

将式(9.85)和式(9.86)分别乘以 ε_1 和 ε_2 后相加，再代入式(9.87)和式(9.88)，两边同时除以 ε_2，并令 $k=\frac{\varepsilon_1}{\varepsilon_2}$，则得

$$4(1+k)\phi_0=2k\phi_{a1}+(1+k)\phi_2+2\phi_{b3}+(1+k)\phi_4-kh^2F$$

即节点 0 的差分离散化结果为

$$\phi_0=\frac{1}{4}\left[\frac{2k}{1+k}\phi_{a1}+\phi_2+\frac{2}{1+k}\phi_{b3}+\phi_4-\frac{k}{1+k}h^2F\right] \tag{9.89}$$

2)媒质分界面与网格对角线相重合

若媒质分界面能与网格对角线相重合，如图 9.19 所示。最简单的方法是将网格线旋转 45°，并将步距延长为$\sqrt{2}h$，就可直接套用式(9.89)，即

$$\phi_0=\frac{1}{4}\left[\frac{2k}{1+k}\phi_{a5}+\phi_6+\frac{2}{1+k}\phi_{b7}+\phi_8-\frac{k}{1+k}h^2F\right] \tag{9.90}$$

也可引入辅助节点 M、N，用 ϕ_1、ϕ_2、ϕ_3、ϕ_4 表示，在分界面上

$$\phi_{an}=\phi_{bn}=\phi_n(n=0) \tag{9.91}$$

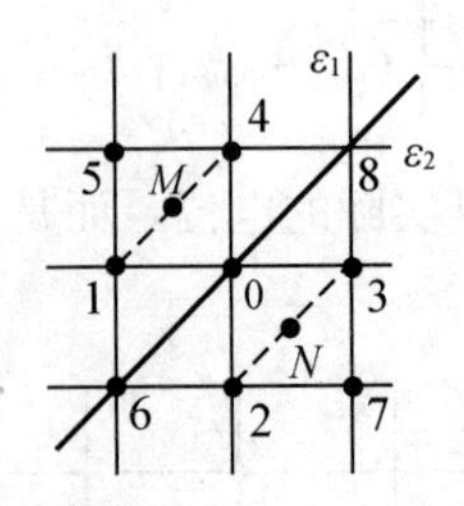

图 9.19 媒质分界面与网格对角线重合

$$\varepsilon_1(\phi_{aM}-\phi_{aN})=\varepsilon_2(\phi_{bM}-\phi_{bN}) \tag{9.92}$$

其中，虚设值为

$$\phi_{aM}=\frac{1}{2}(\phi_{a1}+\phi_{a4}),\quad \phi_{bN}=\frac{1}{2}(\phi_{b2}+\phi_{b3}) \tag{9.93}$$

实际值为

$$\phi_{bM}=\frac{1}{2}(\phi_{b1}+\phi_{b4}),\quad \phi_{aN}=\frac{1}{2}(\phi_{a2}+\phi_{a3}) \tag{9.94}$$

将式(9.93)和式(9.94)代入式(9.92)，整理得

$$\varepsilon_1(\phi_{a1}+\phi_{a4})+\varepsilon_2(\phi_{b2}+\phi_{b3})=\varepsilon_1(\phi_{a2}+\phi_{a3})+\varepsilon_2(\phi_{b1}+\phi_{b4}) \tag{9.95}$$

假设整个场域为单一媒质，有

$$\varepsilon_1(\phi_{a1}+\phi_{a2}+\phi_{a3}+\phi_{a4}-4\phi_0)=\varepsilon_1 h^2 F \tag{9.96}$$

$$\varepsilon_2(\phi_{b1}+\phi_{b2}+\phi_{b3}+\phi_{b4}-4\phi_0)=0 \tag{9.97}$$

二式相加，消去虚设值，并整理得到差分格式为

$$\phi_0=\frac{1}{4}\left[\frac{2k}{1+k}(\phi_{a1}+\phi_{a4})+\frac{2}{1+k}(\phi_{b2}+\phi_{b3})-\frac{k}{1+k}h^2F\right] \tag{9.98}$$

【提示】边界条件离散化虽然分很多种，但其基本思想是一致的，不论情况有多复杂，使用差分理论和分界面边界条件总可以确定任意点的差分格式。

9.4.4 差分方程组的求解

当原始的偏微分方程近似地用差分方程代替后，就可以通过解差分方程组来求解场域中任意点的位函数。下面以第一类边值问题来说明求解的过程。

在具体求解时，由于数值解的精度要求，希望选取的步距 h 越小越好，而步距的减小会使网格内节点数迅速增加，所以对于大型代数方程组，应该根据其特点寻求合适的代数解法。

1. 同步迭代法

同步迭代法是最简单的迭代方式。因差分格式有较高的规律性和重复性，因此用迭代法编制的程序比较简单，存储量和运算量都比较节省。同步迭代法的步骤如下。

(1)给指定场域内的每一个节点设定一初始值，作为第0次近似值，记为 $\phi^{(0)}$，初始值是任意设置的。在具体操作时，应根据实际情况设定一个最佳值，可以减少迭代次数。

(2)根据式(9.72)，用周围相邻节点的电位算出中心节点的新的电位值作为第1次近似值 $\phi^{(1)}$，若遇到边界节点上的值，就用已知量代替，再将 $\phi^{(1)}$ 代入得到第2次近似值 $\phi^{(2)}$，逐代迭代下去，即

$$\phi_{i,j}{}^{(n+1)}=\frac{1}{4}\left[\phi^{(n)}{}_{i+1,j}+\phi_{i-1,j}^{(n)}+\phi_{i,j+1}^{(n)}+\phi_{i,j-1}^{(n)}-h^2F\right] \tag{9.99}$$

一般迭代从场域的左下角开始。

(3)当相邻两次迭代解 $\phi_{i,j}^{(n+1)}$ 与 $\phi_{i,j}^{(n)}$ 间的误差满足精度要求时，迭代过程就可以结束了。

同步迭代法的特点是收敛速度慢，在每个节点产生新值时不能立刻冲掉旧值，而是下次迭代才会用到，所以需要的存储空间较大。

2. 松弛迭代法

松弛迭代法又称为塞德尔(Seidel)迭代法，是对简单迭代法的改进，在计算每个节点电位时充分利用已经得到的新值，每个节点得到新值后就立刻冲掉旧值。迭代方程可表示为

$$\phi_{i,j}{}^{(n+1)}=\frac{1}{4}\left[\phi_{i+1,j}^{(n)}+\phi_{i-1,j}^{(n+1)}+\phi_{i,j+1}^{(n)}+\phi_{i,j-1}^{(n+1)}-h^2F\right] \tag{9.100}$$

由于提前使用了更新值，松弛迭代法的收敛速度比简单迭代法快一倍，而且实现程序更方便，对存储空间的要求更低。

【例 9.10】 图 9.20 所示的长直接地金属槽，顶板的电位为 100V，侧壁与底板均接地，求槽内的电位分布。

解： 这个问题属于二维场的第一类边值问题，且边界条件简单。使用正方形网格将场域划分为 16 个网格，如图 9.20 所示。下面分别使用同步迭代法来计算节点的电位。

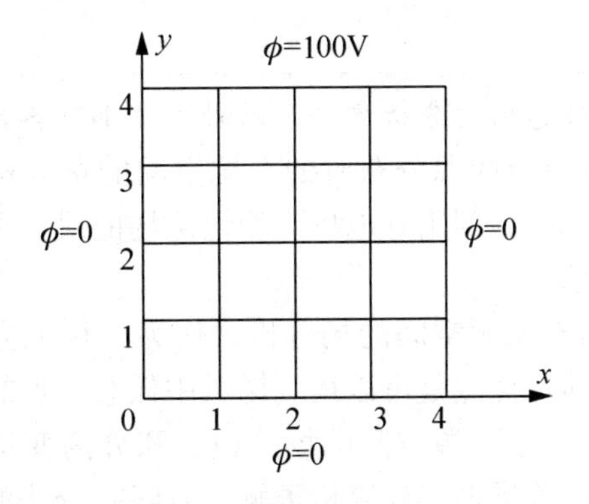

图 9.20 长直接地金属槽

设内部节点上电位的 0 次近似值为

$$\phi_{1,1}^{(0)}=\phi_{2,1}^{(0)}=\phi_{3,1}^{(0)}=25$$

$$\phi_{1,2}^{(0)}=\phi_{2,2}^{(0)}=\phi_{3,2}^{(0)}=50$$

$$\phi_{1,3}^{(0)}=\phi_{2,3}^{(0)}=\phi_{3,3}^{(0)}=75$$

依次迭代，得到结果见表 9-2。如果只取小数点后 3 位，迭代到第 28 次时，与第 27 次的迭代结果是一致的，即达到精度要求。

表 9-2 同步迭代法结果(设定合理初值)

	$\phi_{1,1}$	$\phi_{2,1}$	$\phi_{3,1}$	$\phi_{1,2}$	$\phi_{2,2}$	$\phi_{3,2}$	$\phi_{1,3}$	$\phi_{2,3}$	$\phi_{3,3}$
0	25	25	25	50	50	50	75	75	75
1	18.75	25	18.75	37.5	50	37.5	56.25	75	56.25
2	15.625	21.875	15.625	31.25	43.75	31.25	53.125	65.625	53.125
…	…	…	…	…	…	…	…	…	…
27	7.144	9.823	7.144	18.751	25.002	18.751	42.857	52.680	42.857
28	7.144	9.823	7.144	18.751	25.002	18.751	42.857	52.680	42.857

若使用松弛迭代法，设内部节点上电位的第 0 次近似值均为 0，迭代到第 14 次时即可达到表 9-2 所示精度。

有限差分法的应用范围很广，不仅能够求解均匀和不均匀线性媒质中的位场，还能求解非线性媒质中的场；既能求解恒定场和似稳场，又能求解时变场。在计算机存储容量允许的情况下，可采取较精细的网格，使离散化模型能够精确地逼近真实问题，获得具有足够精度的数值解。

磁场的磁矢位与电场的电位是一对对偶量，所以以上的分析均适用于求解磁矢位，而且只需将对偶量直接代入即可。

本章小结

本章共学习了 3 种静态场的分析方法，每种方法都有各自的特点。

(1)镜像法适用于点源与线源分布时的有源空间的场分析，根据边界条件确定镜像源是镜像法的求解关键。利用静电场与稳恒磁场的对偶关系，可以方便地将电场的结论直接应用于磁场。

(2)分离变量法适用于无源空间的场分析。作为一种纯数学方法，其难点是表达式复杂，求解过程繁琐，优点是可以得到场域中任意一点的精确解。

(3)有限差分法也适用于无源空间的场分析。和分离变量法不同的是，它对场域的边界形状没有要求，若借助于计算机求解，有限差分法的应用会更广泛。其难点是边界形状复杂时的边界条件离散化。

习　　题

一、填空题

1. 静态场边值问题分为________、________和________三类。

2. 唯一性定理表明________是唯一的。

3. 一无限大导体平面折成90°角，角域内有一点电荷，则其镜像电荷有________个。

4. 接地导体球面外距球心d处的点电荷$+q$的镜像电荷大小为________。

5. 分离变量法的实质是________。

二、选择题

1. 如果空间某一点的电位为零，则该点的电场强度(　　)为零。

A. 一定　　B. 不一定

2. 求解电位函数的泊松方程或拉普拉斯方程时，(　　)条件需已知。

A. 电场强度　　B. 电位　　C. 电位移矢量　　D. 边界条件

3. 把一个距无穷大接地导体平面为D的点电荷Q移到无穷远处的问题属于(　　)。

A. 第一类边值问题　　B. 第二类边值问题　　C. 第三类边值问题

4. 镜像法的理论依据是(　　)定理。

A. 斯托克斯　　B. 唯一性　　C. 高斯　　D. 库仑

5. 一个矩形边界的场域在采用有限差分法时应采用(　　)剖分方式。

A. 三角形　　B. 矩形　　C. 正方形　　D. 星形

三、分析计算题

1. 如图9.21所示，点电荷q位于接地的直角形导体域内的点(d, d)处，求场域内的电位大小。

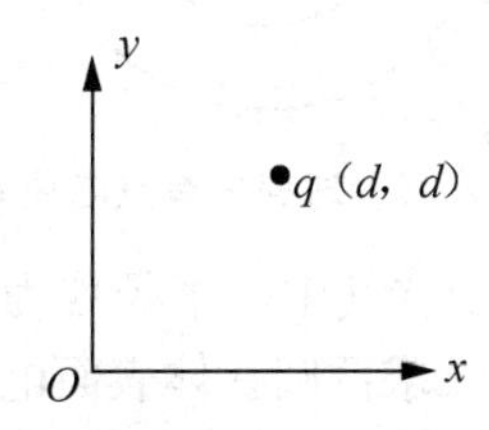

图9.21　接地导体域内有点电荷q

2. 在均匀外电场$\boldsymbol{E}=\boldsymbol{e}_z E_o$中，有一点电荷$q$如图9.22所示，当$q$与导体平面相距多远时，$q$所受的电场力正好为零。

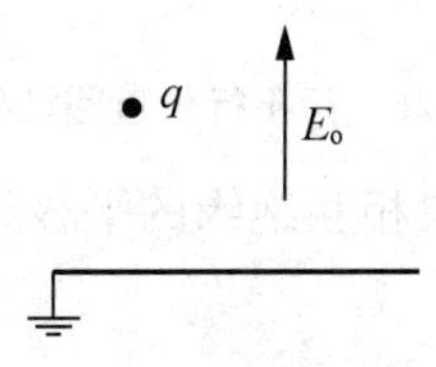

图9.22　均匀外电场中有点电荷q

3. 半径为 R 的圆柱导线位于均匀介质中，其轴线离墙壁的距离为 b，如图 9.23 所示，确定其镜像电荷的位置。

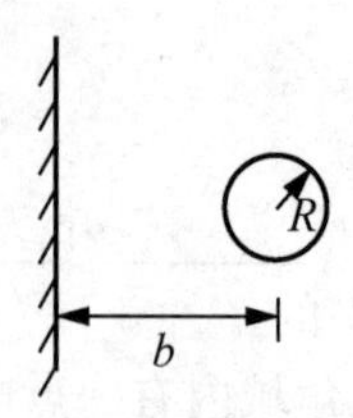

图 9.23 圆柱导线位于均匀介质

4. 如图 9.24 所示，一个接地的无限大导体平面上有一半径为 a 的半球形凸起部分，在凸起部分上方距平面 d 处有一点电荷 q，且 $d>a$，求导体上半空间的电位。

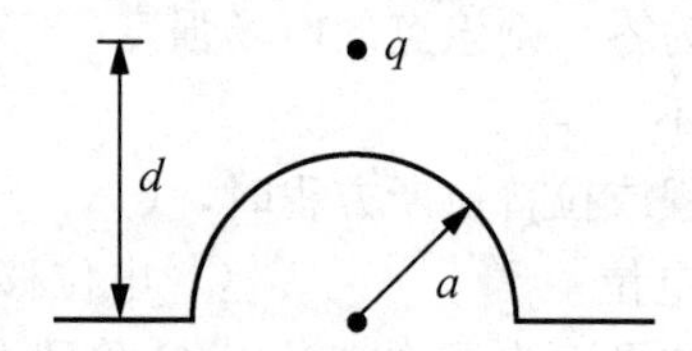

图 9.24 距接地导体平面 d 处有点电荷 q

5. 空气中有一内外半径分别为 R_1 和 R_2 的导体球壳，此球壳原不带电，内腔内介质的介电常数为 ε，若在壳内距球心 b 处放置一点电荷 q，如图 9.25 所示，求球壳内外的电场强度和电位。

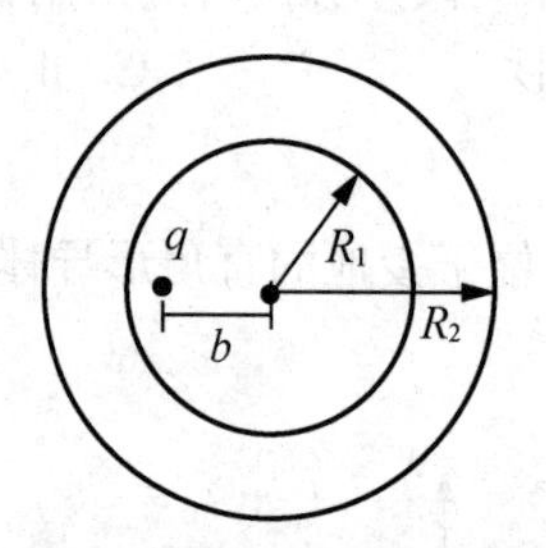

图 9.25 球壳内有点电荷 q

6. 两根长直圆柱导体平行放置于空气中，半径均为 6cm，两轴线间距离为 70cm，如图 9.26 所示。若外加电压为 1000V，求两圆柱体表面电荷密度的最大值和最小值。

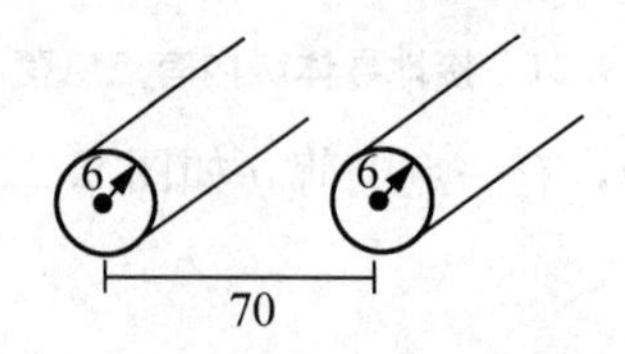

图 9.26 两平行长直圆柱导体

7. 截面为矩形的长金属管由 4 块相互绝缘的平板组成，表面电位如图 9.27 所示，求管内的电位分布。

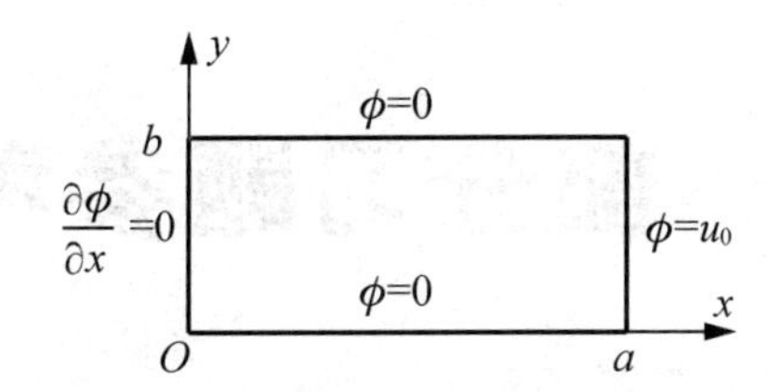

图 9.27　截面为矩形的长金属管

8. 外加电场 E_o 中，垂直于电场方向放置一个半径为 a、接地的无限长直导体圆柱，导体内介电常数为 ε，试求导体圆柱表面面电荷的最大值。

9. 有均匀电场 E_o，在其中放入一个半径为 a 的介质球，介质球的介电常数为 ε，求介质球内、外的电场和电位。

10. 一个半径为 a 的球面上的电位为 $\phi=u_0\cos\theta$，求球外的电位及电场。

附录A　部分习题参考答案

第1章

二、分析计算题

1.(1)$3\boldsymbol{e}_x-13\boldsymbol{e}_y+2\boldsymbol{e}_z$；(2)35；(3)$-31\boldsymbol{e}_x-5\boldsymbol{e}_y+14\boldsymbol{e}_z$

2.(1)-42；(2)$2\boldsymbol{e}_x-40\boldsymbol{e}_y+5\boldsymbol{e}_z$

3.$(-2，2\sqrt{3}，3)$，$(5，53.1°，120°)$

4.$\dfrac{10}{3}$

5.$-12\boldsymbol{e}_x-9\boldsymbol{e}_y+16\boldsymbol{e}_z$

7.$2\pi a^3$

8.$\dfrac{12}{5}\pi a^5$

9.$2x+2x^2y+72x^2y^2z^2$

10.0

第2章

三、分析计算题

1.$R=\dfrac{U}{I}=\dfrac{1}{4\pi\gamma}\left(\dfrac{1}{a}-\dfrac{1}{b}\right)$

2.$R=\dfrac{1}{G_1}+\dfrac{1}{G_2}=\dfrac{\pi(\gamma_1+\gamma_2)}{4h\gamma_1\gamma_2\ln b/a}$

3.(1)$R=\dfrac{2h}{\gamma\alpha(b^2-a^2)}$；(2)$R=\dfrac{\ln b/a}{\gamma\alpha h}$

4.$E=\dfrac{\rho_1}{2\pi\varepsilon_0\rho}\boldsymbol{e}_\rho$

5. 板间$\boldsymbol{E}=\boldsymbol{e}_x\dfrac{\sigma}{\varepsilon_0}$，板外电场为0

6.$\boldsymbol{E}=\dfrac{\rho_1}{2\pi\varepsilon\rho}\boldsymbol{e}_\rho$，$U_{ab}=\dfrac{\rho_1}{2\pi\varepsilon}\ln\dfrac{b}{a}$

7.$\phi=\dfrac{\rho_1}{4\pi\varepsilon_0}\ln\dfrac{\left(x-\dfrac{d}{2}\right)^2+y^2}{\left(x+\dfrac{d}{2}\right)^2+y^2}$

8.$\phi=\dfrac{\sigma}{2\varepsilon_0}\left[\sqrt{z^2+a^2}-z\right]$

9.(1)$\sigma_\rho=\dfrac{LP_0}{2}$；$\rho_p=-3P_0$

10.$\rho_p=0$，$\sigma_p=\dfrac{P_0}{4\pi b^2}-\dfrac{P_0}{4\pi a^2}$

第3章

三、分析计算题

1.$J_c=1250\sin10^{10}t(\text{A/m}^2)$　$J_d=22.1\cos10^{10}t(\text{A/m}^2)$　$f=89.9\text{GHz}$

2.$J_c=6.0\times10^{-9}\sin9.0\times10^9t(\text{A/m}^2)$　$J_d=1.20\times10^{-6}\cos9.0\times10^9t(\text{A/m}^2)$

3. $\boldsymbol{H}(t)=-\boldsymbol{e}_x\dfrac{kE_{\mathrm{m}}}{\omega\mu_0}\sin(\omega t-kz)$，$\boldsymbol{S}_{\mathrm{av}}=\boldsymbol{e}_z\dfrac{1}{2}\dfrac{kE_{\mathrm{m}}^2}{\omega\mu_0}$

4. $\boldsymbol{H}_2=\dfrac{1}{\mu_0}(0.2\boldsymbol{e}_x+0.5\boldsymbol{e}_y+0.54\boldsymbol{e}_z)$

5. $\nabla\times\boldsymbol{A}=\boldsymbol{e}_x-\boldsymbol{e}_y-\boldsymbol{e}_z$

6. $\nabla\times\boldsymbol{A}=-5\boldsymbol{e}_\rho$

第4章

三、分析计算题

1. $\lambda=1\mathrm{m}$；$f=300\mathrm{MHz}$；$v=3\times10^8(\mathrm{m/s})$

$\boldsymbol{H}=\boldsymbol{e}_y0.265\cos(2\pi\times3\times10^8t-2\pi z)(\mathrm{A/m})$；$\boldsymbol{S}_{\mathrm{av}}=\boldsymbol{e}_z13.26(\mathrm{W/m})$

2. $\mu_r=1.99$；$\varepsilon_r=1.13$

3. (1)$1m$，$3m$　(2)$\varepsilon_{\mathrm{r}}=9$　(3)$\eta=40\pi$，$\boldsymbol{H}(t)=\boldsymbol{e}_y\dfrac{1}{8\pi}\cos2\pi(10^8t-z)$

4. (1)$f=3\times10^9\mathrm{Hz}$　(2)$\boldsymbol{H}=\dfrac{1}{120\pi}(\boldsymbol{e}_y+\mathrm{j}\boldsymbol{e}_x)10^{-4}\mathrm{e}^{-\mathrm{j}20\pi z}(\mathrm{A/m})$　(3)0，0

5. 1MHz时，$\lambda=1.49\mathrm{m}$，$\alpha=4.21\mathrm{Np/m}$，$\eta_c=1.325\mathrm{e}^{\mathrm{j}\frac{\pi}{4}}$（Ω）

100MHz时，$\lambda=0.142\ \mathrm{m}$，$\alpha=40.1\mathrm{Np/m}$，$\eta_c=13.21\mathrm{e}^{\mathrm{j}42.18}$（Ω）

6. (1)$\delta=59.9\mathrm{m}$　(2)$\delta=64.5\ \mathrm{mm}$

7. (1)左旋圆极化波　(2)线极化波　(3)线极化波　(4)左旋圆极化波

8. (1)沿z正轴　(2)$f=3\times10^9\mathrm{Hz}$　(3)左旋圆极化　(4)$\boldsymbol{H}=\dfrac{1}{\eta_0}(\boldsymbol{e}_x10^{-4}\mathrm{e}^{-\mathrm{j}\frac{\pi}{2}}+\boldsymbol{e}_y10^{-4})\mathrm{e}^{-\mathrm{j}20\pi z}(\mathrm{A/m})$

(5)$P_{\mathrm{av}}=0.265\times10^{-10}(\mathrm{W/m^2})$

第5章

三、分析计算题

1. 右旋椭圆极化波

2. 1/2或2

3. $\boldsymbol{E}_{\mathrm{i}}=\boldsymbol{e}_y6\times10^{-3}\mathrm{e}^{-\mathrm{j}\frac{2\pi x}{3}}$；$\boldsymbol{E}_{\mathrm{r}}=-\boldsymbol{e}_y6\times10^{-3}\mathrm{e}^{-\mathrm{j}\frac{2\pi x}{3}}$；$\boldsymbol{E}_1=\boldsymbol{E}_{\mathrm{i}}+\boldsymbol{E}_{\mathrm{r}}=\boldsymbol{e}_y\mathrm{j}12\times10^{-3}\sin\left(\dfrac{2\pi}{3}x\right)$

4. 0.01m

5. $0.1225\mu\mathrm{m}$；$\varepsilon_{\mathrm{r2}}=\sqrt{5}$

6. (1)反射波是右旋椭圆极化波，透射波是左旋椭圆极化波；(2)63.4°

7. 30°

第6章

三、分析计算题

1. 只能传输$\mathbf{TE}_{10}$，46mm，39.6mm，158.7rad/m，158.2πΩ

2. $a=60\mathrm{mm}$，$b=40\mathrm{mm}$

3. $a\times b=16.5\times16.5(\mathrm{mm^2})$的波导可以满足要求

4. $\alpha=0.099\mathrm{dB/m}$

5. $f\approx8.9\mathrm{GHz}$

6. 4.8GHz～6.0GHz

10. $l=60\mathrm{mm}$

第7章

三、分析计算题

8. $60\times10^{-3}\mathrm{V/m}$

9. 90°

10. $8.77\times10^{-3}\,\Omega$

第8章

三、分析计算题

1. $\boldsymbol{E}=-\boldsymbol{e}_x\dfrac{U_0}{d}$

2. $\rho=-\varepsilon_0(5x^2+2)a\sin(2y)\mathrm{ch}(3z)$

3. $\boldsymbol{E}=\boldsymbol{e}_r\dfrac{abU}{(b-a)r^2}$

4. $\phi=\dfrac{\rho_0x^3}{6\varepsilon_0d}+\left(\dfrac{U_0}{d}+\dfrac{\rho_0d}{6\varepsilon_0}\right)x$

5. $C=\dfrac{4\pi\varepsilon}{\dfrac{1}{a}-\dfrac{1}{b}}$

6. $C=\dfrac{2\pi\varepsilon_0\varepsilon}{\varepsilon_0\ln(b/a)+\varepsilon\ln(c/b)}$

7. $C=\dfrac{2\pi ab(\varepsilon_1+\varepsilon_2)}{b-a}$

8. $\boldsymbol{B}=\boldsymbol{e}_y\dfrac{\mu_0I}{2\pi}\left(\dfrac{1}{x-\dfrac{d}{2}}-\dfrac{1}{x+\dfrac{d}{2}}\right)$

9. $B=\dfrac{\mu_0Ib}{2\pi(R^2-a^2)}$

10. $\boldsymbol{B}_1=\boldsymbol{e}_\varphi\dfrac{\mu_0\rho J}{2}$

$\boldsymbol{B}_2=\boldsymbol{e}_\varphi\dfrac{\mu_0a^2J}{2\rho}$

11. $M=\dfrac{\mu_0c}{2\pi}\ln\dfrac{(a+b)(D-a)}{a(D-a-b)}$

12. $M_{21}=\dfrac{\psi_{21}}{I}=\dfrac{\mu_0}{\sqrt{3}\pi}\left[(a+b)\ln\left(\dfrac{a+b}{b}\right)-a\right]$

13. $L_0=\dfrac{\mu_0}{2\pi}\ln\dfrac{b}{a}$

14. (1) $\boldsymbol{E}=\boldsymbol{e}_r\dfrac{abU}{(b-a)r^2}$

(2) $I=\dfrac{abU}{b-a}2\pi(\gamma_1+\gamma_2)$

(3) $R=\dfrac{b-a}{2\pi(\gamma_1+\gamma_2)ab}$

15. $\phi_1=\dfrac{U}{\left(\dfrac{1}{a}-\dfrac{1}{c}\right)+\dfrac{\gamma_1}{\gamma_2}\left(\dfrac{1}{c}-\dfrac{1}{b}\right)}\left(\dfrac{1}{r}-\dfrac{1}{c}\right)+\dfrac{U}{\dfrac{\gamma_2}{\gamma_1}\left(\dfrac{1}{a}-\dfrac{1}{c}\right)+\left(\dfrac{1}{c}-\dfrac{1}{b}\right)}\left(\dfrac{1}{c}-\dfrac{1}{b}\right)$

$\phi_2=\dfrac{U}{\dfrac{\gamma_2}{\gamma_1}\left(\dfrac{1}{a}-\dfrac{1}{c}\right)+\left(\dfrac{1}{c}-\dfrac{1}{b}\right)}\left(\dfrac{1}{r}-\dfrac{1}{b}\right)$

第9章

三、分析计算题

1. $\phi=\dfrac{1}{4\pi\varepsilon_0}\left(\dfrac{q}{R_1}-\dfrac{q}{R_2}-\dfrac{q}{R_3}+\dfrac{q}{R_4}\right)$

2. $x=\dfrac{1}{4}\sqrt{\dfrac{q}{\pi\varepsilon_0E_0}}$

3. 距墙 $\sqrt{x_0^2-R_0^2}$

4. $\phi=\frac{1}{4\pi\varepsilon_0}\left(\frac{q}{R_1}+\frac{q}{R_2}-\frac{q}{R_3}-\frac{q}{R_4}\right)$，其中 $q_1=-\frac{aq}{d}$

5. $r>R_2$，$E=\frac{q}{4\pi\varepsilon_0 r^2}e_r$，$\phi=\frac{q}{4\pi\varepsilon_0 r}$

$r<R_1$，$E=\frac{q}{4\pi\varepsilon_0}\left(\frac{1}{r^2}-\frac{R_1}{br}\right)e_r$，$\phi=\frac{q}{4\pi\varepsilon_0 r}-\frac{q}{4\pi\varepsilon_0 r}\cdot\frac{R_1}{b}+\frac{q}{4\pi\varepsilon_0 R_2}$

6. $0.134\times10^{-6}\,\mathrm{c/m^2}$；$0.0336\times10^{-6}\,\mathrm{c/m^2}$

7. $\phi=\frac{4u_0}{\pi}\sum_{n=1,3\cdots}\frac{1}{n\,\mathrm{ch}\frac{n\pi}{b}a}\mathrm{ch}\frac{n\pi}{b}\sin\frac{n\pi}{b}y$

8. $\sigma_{\max}=\pm2\varepsilon E_0$

9. $r<a$，$\phi_1=-E_0\frac{3\varepsilon_0}{\varepsilon+2\varepsilon_0}r\cos\theta$；$r>a$，$\phi_2=-E_0r\cos\theta+E_0\frac{\varepsilon-\varepsilon_0}{\varepsilon+\varepsilon_0}\frac{a^3}{r^2}\cos\theta$；$E=-\nabla\phi$(采用球坐标系)

10. $\phi=u_0\frac{a^2}{r^2}\cos\theta$，$E=-\nabla\phi$(采用球坐标系)

附录B　常用矢量公式

1. 矢量恒等式

$\boldsymbol{A}\cdot(\boldsymbol{B}\times\boldsymbol{C})=\boldsymbol{B}\cdot(\boldsymbol{C}\times\boldsymbol{A})=\boldsymbol{C}\cdot(\boldsymbol{A}\times\boldsymbol{B})$

$\boldsymbol{A}\times(\boldsymbol{B}\times\boldsymbol{C})=\boldsymbol{B}(\boldsymbol{A}\cdot\boldsymbol{C})-\boldsymbol{C}(\boldsymbol{A}\cdot\boldsymbol{B})$

$\nabla(u+v)=\nabla u+\nabla v$

$\nabla(uv)=v\nabla u+u\nabla v$

$\nabla(u/v)=(v\nabla u-u\nabla v)/v^2$

$\nabla\cdot(\boldsymbol{F}\pm\boldsymbol{G})=(\nabla\cdot\boldsymbol{F})\pm(\nabla\cdot\boldsymbol{G})$

$\nabla\cdot(u\boldsymbol{F})=u\nabla\cdot\boldsymbol{F}=\boldsymbol{F}\cdot\mathrm{grad}u$

$\nabla\times(\boldsymbol{E}\pm\boldsymbol{F})=\nabla\times\boldsymbol{E}\pm\nabla\times\boldsymbol{F}$

$\nabla\times(u\boldsymbol{F})=u\nabla\times\boldsymbol{F}+\nabla u\times\boldsymbol{F}$

$\nabla\cdot(\boldsymbol{E}\times\boldsymbol{F})=\boldsymbol{F}\cdot\nabla\times\boldsymbol{E}-\boldsymbol{E}\cdot\nabla\times\boldsymbol{F}$

$\nabla\cdot(\nabla\times\boldsymbol{F})=0$

$\nabla\times(\nabla u)=\nabla^2 u$

$\nabla\times(\nabla\times\boldsymbol{F})=\nabla(\nabla\cdot\boldsymbol{F})-\nabla^2\boldsymbol{F}$

$$\int_V\nabla\cdot\boldsymbol{F}\mathrm{d}V=\oint_S\boldsymbol{F}\cdot\mathrm{d}\boldsymbol{S}$$

$$\int_S(\nabla\times\boldsymbol{F})\cdot\mathrm{d}\boldsymbol{S}=\oint_l\boldsymbol{F}\cdot\mathrm{d}\boldsymbol{l}$$

$$\int_V\nabla\times\boldsymbol{F}\mathrm{d}V=\oint_S(n\times\boldsymbol{F})\mathrm{d}\boldsymbol{S}$$

$$\int_V\nabla u\mathrm{d}V=\oint_S u\boldsymbol{n}\mathrm{d}\boldsymbol{S}$$

$$\int_S\boldsymbol{n}\times\nabla u\mathrm{d}\boldsymbol{S}=\oint_l u\mathrm{d}\boldsymbol{l}$$

2. 三种坐标系下梯度、散度、旋度和拉普拉斯公式

1)直角坐标系

$$\nabla u=\boldsymbol{e}_x\frac{\partial u}{\partial x}+\boldsymbol{e}_y\frac{\partial u}{\partial y}+\boldsymbol{e}_z\frac{\partial u}{\partial z}$$

$$\nabla\cdot\boldsymbol{F}=\frac{\partial F_x}{\partial x}+\frac{\partial F_y}{\partial y}+\frac{\partial F_z}{\partial z}$$

$$\nabla\times\boldsymbol{F}=\begin{vmatrix}\boldsymbol{e}_x & \boldsymbol{e}_y & \boldsymbol{e}_z\\ \dfrac{\partial}{\partial x} & \dfrac{\partial}{\partial y} & \dfrac{\partial}{\partial z}\\ F_x & F_y & F_z\end{vmatrix}$$

$$\nabla^2 u=\frac{\partial^2 u}{\partial x^2}+\frac{\partial^2 u}{\partial y^2}+\frac{\partial^2 u}{\partial z^2}$$

2）圆柱坐标系

$$\nabla u=\boldsymbol{e}_\rho\frac{\partial u}{\partial\rho}+\frac{\boldsymbol{e}_\varphi}{\rho}\frac{\partial u}{\partial\varphi}+\boldsymbol{e}_z\frac{\partial u}{\partial z}$$

$$\nabla\cdot\boldsymbol{F}=\frac{1}{\rho}\frac{\partial(\rho F_\rho)}{\partial\rho}+\frac{1}{\rho}\frac{\partial F_\varphi}{\partial\varphi}+\frac{\partial F_z}{\partial z}$$

$$\nabla\times\boldsymbol{F}=\frac{1}{\rho}\frac{\partial}{\partial\rho}\begin{vmatrix}\boldsymbol{e}_\rho & \rho\boldsymbol{e}_\varphi & \boldsymbol{e}_z\\ \frac{\partial}{\partial\rho} & \frac{\partial}{\partial\varphi} & \frac{\partial}{\partial z}\\ F_\rho & \rho F_\varphi & F_z\end{vmatrix}$$

$$\nabla^2 u=\frac{1}{\rho}\frac{\partial}{\partial\rho}\left(\rho\frac{\partial u}{\partial\rho}\right)+\frac{1}{\rho^2}\frac{\partial^2 u}{\partial\varphi^2}+\frac{\partial^2 u}{\partial z^2}$$

3）球坐标系

$$\nabla u=\boldsymbol{e}_r\frac{\partial u}{\partial r}+\frac{\boldsymbol{e}_\theta}{r}\frac{\partial u}{\partial\theta}+\frac{\boldsymbol{e}_\varphi}{r\sin\theta}\frac{\partial u}{\partial\varphi}$$

$$\nabla\cdot\boldsymbol{F}=\frac{1}{r^2}\frac{\partial(r^2F_r)}{\partial r}+\frac{1}{r\sin\theta}\frac{\partial(\sin\theta F_\theta)}{\partial\theta}+\frac{1}{r\sin\theta}\frac{\partial F_\varphi}{\partial\varphi}$$

$$\nabla\times\boldsymbol{F}=\frac{1}{r^2\sin\theta}\begin{vmatrix}\boldsymbol{e}_r & r\boldsymbol{e}_\theta & r\sin\theta\boldsymbol{e}_\varphi\\ \frac{\partial}{\partial r} & \frac{\partial}{\partial\theta} & \frac{\partial}{\partial\varphi}\\ F_r & rF_\theta & r\sin\theta F_\varphi\end{vmatrix}$$

$$\nabla^2 u=\frac{1}{r^2}\frac{\partial}{\partial r}\left(r^2\frac{\partial u}{\partial r}\right)+\frac{1}{r^2\sin\theta}\frac{\partial}{\partial\theta}\left(\sin\theta\frac{\partial u}{\partial\theta}\right)+\frac{1}{r^2\sin^2\theta}\frac{\partial^2 u}{\partial\varphi^2}$$

附录C　希腊字母读音表

序号	大写	小写	英文注音	国际音标注音	中文注音
1	A	α	alpha	a:lf	阿尔法
2	B	β	beta	bet	贝塔
3	Γ	γ	gamma	ga:m	伽马
4	Δ	δ	delta	delt	德尔塔
5	E	ε	epsilon	ep'silon	伊普西龙
6	Z	ζ	zeta	zat	截塔
7	H	η	eta	eit	艾塔
8	Θ	θ	thet	θit	西塔
9	I	ι	iot	aiot	约塔
10	K	κ	kappa	kap	卡帕
11	Λ	λ	lambda	lambd	兰布达
12	M	μ	mu	mju	缪
13	N	ν	nu	nju	纽
14	Ξ	ξ	xi	ksi	克西
15	O	ο	omicron	omik'ron	奥密克戎
16	Π	π	pi	pai	派
17	P	ρ	rho	rou	肉
18	Σ	σ	sigma	'sigma	西格马
19	T	τ	tau	tau	套
20	Υ	υ	upsilon	jup'silon	宇普西龙
21	Φ	φ	phi	fai	佛爱
22	X	χ	chi	phai	西
23	Ψ	ψ	psi	psai	普西
24	Ω	ω	omega	o'miga	欧米伽

附录D　量和单位

量的名称	量的符号	单位名称	单位符号
力	F	牛［顿］(Newton)	N
力矩	T	牛［顿］米(Newton metre)	N·m
方向性系数	D	(无量纲)	——
功，能［量］	W	焦［耳］(Joule)	J
功率	P	瓦［特］(Watt)	W
电动势	ε	伏［特］(Volt)	V
电压	U	伏［特］(Volt)	V
电位	ϕ	伏［特］(Volt)	V
电通［量］密度，电位移	D	库［仑］每平方米 (Coulomb per square metre)	C/m^2
电感	L	亨［利］(Henry)	H
电导	G	西［门子］(Siemens)	S
电导率	γ	西［门子］/米 (Siemens per metre)	S/m
电纳	B	西［门子］(Siemens)	S
电阻	R	欧［姆］(Ohm)	Ω
电抗	X	欧［姆］(Ohm)	Ω
电场强度	E	伏［特］每米(Volt per metre)	V/m
电极化率	χ_0	(无量纲)	——
电容	C	法［拉］(Farad)	F
介电常数(电容率)	ε	法［拉］每米(Farad per metre)	F/m
电荷线密度	ρ_l	库［仑］每米 (Coulomb per metre)	C/m
电荷面密度	σ	库［仑］每平方米 (Coulomb per square metre)	C/m^2
电荷［体］密度	ρ	库［仑］每立方米 (Coulomb per cubic metre)	C/m^3

续表

量的名称	量的符号	单位名称	单位符号
面电流密度	J_s	安[培]每米 (Ampere per metre)	A/m
电流密度	J	安[培]每平方米 (Ampere per cubic metre)	A/m^2
电偶极矩	P	库[仑]米(Coulomb metre)	C·m
导纳	Y	西[门子](Siemens)	S
磁导率	μ，μ_0	亨[利]每米(Henry per metre)	H/m
矢量磁位	A	韦[伯]每米 (Weber per metre)	Wb/m
角频率	ω	弧度每秒 (radian per second)	rad/s
极化强度	P	库[仑]每平方米 (Coulomb per square metre)	C/m^2
阻抗	Z，η	欧[姆](Ohm)	Ω
传播系数	Γ	每米(reciprocal metre)	m^{-1}
波长	λ	米(metre)	m
坡印廷矢量	S	瓦[特]每平方米 (Watt per square metre)	W/m^2
相位	φ	弧度(radian)	rad
相位系数	β	弧度每米 (radian per metre)	rad/m
衰减系数	α	奈特每米 (Neper per metre)	Np/m
相对磁导率	μ_r	(无量纲)	——
相对介电常数(相对电容率)	ε_r	(无量纲)	——
能量(功)	W	焦[耳](Joule)	J
能量密度	w	焦[耳]每立方米 (Joule per cubic metre)	J/m^3
辐射强度	I	瓦[特]每平方米 (Watt per steradian)	W/sr
磁化率	χ_m	(无量纲)	——

续表

量的名称	量的符号	单位名称	单位符号
磁化强度	M	安［培］每米 (Ampere per metre)	A/m
磁阻	R_m	每亨［利］每米 (reciprocal henry)	H^{-1}
磁动势	ε_m	安［培］(Ampere)	A
磁通(量)	Φ	韦［伯］(Weber)	Wb
磁场强度	H	安［培］每米 (Ampere per metre)	A/m
磁感应强度 磁通［量］密度	B	特［斯拉］(Tesla)	T
磁偶极矩	P_m	安［培］平方米 (Ampere metre squared)	$A \cdot m^2$
频率	f	赫［兹］(Hertz)	Hz

参考文献

[1] 谢处方，饶克谨．电磁场与电磁波［M］.4版．北京：高等教育出版社，2006.
[2] 冯慈璋．电磁场［M］.2版．北京：高等教育出版社，1983.
[3] 王家礼，等．电磁场与电磁波［M］．西安：西安电子科技大学出版社，2000.
[4] 邱景辉，等．电磁场与电磁波［M］．哈尔滨：哈尔滨工业大学出版社，2001.
[5] 王园，杨显清，赵家升．电磁场与电磁波基础教程［M］．北京：高等教育出版社，2008.
[6] 杨莘元，马惠珠，张朝柱．现代天线技术［M］．哈尔滨：哈尔滨工程大学出版社，2006.
[7] 毛均杰，等．微波技术与天线［M］．北京：科学出版社，2007.
[8] 傅文斌．微波技术与天线［M］．北京：机械出版社，2007.
[9] 符果行．电磁场与电磁波［M］．北京：电子工业出版社，2009.
[10] 王新稳，李萍，李延平．微波技术与天线［M］.2版．北京：电子工业出版社，2010.
[11] 廖承恩．微波技术基础［M］．西安：西安电子科技大学出版社，2002.
[12] 周克定．电磁场与电磁波［M］.2版．北京：机械工业出版社，2006.
[13] 张惠娟，杨文荣，李玲玲．工程电磁场与电磁波基础［M］．北京：机械工业出版社，2009.
[14] 曹伟，徐立勤．电磁场与电磁波理论［M］．北京：北京邮电大学出版社，2002.
[15] 冯林，杨显清，王园．电磁场与电磁波［M］．北京：机械工业出版社，2004.
[16] 边莉，周喜权．电磁场与电磁波［M］．哈尔滨：哈尔滨工业大学出版社，2009.
[17] 钟顺时，钮茂德．电磁场理论基础［M］．西安：西安电子科技大学出版社，2002.
[18] 袁国良．电磁场与电磁波［M］．北京：清华大学出版社，2008.
[19] 张瑜．微波技术及应用［M］．西安：西安电子科技大学出版社，2007.
[20] 梁昌洪，谢拥军，官伯然．简明微波［M］．北京：高等教育出版社，2006.
[21] 张肇仪，周乐柱，吴德明．微波工程［M］.3版．北京：电子工业出版社，2006.
[22] 高建平，张芝贤．电波传播［M］．西安：西北工业大学出版社，2002.
[23] 王家礼，等．《电磁场与电磁波》学习指导［M］．西安：西安电子科技大学出版社，2002.

北京大学出版社本科计算机系列实用规划教材

序号	标准书号	书　　名	主　编	定价	序号	标准书号	书　　名	主　编	定价
1	7-301-10511-5	离散数学	段禅伦	28	42	7-301-14504-3	C++面向对象与 Visual C++程序设计案例教程	黄贤英	35
2	7-301-10457-X	线性代数	陈付贵	20	43	7-301-14506-7	Photoshop CS3 案例教程	李建芳	34
3	7-301-10510-X	概率论与数理统计	陈荣江	26	44	7-301-14510-4	C++程序设计基础案例教程	于永彦	33
4	7-301-10503-0	Visual Basic 程序设计	闵联营	22	45	7-301-14942-3	ASP .NET 网络应用案例教程(C# .NET 版)	张登辉	33
5	7-301-10456-9	多媒体技术及其应用	张正兰	30	46	7-301-12377-5	计算机硬件技术基础	石　磊	26
6	7-301-10466-8	C++程序设计	刘天印	33	47	7-301-15208-9	计算机组成原理	娄国焕	24
7	7-301-10467-5	C++程序设计实验指导与习题解答	李　兰	20	48	7-301-15463-2	网页设计与制作案例教程	房爱莲	36
8	7-301-10505-4	Visual C++程序设计教程与上机指导	高志伟	25	49	7-301-04852-8	线性代数	姚喜妍	22
9	7-301-10462-0	XML 实用教程	丁跃潮	26	50	7-301-15461-8	计算机网络技术	陈代武	33
10	7-301-10463-7	计算机网络系统集成	斯桃枝	22	51	7-301-15697-1	计算机辅助设计二次开发案例教程	谢安俊	26
11	7-301-10465-1	单片机原理及应用教程	范立南	30	52	7-301-15740-4	Visual C# 程序开发案例教程	韩朝阳	30
12	7-5038-4421-3	ASP .NET 网络编程实用教程(C#版)	崔良海	31	53	7-301-16597-3	Visual C++程序设计实用案例教程	于永彦	32
13	7-5038-4427-2	C 语言程序设计	赵建锋	25	54	7-301-16850-9	Java 程序设计案例教程	胡巧多	32
14	7-5038-4420-5	Delphi 程序设计基础教程	张世明	37	55	7-301-16842-4	数据库原理与应用(SQL Server 版)	毛一梅	36
15	7-5038-4417-5	SQL Server 数据库设计与管理	姜　力	31	56	7-301-16910-0	计算机网络技术基础与应用	马秀峰	33
16	7-5038-4424-9	大学计算机基础	贾丽娟	34	57	7-301-15063-4	计算机网络基础与应用	刘远生	32
17	7-5038-4430-0	计算机科学与技术导论	王昆仑	30	58	7-301-15250-8	汇编语言程序设计	张光长	28
18	7-5038-4418-3	计算机网络应用实例教程	魏　峥	25	59	7-301-15064-1	网络安全技术	骆耀祖	30
19	7-5038-4415-9	面向对象程序设计	冷英男	28	60	7-301-15584-4	数据结构与算法	佟伟光	32
20	7-5038-4429-4	软件工程	赵春刚	22	61	7-301-17087-8	操作系统实用教程	范立南	36
21	7-5038-4431-0	数据结构(C++版)	秦　锋	28	62	7-301-16631-4	Visual Basic 2008 程序设计教程	隋晓红	34
22	7-5038-4423-2	微机应用基础	吕晓燕	33	63	7-301-17537-8	C 语言基础案例教程	汪新民	31
23	7-5038-4426-4	微型计算机原理与接口技术	刘彦文	26	64	7-301-17397-8	C++程序设计基础教程	郗亚辉	30
24	7-5038-4425-6	办公自动化教程	钱　俊	30	65	7-301-17578-1	图论算法理论、实现及应用	王桂平	54
25	7-5038-4419-1	Java 语言程序设计实用教程	董迎红	33	66	7-301-17964-2	PHP 动态网页设计与制作案例教程	房爱莲	42
26	7-5038-4428-0	计算机图形技术	龚声蓉	28	67	7-301-18514-8	多媒体开发与编程	于永彦	35
27	7-301-11501-5	计算机软件技术基础	高　巍	25	68	7-301-18538-4	实用计算方法	徐亚平	24
28	7-301-11500-8	计算机组装与维护实用教程	崔明远	33	69	7-301-18539-1	Visual FoxPro 数据库设计案例教程	谭红杨	35
29	7-301-12174-0	Visual FoxPro 实用教程	马秀峰	29	70	7-301-19313-6	Java 程序设计案例教程与实训	董迎红	45
30	7-301-11500-8	管理信息系统实用教程	杨月江	27	71	7-301-19389-1	Visual FoxPro 实用教程与上机指导（第 2 版）	马秀峰	40
31	7-301-11445-2	Photoshop CS 实用教程	张　瑾	28	72	7-301-19435-5	计算方法	尹景本	28
32	7-301-12378-2	ASP .NET 课程设计指导	潘志红	35	73	7-301-19388-4	Java 程序设计教程	张剑飞	35
33	7-301-12394-2	C# .NET 课程设计指导	龚自霞	32	74	7-301-19386-0	计算机图形技术(第 2 版)	许承东	44
34	7-301-13259-3	VisualBasic .NET 课程设计指导	潘志红	30	75	7-301-15689-6	Photoshop CS5 案例教程(第 2 版)	李建芳	39
35	7-301-12371-3	网络工程实用教程	汪新民	34	76	7-301-18395-3	概率论与数理统计	姚喜妍	29
36	7-301-14132-8	J2EE 课程设计指导	王立丰	32	77	7-301-19980-0	3ds Max 2011 案例教程	李建芳	44
37	7-301-13585-3	计算机专业英语	张　勇	30	78	7-301-20052-0	数据结构与算法应用实践教程	李文书	36
38	7-301-13684-3	单片机原理及应用	王新颖	25	79	7-301-12375-1	汇编语言程序设计	张宝剑	36
39	7-301-14505-0	Visual C++程序设计案例教程	张荣梅	30	80	7-301-20523-5	Visual C++程序设计教程与上机指导(第 2 版)	牛江川	40
40	7-301-14259-2	多媒体技术应用案例教程	李　建	30	81	7-301-20630-0	C#程序开发案例教程	李挥剑	39
41	7-301-14503-6	ASP .NET 动态网页设计案例教程(Visual Basic .NET 版)	江　红	35	82	7-301-20898-4	SQL Server 2008 数据库应用案例教程	钱哨	38

北京大学出版社电气信息类教材书目(已出版)

欢迎选订

序号	标准书号	书　　名	主　编	定价	序号	标准书号	书　　名	主　编	定价
1	7-301-10759-1	DSP 技术及应用	吴冬梅	26	38	7-5038-4400-3	工厂供配电	王玉华	34
2	7-301-10760-7	单片机原理与应用技术	魏立峰	25	39	7-5038-4410-2	控制系统仿真	郑恩让	26
3	7-301-10765-2	电工学	蒋　中	29	40	7-5038-4398-3	数字电子技术	李　元	27
4	7-301-19183-5	电工与电子技术(上册)(第2版)	吴舒辞	30	41	7-5038-4412-6	现代控制理论	刘永信	22
5	7-301-19229-0	电工与电子技术(下册)(第2版)	徐卓农	32	42	7-5038-4401-0	自动化仪表	齐志才	27
6	7-301-10699-0	电子工艺实习	周春阳	19	43	7-5038-4408-9	自动化专业英语	李国厚	32
7	7-301-10744-7	电子工艺学教程	张立毅	32	44	7-5038-4406-5	集散控制系统	刘翠玲	25
8	7-301-10915-6	电子线路 CAD	吕建平	34	45	7-301-19174-3	传感器基础(第 2 版)	赵玉刚	30
9	7-301-10764-1	数据通信技术教程	吴延海	29	46	7-5038-4396-9	自动控制原理	潘　丰	32
10	7-301-18784-5	数字信号处理(第 2 版)	阎　毅	32	47	7-301-10512-2	现代控制理论基础(国家级十一五规划教材)	侯媛彬	20
11	7-301-18889-7	现代交换技术(第 2 版)	姚　军	36	48	7-301-11151-2	电路基础学习指导与典型题解	公茂法	32
12	7-301-10761-4	信号与系统	华　容	33	49	7-301-12326-3	过程控制与自动化仪表	张井岗	36
13	7-301-10762-5	信息与通信工程专业英语	韩定定	24	50	7-301-12327-0	计算机控制系统	徐文尚	28
14	7-301-10757-7	自动控制原理	袁德成	29	51	7-5038-4414-0	微机原理及接口技术	赵志诚	38
15	7-301-16520-1	高频电子线路(第 2 版)	宋树祥	35	52	7-301-10465-1	单片机原理及应用教程	范立南	30
16	7-301-11507-7	微机原理与接口技术	陈光军	34	53	7-5038-4426-4	微型计算机原理与接口技术	刘彦文	26
17	7-301-11442-1	MATLAB 基础及其应用教程	周开利	24	54	7-301-12562-5	嵌入式基础实践教程	杨　刚	30
18	7-301-11508-4	计算机网络	郭银景	31	55	7-301-12530-4	嵌入式 ARM 系统原理与实例开发	杨宗德	25
19	7-301-12178-8	通信原理	隋晓红	32	56	7-301-13676-8	单片机原理与应用及 C51 程序设计	唐　颖	30
20	7-301-12175-7	电子系统综合设计	郭　勇	25	57	7-301-13577-8	电力电子技术及应用	张润和	38
21	7-301-11503-9	EDA 技术基础	赵明富	22	58	7-301-20508-2	电磁场与电磁波(第 2 版)	邬春明	30
22	7-301-12176-4	数字图像处理	曹茂永	23	59	7-301-12179-5	电路分析	王艳红	38
23	7-301-12177-1	现代通信系统	李白萍	27	60	7-301-12380-5	电子测量与传感技术	杨　雷	35
24	7-301-12340-9	模拟电子技术	陆秀令	28	61	7-301-14461-9	高电压技术	马永翔	28
25	7-301-13121-3	模拟电子技术实验教程	谭海曙	24	62	7-301-14472-5	生物医学数据分析及其 MATLAB 实现	尚志刚	25
26	7-301-11502-2	移动通信	郭俊强	22	63	7-301-14460-2	电力系统分析	曹　娜	35
27	7-301-11504-6	数字电子技术	梅开乡	30	64	7-301-14459-6	DSP 技术与应用基础	俞一彪	34
28	7-301-18860-6	运筹学(第 2 版)	吴亚丽	28	65	7-301-14994-2	综合布线系统基础教程	吴达金	24
29	7-5038-4407-2	传感器与检测技术	祝诗平	30	66	7-301-15168-6	信号处理 MATLAB 实验教程	李　杰	20
30	7-5038-4413-3	单片机原理及应用	刘　刚	24	67	7-301-15440-3	电工电子实验教程	魏　伟	26
31	7-5038-4409-6	电机与拖动	杨天明	27	68	7-301-15445-8	检测与控制实验教程	魏　伟	24
32	7-5038-4411-9	电力电子技术	樊立萍	25	69	7-301-04595-4	电路与模拟电子技术	张绪光	35
33	7-5038-4399-0	电力市场原理与实践	邹　斌	24	70	7-301-15458-8	信号、系统与控制理论(上、下册)	邱德润	70
34	7-5038-4405-8	电力系统继电保护	马永翔	27	71	7-301-15786-2	通信网的信令系统	张云麟	24
35	7-5038-4397-6	电力系统自动化	孟祥忠	25	72	7-301-16493-8	发电厂变电所电气部分	马永翔	35
36	7-5038-4404-1	电气控制技术	韩顺杰	22	73	7-301-16076-3	数字信号处理	王震宇	32
37	7-5038-4403-4	电器与 PLC 控制技术	陈志新	38	74	7-301-16931-5	微机原理及接口技术	肖洪兵	32

序号	标准书号	书　名	主　编	定价	序号	标准书号	书　名	主　编	定价
75	7-301-16932-2	数字电子技术	刘金华	30	93	7-301-18496-7	现代电子系统设计教程	宋晓梅	36
76	7-301-16933-9	自动控制原理	丁　红	32	94	7-301-18672-5	太阳能电池原理与应用	靳瑞敏	25
77	7-301-17540-8	单片机原理及应用教程	周广兴	40	95	7-301-18314-4	通信电子线路及仿真设计	王鲜芳	29
78	7-301-17614-6	微机原理及接口技术实验指导书	李干林	22	96	7-301-19175-0	单片机原理与接口技术	李　升	46
79	7-301-12379-9	光纤通信	卢志茂	28	97	7-301-19320-4	移动通信	刘维超	39
80	7-301-17382-4	离散信息论基础	范九伦	25	98	7-301-19447-8	电气信息类专业英语	缪志农	40
81	7-301-17677-1	新能源与分布式发电技术	朱永强	32	99	7-301-19451-5	嵌入式系统设计及应用	邢吉生	44
82	7-301-17683-2	光纤通信	李丽君	26	100	7-301-19452-2	电子信息类专业 MATLAB 实验教程	李明明	42
83	7-301-17700-6	模拟电子技术	张绪光	36	101	7-301-16914-8	物理光学理论与应用	宋贵才	32
84	7-301-17318-3	ARM 嵌入式系统基础与开发教程	丁文龙	36	102	7-301-16598-0	综合布线系统管理教程	吴达金	39
85	7-301-17797-6	PLC 原理及应用	缪志农	26	103	7-301-20394-1	物联网基础与应用	李蔚田	44
86	7-301-17986-4	数字信号处理	王玉德	32	104	7-301-20339-2	数字图像处理	李云红	36
87	7-301-18131-7	集散控制系统	周荣富	36	105	7-301-20340-8	信号与系统	李云红	29
88	7-301-18285-7	电子线路 CAD	周荣富	41	106	7-301-20505-1	电路分析基础	吴舒辞	38
89	7-301-16739-7	MATLAB 基础及应用	李国朝	39	107	7-301-20506-8	编码调制技术	黄　平	26
90	7-301-18352-6	信息论与编码	隋晓红	24	108	7-301-20763-5	网络工程与管理	谢　慧	39
91	7-301-18260-4	控制电机与特种电机及其控制系统	孙冠群	42	109	7-301-20845-8	单片机原理与接口技术实验与课程设计	徐懂理	26
92	7-301-18493-6	电工技术	张　莉	26	110	7-301-20918-9	Mathcad 在信号与系统中的应用	郭仁春	30

请登录 www.pup6.cn 免费下载本系列教材的电子书(PDF 版)、电子课件和相关教学资源。
欢迎免费索取样书，并欢迎到北京大学出版社来出版您的著作，可在 www.pup6.cn 在线申请样书和进行选题登记，也可下载相关表格填写后发到我们的邮箱，我们将及时与您取得联系并做好全方位的服务。
联系方式：010-62750667，pup6_czq@163.com，szheng_pup6@163.com，linzhangbo@126.com，欢迎来电来信咨询。